小林一穂・劉文静　編著

中国華北農村の再構築

――山東省鄒平県における「新農村建設」――

御茶の水書房

中国華北農村の再構築

――山東省鄒平県における「新農村建設」――

目次

目次

中国華北農村の再構築

——山東省鄒平県における「新農村建設」——

第一章

本書の課題と対象

小林　一穂

鄒平県長山鎮東尉村でのインタビュー。農民に経営状況をたずねている。（2008 年 3 月 27 日撮影）

第一節　調査の課題

河北省調査の成果

本書は、日本の東北大学および岩手県立大学に所属する研究者と、中国の山東省社会科学院を中心とした研究者との共同研究によるものであり、中国山東省濱州市鄒平県における農村社会調査の成果をまとめたものである。山東省調査の前とその間にも、われわれ研究グループのうち、日本側の研究者である小林一穂、劉文静、徳川直人は、河北省で農村調査に携わった経験をもっている。

河北省調査は、われわれ三名だけではなく、日中双方の多くの研究者が参加しておこなわれた。最初は主として東北大学を中心とした日本側研究者と河北省社会科学院に所属する中国側研究者との共同研究だったが、途中からは岩手県立大学と河北省社会科学院が学術協定を結んだこともあって、日本側では岩手県立大学が中心となって農村調査が継続的に実施されてきた。一九九〇年代初めから、河北省農村における農家や村落構造の実態、いわゆる郷鎮企業の発展、計画生育の実施状況などを事例調査した。華北平原地帯におけるモデル農村的な先進的事例や、太行山脈沿いの果樹生産を中心とした農村における党組織、行政、村民が一体となった事例などをとりあげた。その成果は、細谷他（一九九七、二〇〇四、二〇〇五）などで公表されている。

河北省での日中共同での農村調査は今も継続されているが、その経験は貴重なものであった。後述するように、われわれの調査の手法はいわゆる事例調査であるが、この調査では、調査チームにおける意思疎通が欠かせない。社会調査では、問題関心や調査の目的、到達目標などは、研究者の各自がそれぞれ抱いているものをもとにして、それらを相互に了解しあい、共通の枠組みを設定して、調査に臨まなければならない。さらに事例調査では、調査の進行とともに、調査対象や調査項目の変更などがつきまとうので、調査チームの内部での相互討論と了解は不可欠である。ましてや、日中の研究者が共同で調査に臨むのだから、そうしたチームワークは調査の成否に直接関わってくる。その点で、河北省調査は、非常に恵まれた環境と人材のもとでおこなうことができた。

われわれ小林、劉、徳川の三名は、こうした調査経験をふまえて、山東省の農村調査に取り組んだのである。

これまでの山東省調査の成果

山東省社会科学院との共同研究は、二〇〇〇年に始まった。山東省社会科学院の秦慶武研究員とともに実施した調査の成果は『中国農村の共同組織』[1]にまとめている。

また二〇〇四年には、神戸大学の藤井勝教授を中心とする研究プロジェクトの一環として、山東省鄒平県において農家二〇戸を対象とするアンケート調査を、小林、劉、徳川が山東省社会科学院の李善峰研究員の協力を得ておこなった[2]。これは、都市と農村のかかわりをキーワードとした全体のプロジェクトにもとづいた、日本、中国、韓国、タイ、インドネシアの比較をおこなう調査の一環として実施した。この成果の一部は第三章第三節で紹介する。

共同研究の進展

われわれの調査の研究成果は『中国農村の共同組織』として刊行された。そこでは、小林一穂、劉文静、秦慶武の三名による共著という形をとった。山東省社会科学院の他の方々の公私にわたる援助があったことはいうまでもない。

山東省における農業経済合作組織の現状と展望をテーマとした農村調査が一段落して、その研究成果を『中国農村の共同組織』にまとめる作業のなかで、農業生産だけではなく、さらに広い領域における中国農村社会の構造と変動をとらえたい、という問題意識が大きくなってきた。広い領域というのは、経済に限らずに、政治、文化、社会生活、など広範囲にわたって農村社会をみなければ中国農村の将来を推し量ることができない、ということである。それをどのように調査研究したらよいのかを、われわれ小林、劉、徳川で検討しているなかで、今回もまた山東省社会科学院の姚東方氏（当時外事弁処長、現副院長）の貴重な示唆を得ることができた。それは、おりしも中国農村において推進されている「新農村建設」政策の実態とその展望を把握する、という課題である。

そこで本書は、近年の中国における農村社会の変動を、「新農村建設」政策の実際を山東省鄒平県における三村落の事例調査によって明らかにする、という課題のもとに実施された農村調査の成果を示すものとなった。その際に、三村落での調査結果だけではなく、鄒平県における歴史的な経過や、山東省および河北省における「新農村建設」政策などもとりあげている。そのことによって、対象地の全体像がより鮮明になった。

調査の目的

本書で示されている調査は、二〇〇六年に本格的に企画を練って取り組むことになったものである。

これまで中国では、一九八七年以来の改革開放政策のもとで、驚異的な高度経済成長を継続してきたが、そのなかで農村と都市との、また東部と西部との地域間格差が大きく広がった。農村部では、「三農」問題といわれるような、農業、農村、農民をとりまく様々な問題が深刻となった。生活水準の向上にともなう変化や現金収入を求めての農外就労の増加によって、農業生産が大きく変容し、また、農村社会の生活環境も都市部と比べて遅れがめだっている。これは簡単には解決できない長期的な課題になっている。そこで、「新農村建設」政策が展開しており、これは農村社会の全体にかかわるものとなっている。

近年、中国全土で取り組まれている「新農村建設」は、高度経済成長にともなって生じた農工間格差や農村と都市とのあいだの生活水準の格差などによる、農村部における発展の遅れを解消しようとするもので、農村部の生活基盤の整備を中心とした政策を展開している。農村部と都市部の格差を解消し、農村における生活基盤の整備を中心とした政策が、農村生活を大きく変えようとしている。この「新農村建設」は、中国農村社会が改革開放政策の下でこうむってきたさまざまな問題を解決して、新たな農村社会の再構築をめざそうとするものである。改革開放政策は、経済はもとより政治、教育、文化などの多方面にわたって、農村社会に大きな「恩恵」をもたらしたことはいうまでもない。しかし急激な発展は、経済格差の拡大、自然環境の悪化、利益主義の風潮などの弊害を生みだした。このことが端的に「三農」問題にみられるような困難を招いている。農村社会は大きな危機に直面している。そこで、農村社会の生活基盤を立て直すことによって、家計収入や生活環境などのさまざまな側面での「農工間格差」を解消しようとするのが「新農村建設」政策である。その意味で「新農村建設」は、現代における中国農村社会の再構築を意図したものである。

では、これまでの農村部における社会の変動は、どのように展開しており、「新農村建設」政策のもとで、どのように進展しようとしているのか。そこでの農村社会の再構築はどのようにおこなわれようとしているのか。それは、今日の中国が大きな目標としている「和諧社会」とどのようにかかわっているのだろうか。

こうした点を、農村の現地において、事例調査をするなかで明らかにしようとしたのが本書の調査研究である。それとともに、事例調査の結果だけではなく、対象地のこれまでの歴史的な経過を振り返ることによって、現時点の農村社会のあり方を多様にとらえようとしている。

第二節　調査の対象と方法

対象地の特徴

本書の調査研究でとりあげた対象地は、山東省濱州市鄒平県の長山鎮東尉村、孫鎮馮家村、孫鎮霍坡村である。鄒平県を対象地とするまでに、われわれは各地を訪れた。二〇〇七年一月に肥城市潮泉鎮および王瓜店鎮を訪れ、それぞれ村レベルの党書記に概況の聞き取りをおこなっている。また、同年二月には劉文静と徳川直人が東明県を現地調査している。同年八月には濱州市の概況をヒアリングしている。しかし、農村社会の実態、とくに「新農村建設」の実情と展望を探ろうというテーマにとっては、鄒平県が対象地としてふさわしいものだった。先に述べたように、鄒平県にはすでに〇四年に訪れてアンケート調査をおこなっていた。しかし、その対象地は本書でとりあげた鎮ではなく、調査の課題も別の視点からのものである。それでも、鄒平県についての知見を深めるのには大いに役立っている。

その鄒平県だが、改革開放以来の中国の高度経済成長によって、中国全土に工業化、都市化の波が押し寄せたが、鄒平県においては、依然として農業中心だった。しかし、一九九〇年代から地元の郷鎮企業が大きく成長し、綿工業や化学工業で全国有数の産地になりつつあり、農村部における工場誘致や中小規模の起業が盛んになっている。

鄒平県は、山東省中北部に位置しており、面積は一、二五二平方キロメートル、人口七三万人である（「鄒平県経済社会発展情況」（鄒平県人民政府外事僑務弁公室、二〇〇七年）、以下の記述もこの資料による）。県内に一三の鎮、三つの街道弁事処、一つの省級経済開発区があり、行政村は八五八村である。

地区総生産高は四〇〇億元で三三パーセントの伸び、財政総収入は四六億元で五〇パーセントの伸び、そのうち地方財政収入は二〇億元で四二パーセントの伸びになる。全国の「経済基本競争力百強県」で第五二位を占めている。

戦前から綿花が全国有数の生産であり綿工業が盛んだったこともあって「中国綿紡績名城」と名づけられ、また主としてトウモロコシを原料とした製糖業が発展しているために「中国糖都」と呼ばれている。それぞれ「魏橋」と「西王」がもともとはいわゆる郷鎮企業として発展してきており、今日では全国規模の大企業に成長している。さらに「三星」があり、この三つの企業集団が鄒平県の産業発展を牽引している。

農業生産においては、畜産業に力を入れており、大規模に飼育している地区が四五〇地区、「畜牧強鎮」が七鎮ある。いわゆる龍頭企業は五八企業、農村専業合作経済組織は八三組織になる。二〇〇五年から農業税の全面廃止にふみきり、農民一人当たり一九四元の負担軽減となった。

「新農村建設」では、われわれが調査に訪れたことのある西王村が「省モデル村」となっており、また第六章で詳述する東尉村が「全国敬老養老モデル村」になっている。「新農村建設」にともなって新村を建設したのが八〇村、村内に文化活動施設を建設したのが二四〇余村であり、「全国農村社区建設実験県」となっている。このような政策によって、すべての村でケーブルテレビが視聴でき、上水道の普及率は九〇パーセント以上、敬老院でのサービス供給は八〇パーセント以上を達成している。農村コミュニティ総合サービスセンターは一〇〇ヶ所につくられ、一二〇村の一五万人がサービスを受けている。

調査対象の三村落

事例調査の対象地として選定されたのは、鄒平県の長山鎮東尉村、孫鎮馮家村、孫鎮霍坡村である。

この三村落を選定するにあたっては、鄒平県を対象地として確定した前後に、県内の各地を訪れている。最初に鄒平県を訪れたのは二〇〇四年六月であり、好生鎮宋家村および平原村、西董鎮北禾村および芽庄村で聞き取り、同年一一月には西董鎮芽庄村でアンケート調査をおこなった。また、〇七年二月に韓店鎮西王村および実戸村で聞き取り、同年八月には黛渓弁事処張高村で聞き取りをした。

このように多様な地域を訪れたけれども、最終的にはこの三村落を選定することになった。というのは、この三村落が近年の鄒平県の発展状況および「新農村建設」政策の実施状況を典型的に表わしていると思われたからである。

孫鎮馮家村は、改革開放政策が始まった時期に、そのモデルケースとして選ばれた。農業生産の発展のための施策が導入され、この地域においては先進的な進展をみせた。アメリカ人研究者がこの村落で調査実証をおこなった。しかし、その後の工業化や都市化の波には乗れずに停滞してしまっている。現時点においても、農業以外のこれといった産業や起業は育っておらず、生活環境整備も立ち遅れている。

同じ孫鎮の霍坡村は、改革開放の当初は出遅れたものの、その後にモデル農村となり、いわゆる郷鎮企業の育成が図られるなどした。農業生産の維持を図る一方で、村内の工業化を推進しようとしており、「新農村建設」の面では中間的な位置にある。

長山鎮東尉村は、現在山東省内のモデル農村に選定されている。村内に工業団地を建設して、数十社にのぼる郷鎮企業を育成している。新たな村民住宅を建てるニュータウン建設を進めている。

以上のように、農村社会の発展において、異なった経過をもち、現時点での「新農村建設」政策の浸透、成果においても異なっている三村落を比較検証しようとするのが、本書のねらいである。

事例調査という手法

われわれの研究グループでは、農村社会の調査にあたっては、いわゆるケース・スタディ、事例調査という手法を用いている。今日の社会調査は、大きくは、大量のサンプルデータを数量的に解析する量的調査と、個別具体的なケースをとりあげる質的調査に分けられるが、質的調査法は、いうまでもなく、特定の対象を無作為ではなく有意に選定し、その対象の特性をできる限り包括的に把握することをめざしている。そのことによって、平均的ではないけれども、事象の特徴をよく表わしている典型性を浮き彫りにできる。個別具体的な対象の典型的な特性を把握することによって、その事象がもつ社会的な意義を明確にできる。質的調査においても、対象の特性を把握することを重視するいわば客観主義的調査と、対象者自身がとらえる事実を明らかにしようとする当事者主義的調査、さらに対象の問題性に実際的に関与してその解決をめざすいわば実践主義的調査とに分かれる。もちろん、これらの手法は、それぞれが長所と短所をもっており、一概に良否をきめつけられるものではない。どの手法をとるかは、その調査の目的や、調査する側と調査される側とのあいだの関係性のいかんによる。われわれの手法は、このなかでの客観主義的な質的調査ということになる。

たとえば、前書において、中国の農業生産における共同組織である農業経済合作組織の事例として選定された三地域は、共同化の進展のあり方を典型的に示していた。それらを比較検証することによって、山東省の、ひいては中国全体の共同化の動向を探り、その今後の展望を得ようとした。

本書においても、「新農村建設」政策の実施状況と、そこでの農村社会の変動を把握するために、われわれは、まず、山東省の鄒平県を対象地として選定した。そしてさらに、この県内における三村落を選定し、それらを比較検討することにした。三村落の典型性を抽出し、その相互の異同を把握することによって、現在推し進められている「新農村建設」の意義と展望を得ようとしたのである。

各章の分担

上述したように、われわれの調査研究は、日中双方の研究者による共同研究である。調査の企画、対象地の選定、調査項目の確定、現地での実査、その結果の検討などを、いくどとなく相互討論をくり返して進めてきた。また、すでに述べたように、本書では、三村落の事例調査の成果だけではなく、鄒平県全体の歴史的経過や今日の概況をも示すことにした。さらには、山東省および河北省における「新農村建設」政策とその実情を明らかにすることで、現地の状況がより把握しやすくなったと思われる。このために、前書よりも執筆者が増えることになった。

本章では、本書のねらいと調査対象地について小林一穂が簡単に紹介している。

第二章では、新農村建設政策が中国において展開している背景と、その経過について、劉文静が分析している。

第三章は、われわれがこれまでおこなってきた河北省および山東省における調査研究を小林と劉が振り返り、中国農村社会の変動を明らかにしようとしている。

第四章は、山東省で展開している「新農村建設」政策について、秦慶武がその内容を検討している。

第五章では、河北省の「新農村建設政策」について、とくに政策遂行のための財政をどのようにしているのかを、彭建強が執筆している。

第六章では、三村落の調査結果を劉文静が分析している。

第七章は、本書の調査研究を小林一穂が小括している。

注

（1）小林他（二〇〇七）を参照されたい。

（2）その成果の一部は、小林一穂（二〇〇八）に示した。

参考文献

小林一穂・劉文静・秦慶武『中国農村の共同組織』、御茶の水書房、二〇〇七年。

細谷昂・菅野正・中島信博・小林一穂・藤山嘉夫・不破和彦・牛鳳瑞『沸騰する中国農村』、御茶の水書房、一九九七年。

小林一穂「中国農村家族の変化と安定――山東省の事例調査から」、首藤明和・落合恵美子・小林一穂共編著『日中社会学叢書第四巻　分岐する現代中国家族』、明石書店、二〇〇八年。

細谷昂・米地文夫・平塚明・佐野嘉彦・小林一穂・佐藤利明・劉文静・山田佳奈・吉野英岐・徳川直人「「生態農業」における個と集団――中国河北省邢台市邢台県前南峪経済試験区の事例――」、『総合政策』第五巻第一号、岩手県立大学総合政策学会、二〇〇四年。

細谷昂・吉野英岐・佐藤利明・劉文静・小林一穂・孫世芳・穆興増・劉増玉『再訪　沸騰する中国農村』、御茶の水書房、二〇〇五年。

第二章

農村の近代化と「新農村建設」

劉 文静

鄒平県の梁漱溟記念館前の彫像。
(2007年8月9日撮影)

改革開放以来驚異的な高度成長を続ける中国は、農業国から工業国への移行過程にある。そのなかで、都市と農村の格差は拡大し、「農業」の低生産性、「農村」の荒廃、「農民」の貧困などに象徴される「三農」問題[1]が深刻化している。その解消のために、二〇〇五年以降新たな農村政策として「社会主義新農村建設」が導入され、「農業大国」から「農業強国」をめざしている。本章は、農村の近代化という世紀の課題への取り組みの歴史を振り返りながら、今日の「新農村建設」の特徴を指摘する。

第一節　土地改革の意義

孫文と毛沢東による土地改革

二〇世紀に入ってから、列強の侵略、王朝の腐敗、民衆の貧困といった歴史的背景のもとで、清朝打倒をめざす様々な革命運動が進められてきた。そのなかで、一九〇五年孫文を中心とする「中国同盟会」が結成され、明確に「駆除韃虜、恢復中華、創立民国、平均地権」（＝異民族（満州族）王朝を打倒し、漢民族の世界を回復し、憲法と議会をもった国民政府を樹立し、土地制度を改革し国民生活を改善すること）の目標を掲げた[2]。そのなかで、農村の貧困の問題に対して、土地制度の改革を射程に収めたことが極めて特徴的であることが指摘できよう。

孫文らの「平均地権」の国民革命の目標を一部継承し、土地改革を実践に移そうとしたのが、一九二七年以降、毛沢東を中心とする共産党の農村根拠地論に基づいた革命活動であろう。革命の重点を農村に移し、井崗山の根拠地などを中心に、「依民救民」（＝とくに貧しい農民に依拠し、彼らを組織して武装組織を創り（依民）、既存の支配層である地主・郷紳らを打倒し、彼らの土地や財産を貧農に分け与え（救民）、彼らを中心に新しい農村政権を樹立す

表2−1　新農村建設の歴史的位置付け

19世紀後期〜20世紀の初め頃	洪秀全，康有為，孫文らの「耕者有其田」「平均地権」の目標
1920〜30年代 （1937年まで）	国民政府依存の農村改良 晏陽初の河北省定県調査と「平民教育」 梁漱溟の山東省鄒平県での郷村建設の実践など
1927〜1953年	新民主主義革命 革命根拠地の建設，土地改革
1949〜1956年 （社会主義への移行） 1958〜1978年 （計画経済体制下の社会主義建設）	社会主義（農村）建設 方針＝「農業を基礎とし，工業を導き手として」
	都市・農村関係 （三大差異の一つ：都市農村の経済的格差） ①農業，農村，農民の国家への貢献 ②都市・農村関係：都市への人口流出の厳格な管理体制＝戸籍制度 ③知識青年及び一部の幹部の農村部への下放
1978年〜 （計画経済から社会主義市場経済への移行）	改革開放政策の実施 農業生産の家族請負制・郷鎮企業の奨励 農業の産業化・農業生産構造の調整
	都市・農村関係 農産物の国への売り渡し，農業税 農村人口の都市部への流出＝盲流，民工潮，農民工
2002年〜 （施策の中心に）	「三農問題」の解決
2005年〜 （社会主義市場経済下）	新農村建設 方針＝多与少取放活（＝多く与え，少なく取り，農村の活性化を） 工業反補農業，城市支持農村（＝工業は農業を補い，都市は農村を引き上げる）

出典：筆者作成

る）の手法で革命が進められ、一九三三年末時点で、ソビエト政府を樹立した県が三八一県に上り、中国本土一八省中、約六分の一を占めていたほどであった（天児、二〇〇四）。その後、一九四〇年に毛沢東が『新民主主義論』を発表して、それまでの共産党を軸にした中国革命の時期を新民主主義革命期と位置づけた。土地改革を含めた新民主主義革命期が新中国の成立後、社会主義改造の完成の宣言まで継続されたのである（表2−1を参照）。

第二節　平民教育と郷村建設の実践

中国農村の改良運動

二〇世紀の二〇年代と三〇年代の中国においては、農村と農民の問題が深刻な社会問題として重大な関心を寄せられた。国民政府の支配下で、地主階級と買弁資本主義にとって有利な政策と措置が取られ、農民は「田賦」と呼ばれる農業税など苛酷で雑多な税金負担を強いられ、破産した農家が数多く現れた。さらに、国内の軍閥間の混戦や帝国主義の侵略により、社会全体が混乱の中にあり、農村社会も大きく揺らめいた。農業分野は、伝統的自給自足な自然経済が破壊され、外国産のコメや小麦粉、織物などの食品や工業品が市場にはびこり、一次農産物市場の多くも外国の資本に独占された状況にあった。農民は貧困に喘ぎ、購買力が極端に低下し、農業生産技術の改善も不可能に近い状態であった。農業経済の荒廃で、多くの農民が故郷を逃れ、都市部や海外への流出または季節的出稼ぎ移動は、年間二〇〇〇～三〇〇〇万人に上った（小島、一九七八）と推測されている。

そのような社会的経済的背景のもとで、前述の共産党を中心に農村根拠地での革命活動のほかに、「農村救済」、「農村復興」、「農村建設」など農村の貧困克服から国全体の近代化を目指す農村社会改造の思潮と運動も繰り広げられていた。中国農村の改良運動は早くも清朝の「村治」運動に遡ることができるといわれるが、五四運動以降の「新村」および「平民教育」と呼ばれた運動もあった。一九二五～一九三四年の期間中、郷村運動、農村改造、民衆教育、自治実験と呼ばれた社会改良の実践が一、〇〇〇ヶ所にも及び、様々な名称の農村建設活動の団体が、六〇〇以上にも達した。運動の着目点が中国社会の最底辺の農村にあり、主に海外留学から帰国した学者および国内の一部の有識者によって担われた。当初、民間から開始された活動に対して、袖手傍観の態度をとった南京国民政府が、その後、支援の方向に転換し、「農村復興」のスローガンを掲げ、「農村復興委員会」まで設置させた。

民間団体と行政機関の入り混じった、いわば混沌とした組織形態のもとで、一部行政の力を借りながらの郷村建設運動は、鄒平モデル、定県モデル、徐公橋モデル、無錫モデルなど異なった特徴をもつ実践が行なわれた（祝、二〇〇九）。そのなかでもっとも高く評価されたのが、江蘇省崑山県徐公橋郷村改進会（一九二八）、河北省定県実験区（一九三〇）と山東省の鄒平県郷村建設研究院（一九三一）（善峰、一九九六）の三ヶ所である。次は、主に晏陽初の河北省定県調査と「平民教育」および梁漱溟の山東省鄒平県での郷村建設の実践について概括する。

一　晏陽初の定県調査と実践

晏陽初の平民教育

平民教育・郷村建設運動の先駆者の一人である晏陽初は、一九一六年（二六歳）に渡米し、エール大学で政治学を学び、一九一八年、キリスト教青年会の呼びかけに応じて、フランスへ赴き、戦地の欧州で働く中国人労働者の識字教育を開始した。この経験は、その後国内での平民教育運動の出発点となった。一九二〇年に五四運動後の中国に戻り、一九二三年に長沙で湖南省平民教育促進会（＝平教会）を組織し、国内での識字運動を開始した。

晏は「博士下郷」を唱導し、「科学と民主」をスローガンとしていた。また、「農民」より「平民」を選んで使用した。その意図的言語表現には、平等を訴え、平民教育運動の抱負が含まれているという（宋、二〇〇〇）。

定県での活動

晏陽初および彼の平教会の同僚らは、一九二六年に、当時人口四〇万人の河北省定県に移り住み、そこで一〇年間生活し研究活動と実践を行なった。

当時の中国には約一、九〇〇の県が設置されていた。そのなかの一つの県を研究実験室に選んだ理由については、「県は一つの社会生活の単位であり、行政区域の単位であるにとどまらない」、「一つの県は、広義の共同生活の地域であり、その下にある若干の共同生活区により構成されている。一つの県は、われわれが農村で活動し、実験を進めるのに最も相応しい単位である」という、晏の学術的な考慮があったと見てとれよう（宋、二〇〇〇）。

定県での活動の準備段階（一九二六～三〇年）においては、農業教育と農民教育研究、農村調査が中心的に取り組まれた。教育面では、農業科学の普及活動に重点が置かれた。社会調査は、一般調査、農業調査、農業経済調査に分かれるが、特に一般的な考察に力がいれられた。

定県での調査段階の研究から、「愚・窮・弱・私」といった四つの農村の基本問題を発見し、この四つの問題を根本的に解決するために、①文芸教育②生計教育③衛生教育④公民教育、と呼ばれた四大教育が必要であるという結論に至り、その後の活動の中心内容となった。

生計教育においては、農民に農業技術を普及させると同時に、合作組織制度の整備も取り組まれた。自助社、合作社、合作社連合社といった三つの形態の合作組織が設立され、一九三四年時点では、二七〇の自助社に八、〇七八人の農民が参加した。一部零細規模の村落以外に、村ごとの自助社が設立されたという。合作社は自助社の高級形態として、いくつかの村落の連合によるものであり、農民合作銀行の設立も模索した（祝、二〇〇九）。

衛生教育においては、保健制度の設立や農民の疾病予防などに重点がおかれた。保健制度は三段階にわけて整備された。内容としては、県を単位に保健院が設置され、区（今日の郷・鎮に相当する）を単位に保健所を設置し、医師一名と助手一名を配置した。また、村ごとに保健員が一名配置され、衛生教育、予防注射、日常治療の研修が行なわれた。

平民教育の実践のなかでは、文芸教育面での成果が一番大きかったと評価されている。「平教会」によってまとめられた『定県社会概況調査』によると、一九三四年までに、全県に小学校が建てられ、成人教育は大きく発展した（宋、二〇〇〇）。文盲撲滅の成果として、県全体の十二歳から二五歳までの若者のうち、文盲率が一九二七年の七五パーセントから一九三四年の三九パーセントに下がり、非識字人口は相当程度減少した（徐、二〇〇二）。

二　梁漱溟の鄒平県での郷村建設運動

梁漱溟の郷村建設の理論的背景

梁は一八九三年生まれ、一四歳から梁啓超の『徳育鑑』を読み、初めて中国古人の学問に触れ、人生問題と社会問題に関心を持ち始めた。これはまさに氏が生涯追求し、解決しようとする二大課題でもあった。その後、とくに儒学の研究に専念し、西洋、中国、インド三大文化の比較研究から『東西文化とその哲学』（一九二二年に刊行）を纏め、「世界の未来文化は中国文化の復興にある」と論じた。一九二四年に北京大学での教職（一九一七年から）を辞して民間に入り、儒学の人生態度を復興して中国文化と西洋文化を融合させ、中国社会改造の具体的な作業に入ったのである。一九二八年に郷治講習所設立準備のため広州第一中学校校長に就任。一九二九年に江蘇省崑山県徐公橋や河北省定県等の農村工作視察を行った。一九三〇年に河南省村治学院が開校し、氏はそこで郷村自治組織などの課程を教授した。その延長線に一九三一年に山東省鄒平県に郷村建設研究院を設立し、七年間にわたり活動を続けていた。同年氏の『郷村建設理論』が刊行された。

梁漱溟の郷村建設の目的

梁漱溟は、東西文化の比較から、中国と西洋の社会構造の比較研究に研究の視野を広げ、中国社会の再生を目指そうとしていた。梁氏の『郷村建設理論』において、社会改造の目標および新社会の理想像として次の六つの要点に整理されている。①「先農而後工」(=農業が先で、工業はあと。農業と工業は適宜に結合してバランスのとれた発展をとげる)②「郷村為本、都市為末」(=郷村が本で都市は末。都市と郷村とは矛盾することなく、交流し調和する)③「以人為主体」(=人間主体。人が物を支配するのであって、物が人を支配するのではない)④「倫理本位、合作組織」(=個人本位と社会本位のいずれの両極端にも陥らない)⑤「政治、経済、教育(教化)三者合一而不相離」(=政治、経済、教育の三者一体不可分)⑥新社会秩序の維持には「理性代替武力」(=倫理が法律に取って代わる)[3]。

上述した社会改造の目標に向けて、梁の郷村建設の実践が①農村の救済②農村が自らを救う③経済建設④新文化の創造、といった四つの側面に帰結されていった。

郷村建設といった用語の使用に至るまで、「郷治」や「村治」などの呼び方も試みたが、氏が大衆向きではないことを感じ取り、もっと含意の明確で、しかも積極的な意味合いのある「郷村建設」を一九三一年以降使用することになった。用語には実質の違いはないが、肝心なのは農村問題から中国社会の問題解決に着手する点である。つまり、「新しい運動が起きれば、その方向は「民族の自覚」から出発せざるをえず」、「民族自覚の第一歩は郷村に目覚める」ということである。

さらに、運動の基盤には合作組織と科学技術の導入が重要であることを強調したうえで、知識人と郷村住民との結合も運動を成功に導く要因であると指摘し、提唱したのである。

鄒平県が郷村建設の実験に選ばれた理由

一九三一年六月に国民党山東省政府によって鄒平県が郷村建設の実験区に確定され、山東郷村建設研究院が正式に創設された。鄒平が選ばれた理由としては①山東省での位置も省城との距離も適切である。②交通の便が比較的によい。人口の流動性も小さい。③大体にして農業社会で、商工業の影響があまり大きくなく、郷村建設の実験対象の条件と合致する。④鄒平県の経済は中やや下のレベルにあるため、豊かでも貧乏でもない地であり、代表性がある。⑤三等に属する小さい県で、人口は一〇数万人しかいないため、管理しやすく、改革を実施するのが容易である、と梁本人が分析している（曲、一九九九）。

実践の主な内容

鄒平県での実践は①県政改革②郷村教育③郷村自衛④農業改良⑤合作事業⑥金融改良⑦社会改良、が主な内容として行われた。

郷村教育においては、成人教育と社会教育がその主要な部分であり、郷学、村学の形で実施された。村学は郷学の基礎組織である。その成果として、一九三四年時点で村立小学校が三〇八ヶ所、学生数が八、九〇三人、郷学（高級小学校に相当）が一四ヶ所、学生数が七五〇人に上った。県立実験小学校と山東省第一郷村建設師範学校も設立された。郷村自衛については、これも郷学、村学によって、村民の自衛訓練が行なわれた。

農業改良においては、主に綿花、養蚕業、畜産業、林業、水利関係が行なわれた。合作事業については、それぞれの農業分野における合作社の設立が行なわれた。一九三六年末時点では、六種類の異なる分野の合作社三〇七ヶ所が作られ、加入した農家の数が八、八二八戸にも上った。多くの合作社のなかで、綿花関係の「梁鄒美棉合作社」がもっとも活躍したという。金融改良については、金融流通所が設立され、鄒平県で最初の農民銀行となった。農民への融資は主に種子、農機具、肥料、家畜の購入である。社会改良においては、衛生条件の改善、賭博、麻薬の売買などの陋習の改造などである。

また、戸籍管理制度を整えるために、戸籍調査を経て、戸籍登録を行い、鄒平実験県戸籍登録台帳も作成された(曲、一九九九)。

鄒平県における郷村建設運動の評価

郷村建設運動の開始後、都市救国論者の呉景超、全面的な西洋化を主張する陳序経、社会学理論研究者の孫本文、および孫冶方、千家駒などを代表とする中国農村経済研究会の『中国農村』誌など、様々な分野からの批判と評価の意見が寄せられていた。

呉景超は『第四種国家的出路』(=国の第四の道)の著書のなかで、中国は都市を発展し、農村救済の道を歩むべきだと主張している。農村の救済においては、次の三つがある。①工業を振興し、一部の農民が都市部に移動して、農村部での貧困状態を軽減させる。②交通を整備し、都市部への農産物の流通を改善することによって、中間商人による剥奪を減少し、公正取引を実現する。③金融機関を拡充し、農民への融資と農業生産を支援する。要するに、工業化の道が中国の唯一の道であるとの主張である。

全面的な西洋化を主張する陳序経からも、「郷村建設は実験にすぎず、一〇年ほどの取り組みはあったが、構想や組織の形態についての議論にとどまった」との厳しい批判もあった。

社会学者の孫本文からは、「農村は中国社会の基本認識が重要であり、農村から社会全般を改造しようとする立場が不完全ながらも評価すべきである。ただし、農村建設は簡単にできることではなく、実験中に得た成果を過程途中の一時的な成果としてみるべきで、誇示すべきではない」など、建設的な意見を与えた。

中国農村経済研究会は中国共産党の指導下にある団体である。この研究会は、郷村建設運動自体を否定せず、評価したうえで、改良主義および平和的な手法での農村社会の改造の不可能性を指摘した（善峰、一九九六）。

第三節　社会主義建設期の特徴

農業集団化

新中国の成立後、経済政策の基本は農業国から工業国への転換であった。一九五三年から第一次五ヶ年計画が始まり、復興から建設の時期を迎えた。第一次五ヶ年計画は工業、なかでも重工業建設に重点が置かれた。これは、当時の中国政府が経済発展のために、重工業を優先することで、特定の都市の建設を重視したことの結果である。

他方で、土地改革の運動が「中華人民共和国土地改革法」にしたがって急速に進められ、一九五二年の春に「土地改革は既に全国的な範囲にわたって基本的に完成した」と宣言された。土地改革後の農業集団化運動は、互助組、初級合作社、高級合作社を経て展開された。そのような背景のもとで、一九五八年以降の人民公社制度が順調に成立した。工業と農業の関係では工業重視、重工業と軽工業の関係では重工業重視、という方針が継続されたが、農村の組織化、具体的には合作社といった農業の集団化によって、農業生産、農産物の配分と消費の権利を農村の組織によって計画的に管理するような体系が形成された。

人民公社の経済建設の基本的特徴は①食糧生産を中心に、すべてを計画化する。②農村現地で原料を調達し、農村工業を行ない、農村人口を農村の内部に吸収するというものである。それにしたがって、人民公社営工場もその後各地で誕生した。

都市と農村の分断

都市・農村間の人口移動については、農村住民の都市への移動を厳格に制限するため、一九五八年に「中華人民共和国戸口登記条例」が公布された。一九六〇年、大躍進の経済政策の挫折後、中国政府は「三大差別」(=工業と農業、都市と農村、頭脳労働と肉体労働の差異)の解消をめざし、農産物価格の引き上げ、都市人口の抑制、工業の分散配置などの措置が取られた。そのなかには、文革以降、知識青年の農村定住と幹部の農村への下放制度も含まれていた。

農村の国家への貢献度からいえば、農産物の生産と販売については、一九五三年から、「公糧」と呼ばれる食糧の供出、「統購統銷」と呼ばれる統一買い付け・統一販売の政策がとられた。

都市部においては、労働者の低賃金のもとで、商品化された食糧をはじめ、都市住民の日常生活用品の計画的配給政策が取られていた。

以上のように、都市と農村が分断され、いわば二元的な経済的社会的構造が形成された。このような体制のもとで、農業は工業化に資金の蓄積を提供する役目を与えられた。これについては、「農業を基礎とし、工業を導き手とす

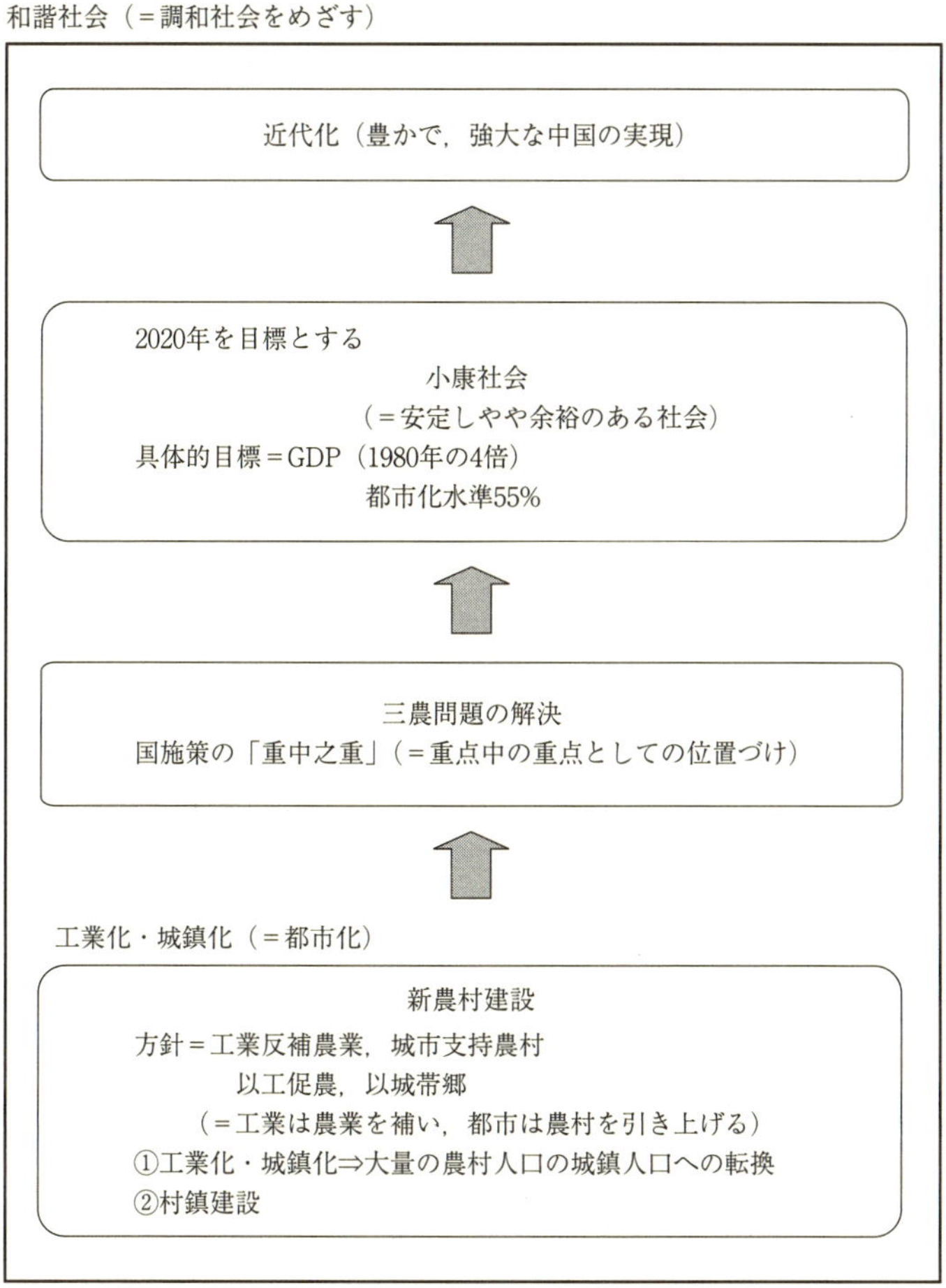

出典：筆者作成

図２−１　新農村建設の概念図

る」といった二本足で立つ中国経済、すなわち、自分の足の上に立った拡大再生産、経済の自立主義（近藤、一九七五）という見方もあるけれども、実質上、農村が都市を支援し、都市が農村を収奪する構図になったのである（表2-1・図2-1を参照）。

　このように、農村や農業の視点から社会主義の経済建設を見た場合、新中国の成立後、土地改革運動を経て、一九五〇年代には農村合作化およびその後の人民公社運動という集団化へ転換したといえる。農村の建設と開発は農村部の「自力更生」に限定され、農村部は都市部の経済発展の支援役を迫られたといえよう。

第四節　社会主義「新農村建設」の課題

一　改革開放政策の実施と「三農」問題の顕在化

「三農」問題の深刻化

一九七〇年代後半から開始された農村改革政策が農村社会に大きな変化をもたらし、八〇年代半ばに「温飽問題」(=まずまずの暮らし、主に食糧不足の問題の解決を指す)が基本的に解決された。その後、「小康社会」(=安定してやや余裕のある社会)および「近代化」の建設を目標に、とくに都市を中心に改革を続けてきている。そのなかで、計画経済から市場経済への移行にともなって、工業化、都市化が急速に展開されてきている。しかし、地域間、職種間、都市農村間の格差が顕在化し、とりわけ農村部の「三農」問題(=農業・農村・農民の問題と総括されるが、より具体的には「農業」の低生産性、「農村」の荒廃、「農民」の貧困を指す)が一九九〇年代半ばから深刻になっている。そのなかで、東部と比べ、中部特に西部農村における「三農」問題がより深刻であると指摘されている(曹、二〇一〇)。中国政府は、これが「小康社会の全面的実現」および近代化の建設目標の達成にとって、大きなネックになっていると認識するようになり、その解決策を模索している。その後、様々な「三農」問題への対応策が講じられ、その集大成として、総合的な政策の指針としての「新農村建設」が示されるようになってきた(図2-2を参照)。

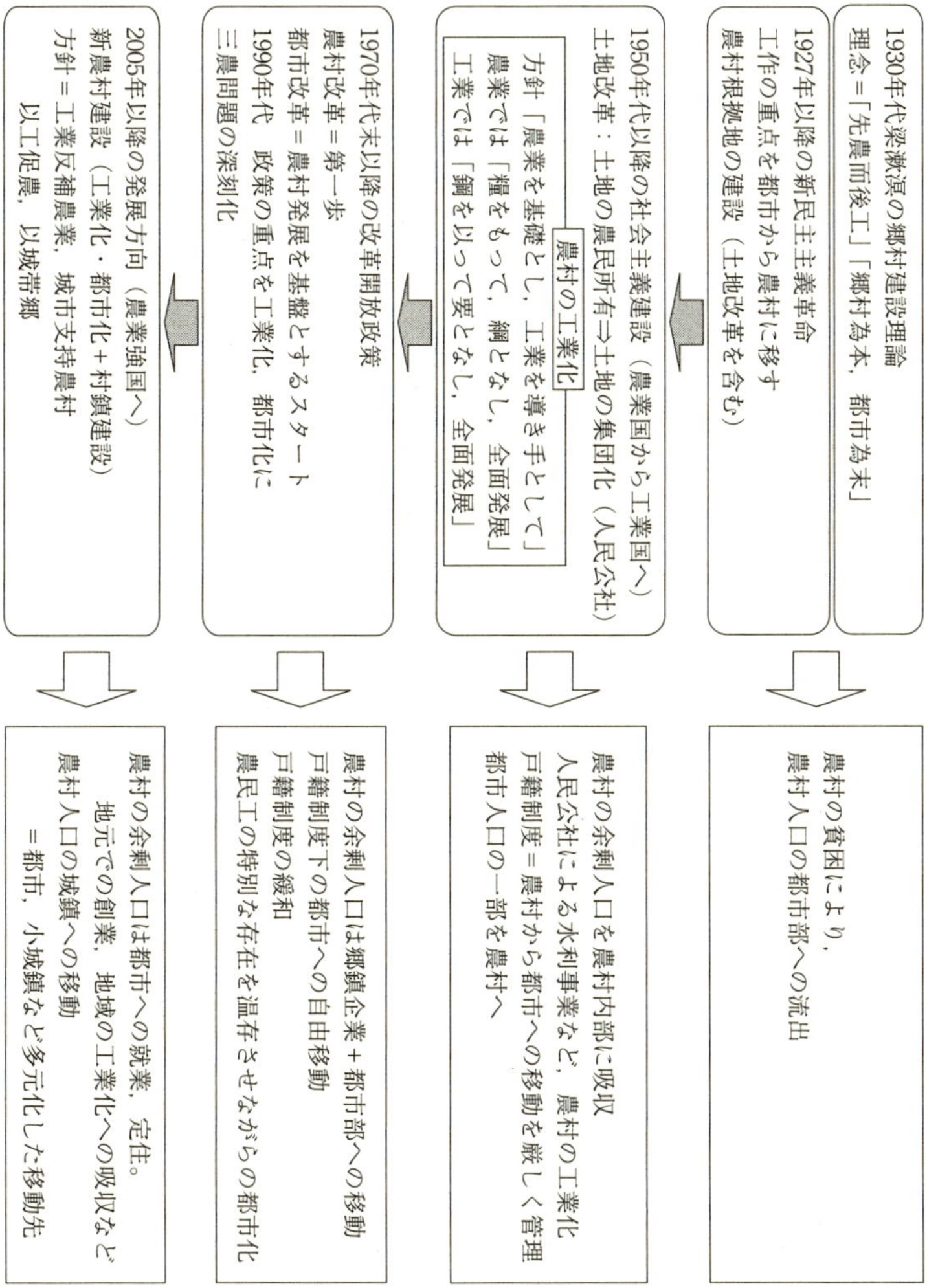
1930年代梁漱溟の郷村建設理論
理念＝「先農而後工」「郷村為本，都市為末」
1927年以降の新民主主義革命
工作の重点を都市から農村に移す
農村根拠地の建設（土地改革を含む）
農村の貧困により，
農村人口の都市部への流出
1950年代以降の社会主義建設（農業国から工業国へ）
土地改革：土地の農民所有⇒土地の集団化（人民公社）
農村の工業化
方針「農業を基礎とし，工業を導き手として」
農業では「糧をもって，綱となし，全面発展」
工業では「鋼を以って要となし，全面発展」
農村の余剰人口を農村内部に吸収
人民公社による水利事業など，農村の工業化
戸籍制度＝農村から都市への移動を厳しく管理
都市人口の一部を農村へ
1970年代末以降の改革開放政策
農村改革＝第一歩
都市改革＝農村発展を基盤とするスタート
1990年代　政策の重点を工業化，都市化に
三農問題の深刻化
農村の余剰人口は郷鎮企業＋都市部への移動
戸籍制度下の都市への自由移動
戸籍制度の緩和
農民工の特別な存在を温存させながらの都市化
2005年以降の発展方向（農業強国へ）
新農村建設（工業化・都市化＋村鎮建設）
方針＝工業反補農業，城市支持農村
以工促農，以城帯郷
農村の余剰人口は都市への就業，定住。
地元での創業，地域の工業化への吸収など
農村人口の城鎮への移動
＝都市，小城鎮など多元化した移動先

出典：筆者作成

図2－2　中国における都市と農村の関係

二 「三農」問題の具体的内容

農業の問題

改革開放政策の実施後、八〇年代前半に、農業生産の家庭請負制度の実施によって、農業が急速に発展し、農家の農業所得も上昇していった。さらに、農村部は八〇年代中頃から、沿海地域を中心に、郷鎮企業が急速に発展し、工業化から得た収入により、農家の生活が大いに改善された。したがって、「三農」問題はそれほど深刻なものではなかった。一九八〇年代中頃、都市と農村における所得の差額はかえって縮小できた。一九八四～八五年頃はその差は一・八対一と計算され、建国後最小の格差とされる。

一九八〇年代なかば以降、改革の重点は農村から都市へと方向転換され、その後、農村改革においては重点的な新しい支援策が出されなかった。そのため、農業分野においては、生産性の問題が顕在化し、農業の所得を高めることが課題となったのである。

そのような状況に対して、八〇年代末から九〇年代の初め頃には、「高産・高効農業」が提唱され、「高産優質農業」が新たな目標となった。農村の農産物流通の体制を改革するために、一九九三～九四年頃から、山東省が先駆けて打ちだした「農業の産業化」のモデルが国の農政に反映された。「農業の産業化」は、農産物の加工企業である龍頭企業と農家との間に契約を結ばせることで、農家と市場とを連結する点が特徴的であり、農村社会における多くの農業経済合作組織の形成がこのような農業の系列化を支える構造になっているといえる(4)。しかし、九五～九七年の三年間連続の大豊作で、食糧の生産量がピークに達した一方で、食糧の価格が下落したことを受けて、農業の所得向上を目的とする農業の構造調整という政策が一九九七・九八年頃に打ち出されたのである。構造調整とは、蔬菜や花卉など食糧以外の作物の栽培および畜産への転換を奨励する政策である。この政策にともなって、食糧生産への支援策もさほど講じられなくなった。このような要因もあって、九〇年代後期になると、農業生産性の低下が深刻になっていった。

農村の問題

一九五〇年代において、社会構造の再構築が行われた。具体的には、三大社会主義改造運動、合作社運動と人民公社運動に概括できる。経済的には、市場の機能を失くし、公有制をとっていた。国が厳格な行政手段を用いて社会経済のすべての資源の配置を行なった。都市部では単位制、農村部では人民公社制度が設立され、国家があらゆる資源の所有者、管理者と配置者でもあった。これは通常、高度集中的計画体制と呼ばれる。都市と農村の異なった体制が、このような計画体制を遂行するための重要な内容として位置づけられた。

都市と農村との異なった体制、いわば二元的体制の中心が戸籍制度である。その目的は、資源の配置と人口の移動を制限することである。一九五〇年代からの工業化戦略は、重工業を発展させ、都市化を制限する戦略ともいえる。農村人口の都市への移動および農業人口の非農業人口への変更が制限された。その法的根拠が一九五八年に制定された「中華人民共和国戸口登記条例」である。この条例によって、都市の人口規模を制限するとともに、人口の自由移動も制限する方向に転換された。戸籍制度の成立にあわせた形で、就業、統購統銷、社会福祉、教育、人民公社などの関連制度も整備されていった。

一九五五年に国務院によって「農村食糧統購統銷暫行弁法」（農村部における食糧の統一購入統一販売に関する暫定的弁法）と「市鎮食糧定量供応暫行弁法」（都市と城鎮における食糧の定量的供給に関する暫定的弁法）が公布さ

れ、都市と城鎮戸籍をもつ住民の一人当たりの食糧は決まった量で（定量）供給するやりかたが決められたが、農民の食糧については「自行解決」とされた。このように、都市農村間の二元的経済構造が出来上がり、そこからさらに二元的社会構造にもなっていった。

二元的社会構造は、次の三つの制度によって形作られた。①戸籍制度。②都市と農村間における公共政策や公的サービスの提供など、社会保障制度にともなう社会資源の配置も異なっていた。それにともなって、就業についても、都市と農村が分断された。③二元的所有制度。農村部では集団所有制、都市部では全民所有制がとられていた。全民所有制下で、国家及び地方政府が法人代表でもあった。また、集団所有制下では、生産大隊（現時点の行政村）と生産隊（現時点の村民小組）がその法人代表的存在であった。

このように戸籍制度をはじめ、就業、社会福祉、教育など都市農村間の制度的隔たりが大きく、しかも分断された社会制度の体系が形成された。そのなかで、公共事業の投入が都市部に集中され、農村部への投入が限られていた。また、農村部では、人民公社がその担い手となることを強いられた。

農村改革の実施後、人民公社組織が解体され、農村部の公共投入の組織的基盤もそれによって失われた。後述の「三提五統」とよばれた税費の農民負担もまさにそのような背景の反映である。農村社会での限られた公共投入が集団的に蓄積し配分するシステムいわば農民の間接的負担が個別農家の直接な負担に転じていた。農村の社会保障制度も崩壊していった。例えば、薄弱ではあったが、かつて構築された農村合作医療保険制度も消滅してしまった。

一九九〇年代半ば以降は、都市の発展が中心に進められてきている。工業化、都市化が重点的に取り組まれた結果、農村部の発展が立ち遅れてきた。国の農村部への道路・電力・医療・教育などの「公共産品」（＝公共財）の投入も低かった。「人民教育人民弁・人民道路人民修」（＝人民の教育は人民の手によって行い、人民のための道路は人民の力によって整備する）などの方針のもとで、道路整備や教育、医療などの事業は農民の自己負担の比率が高く、農村部の公共事業は多大な資金負担を農民に与えた。農村社会は都市社会に比べ、インフラ整備、公共事業、社会福祉事業などの面における立ち遅れの度合いが目立ってきた。

『中国統計年鑑』によると、農村部では、二三パーセントの村（集落）は安全な飲用水の供給ができず、五〇パーセントの村には水道水が通っていない状況にある。また、社会保障の被覆率が農村では三パーセントにすぎず、都市部と農村部との比率差が二十二対一にも上った（二〇〇二年時点）。このように分断された都市と農村の二元的社会構造が都市農村間の経済的、社会保障的格差を生み出す大きな要因となった（劉、二〇〇八）。

農村社会保障の未整備により、一九九〇年代以降、農業の産業化が提唱されているにもかかわらず、農工間格差の拡大による基幹労働力の流出が進み、農業経営規模の零細化、離農化がさらに進行し、農村社会の空洞化も進んでいくだろうと見られている（小島、一九九七）。

農民の問題

農家の所得が低いことは農業の効率の低いことにもかかわっている。さらに農業税、農業特産税および「三提五統[5]」と呼ばれる郷・鎮や村の過重賦課など、日本的にいえば公租公課に相当する税費の負担があるため、都市住民に比べ、平均的に農民の所得が低いといった問題が生じている。これこそ農民の問題である。都市と農村住民との間の一人あたりの経済的格差は、九〇年代後半から拡大が加速し、一九九〇年の二・三二倍（星野ら、二〇〇八）から二〇〇二年の三・一一対一に、さらに二〇〇七年の三・三三対一にまで拡大した（陳ら、二〇〇八）。

農民の負担が重く、所得が低いといった経済的要因以外に、農民問題の社会構造的要因に対する認識も重要であろう。周知のように、農村部は、歴史上、人口が多く、耕地が少ない、といった過密化と呼ばれる「人地」関係に起因する農業労働力過剰の問題を抱えている。明、清の王朝時代に遡るまでもなく、前述したように、国民党政府支配下の民国時代において、農村の貧困により、年間二百万人以上の農村人口が都市部に流出した。改革政策前の三〇年間は、人口とくに農村人口がさらに増加したにもかかわらず、農村人口の都市部への自由移動が厳格に制限された。いわば、都市と農村との構造的ずれが政策的に作り上げられたものである。改革政策の実施により、集団的農業経営が解体され、農家は農地の経営権を与えられた。一方では農民の農業生産意欲が向上し、農業の効率も高まったが、他方では、農業労働力の過剰問題が表面化した。郷鎮企業の大発展で、多くの労働力が地元で吸収されたが、吸収しきれない農業労働力の都市部への移動は避けられず、食糧問題の「自行解決」を前提に、都市部への就労、商売、起業が許されるようになった。戸籍制度は緩和されつつあるが、依然として存在する。したがって、都市部への出稼ぎ労働者が都市住民になりきれず、あくまでも農民身分の労働者として扱われ、「盲流」から「民工潮」さらに「農民工」へと、若干表現のニュアンスの違いがみられるものの、「戸籍制度」を温存させながら、都市住民として扱われない存在であることには大きな差異がない。年度によって変動があるが、これらの廉価な労働力として都市部で働く農民工の数が一・五億人前後として統計されている。都市部に定住できず、都市と農村との間を「渡り鳥」のように移動するこれらの出稼ぎ者以外に、農村部にはなお一・五億から二億人近くの過剰労働力の存在が見込まれている。これらの過剰労働力の存在が結果的に非農業分野の労働力の価格（賃金）を押し下げることになる。国全体の工業化の進展と加速によって、第一次産業のＧＤＰでの比率が急速に低下している。そのような産業構造のなかで、農家の所得も農業分野からではなく、非農業分野での所得の比率が上昇し、農家の所得の大半を支える存在となるほどである。農外収入がなかなか順調に上がらないことは結局農家の所得の低迷につながる。このように、労働力の評価価値いわゆる賃金の低下が農家の増収を制限する構図になっている。その構図の生成には都市化と工業化のアンバランスさが指摘されている。これは、工業化が先行し、都市化の速度と度合いが工業化のそれには見合わないということである。その主な要因が、都市農村の二元的社会構造の問題にあると考えられる。すなわち、農村部の過剰労働力の都市への移動の困難、都市部への移動が実現されても、就業構造上、社会保障制度上および子どもの教育保障制度などの障壁による都市部での定住の難しさ、および都市化の不十分さの問題が深刻である。これこそ農民の問題であり、「三農」問題が実質上都市農村の構造上の問題としても捉えられうる（王、二〇一〇）。

三　「三農」問題の解決をめざす「新農村建設」

「新農村建設」の政策制定

二〇〇二年に開催された第一六回中国共産党全国代表大会で「三農」問題が全面的に取り上げられた。その後、新しい「胡温体制」が、「三農」問題の解決をすべての施策の「重中之重」（＝重点のなかの重点）と位置づけている。それへの対応として、二〇〇四年から五年連続で「三農」問題の解決をめざす最重要政策とされる「一号文件」（文件＝文書）が出されている。二〇〇四年九月の中国共産党第一六期中央委員会第四回全体会議（四中全会）で、「以工補農、以城帯郷」（＝工業を以って農業を補う、都市部を以って農村部を引き上げる）という方向が示された。さらに、関連施策が農業・農村・農民の収奪から補助・支援の方向へと転換された。その具体的な内容は「多与少取放活」というフレーズに凝縮されている。「多与」とは、農民に多く与えることである。財政予算を出して農村を補助する。「少取」とは、農業税や公租公課の軽減や廃止などで、少なく取ることによって、農民の負担を減らす。「放活」とは、農村市場の活性化を図ることである。食糧、綿花など主要農産物の流通体制改革、農村金融体制改革への支持、農業保険制度の整備などが含まれる。

二〇〇五年一〇月の党一六期五中全会で採択された第一一次五ヶ年計画（二〇〇六〜二〇一〇年）で、「新農村建設」が重大な歴史的任務と位置づけられ、その後「関与建設社会主義新農村的決定」（＝「社会主義新農村建設に関する決定」、以後略して「新農村建設」と称する）が公表された。この決定において、「統筹城郷発展」（＝都市と農村の発展を統一した計画案配にしたがって行なうこと）が政策の焦点とされた。

「新農村建設」の目標

「新農村建設」の政策的目標は、具体的に「生産発展、生活富裕、郷村文明、村容清潔、管理民主」（＝生産を発展させ、富裕な生活に。郷村の気風を改善し、村（景観）を清潔で美しくする。村の事務を民主的管理によって行なう）の二〇文字に集約して表現されている。内容的には経済、文化、政治、生活環境や自然環境の整備など総合的な目標といえる。

「新農村建設」のめざすところは図2-2に示すように農業の近代化、住みよい農村建設と農民の収入増であり、要するに「三農」問題の解決をめざすものである。すなわち、「三農」問題の解決が「小康社会」の目標を達成することとなり、それは結果的に「和諧社会」（＝調和のとれた社会）の実現に近づくことであろう（図2-1）。

「新農村建設」の主体

「以政府為主導、以農民為主体」（＝政府を以って導き手に、農民を以って主体に）の方針が定められている。主導的役割とは、中央政府および地方諸レベル政府が「新農村建設」への支援策をとることである。国債用途・予算内建設資金の増額など財政支援強化策や、「新農村建設」の企画と指導の役割の発揮、公的サービスの提供などを主な内容とする。ハードの面においては、農村のインフラの改善整備がある。文化的社会的なソフトの面においては、義務教育、医療衛生、社会保険制度の整備、文化建設などの公的サービスの提供などがある。

「新農村建設」においては、村鎮建設（＝村は行政村のこと。鎮は重点鎮をさす。）も含まれている。村鎮建設は、具体的には小城鎮建設と村庄建設との二つの層からなる。小城鎮建設とは、農村地域の過剰労働力を既存の大都市に移動させず、当該地域内部で経済活動に従事させるために、新たな小都市（ニュータウン）を建設する整備手法である。村庄建設は小城鎮建設の集落版（星野ら、二〇〇八）ともよばれる。具体的には集落レベルの生活環境の総合整備事業のことである。例えば、集落内道路や歩道の整備、ごみの整理、バイオマス利用によるトイレの整備、台所の衛生管理、排水、汚水処理など生活環境の整備である。また、「空心村」（＝空き家や廃屋が散在する村）と呼ばれる問題を解決するため、散在している農家住宅を一ヶ所に集めて集住化する集落移転が導入されることも含まれる。このような村の生活空間、環境生態の総合的整備事業は、基本的に村を主体にし、農民に押し付けず、強制的ではない手法で進めていくのが原則である。いわゆる「以農民為主体」（＝農民を以って主体に）である。

「新農村建設」の牽引役

「新農村建設」の政策の成立は、海外のドイツ、韓国、国内の江蘇省華西モデル村などの経験を検討し参考にしてきたとされる（余、二〇〇八）。

ドイツからは、ドイツが戦後模索した「Bavariaモデル」（＝バファリア。バイエルン州のラテン語名）が参考である。そのモデルの背景には戦後、経済の疲弊による大量の農村人口の都市への流出といった社会的事情があった。取り組みのねらいは農村の都市化ではなく、農村を発展し、人口を農村にとどめることにある。都市生活とは異なるが、都市生活と同等の価値をもつ農村生活の改善であると理解できる。ドイツの「Bavariaモデル」がドイツの協力を得て、山東省で試験的に行なわれた。詳細については、本書の第四章を参照されたい。

韓国が一九七〇年代から行った「新村」運動も参考にされた。「新村」運動は三つの段階に分けることができる。第一段階は農村のインフラ整備。第二段階は農業の所得増をねらいとする農業構造の調整、農業技術の向上などの施策。第三段階は農産物加工を中心とする農村工業の発展である。

国内の江蘇省華西村の事例も全国的に研究されている。これには、一九八〇年代から模索しはじめ、「村集団による経済発展」のモデルとして全国の手本になっている。

しかし、「新農村建設」においては、経済発展が中心である。すなわち、上述した二〇文字の目標のうちの「生産発展、生活富裕」の二項目をより重視し、しかも具体的な目標も定められている。ほかの三つの項目は時間的束縛がなく、長期的な目標となっている。「生産発展、生活富裕」の目標は「以工促農、以城帯郷」（＝工業で農業の振興を促進し、都市が農村の発展を引き上げる）によって実現していくことも明示されている。

したがって、中国の「新農村建設」においては、工業化、城鎮化（＝都市化）が経済発展の牽引役である。農村経済の発展と農民生活の向上を進めていくことが目標だが、そのためには、農村人口を都市部（城鎮）へ移転し、農村人口を減少させることによって、農村部の農業の生産性の向上、農業所得の向上を図ることが必要である。

このように、「新農村建設」は、工業化・城鎮化（＝都市化）と村鎮建設との二つの側面を持っていることとして理解するのが重要であろう。

城鎮化の実現には、①農村部自体の都市化②農村余剰労働力の都市部への流出と吸収、が重要視されている。農村人口の都市部への移動をスムーズにするために、都市農村間の人口の移動の障壁とされる戸籍制度の緩和もみられる[6]。また、各地方において、都市部または県域内での非農業部門での就業、創業を可能にするための職業訓練も実施されている。

城鎮化（＝都市化）の方向性をめぐる論争がここ二〇年間続けられてきたが、基本的に大中都市を中心に発展してきたと考えられる。しかし近年は、「県域」（＝行政的な県を範囲とする地域）を範囲に、県域内の小城鎮を建設する傾向が高まっている。後述の調査対象地の山東省においては、「中心鎮」「重点鎮」の発展、すなわち農業農村人口の小城鎮への移転策が講じられている。そこで、都市化の中国語用語も「城市化」から「城鎮化」に置き換えられており、大中小の都市だけでなく、県政府所在地の「県城」、鎮政府所在地の「鎮区」および工業的商業的発展の中心的位置づけにある「中心鎮」を総括して「城鎮」と呼んでいる[7]。

「新農村建設」への財政的支援策

様々な財政支援のなかで、①「三提五統」を含めた農業税費の廃止による農民負担の軽減（税制の改革）および農業補助金制度の実施②都市から農村への公共投資の財源移転（地方財政の改革）、を特徴としてあげることができる。

農業税の廃止については、二〇〇六年一月一日に発効した「中華人民共和国農業税条例」の制定をきっかけに、農業税は二〇〇三年以降の軽減実施から最後には完全に廃止された。

農業税の廃止のほかに、「支農」「恵農」（＝農業支援、農業・農村・農民に恩恵を与える政策）と呼ばれる「三農」問題の解決への支援策もとられており、具体的には、食糧生産を中心とする農業生産への中央政府の農業補助金制度[8]および農村の基盤整備への増額投入がその主な内容となっている。

農村の公共事業への支援としては、道路、電力、水道、通信、農地の基盤整備（主に灌漑などの水利条件の改善）を取り上げることができる。これらの事業に対して重点的に財源を配分する方針が決められている(9)。農村社会の事業に対する投入としては、義務教育および新型農村合作医療制度の整備への支援策が特徴的である。地域によって地方政府の財政支援の内容も異なるが、第五章では、河北省における財政支援策について整理されており、参照されたい。

四　「新農村建設」政策の特徴

農村と都市の一体的把握

新中国成立後に限定してみれば、改革政策前の三〇年間と改革政策後のほぼ三〇年間は、国家統制による工業化と地方政府主導の工業化の違いが見られるものの、農業農村農民を収奪し、工業化の資金を蓄積し、都市部を中心とする工業の発展に提供するといった構図が基本的に継続されたといえよう。

しかし今日の「新農村建設」政策では、農工間及び都市農村間の格差の是正が目的とされている。これまでと本質的に異なるのは、「工業を以って農業を補う、都市部を以って農村部を引き上げる」といった方向性が示されている点である。この「都市と農村の一体的整備」を大きな特徴として指摘できよう。いわば、農業収奪から農業保護といった中国農政の大きなパラダイムの転換である。

理念的に一九八〇年代に鄧小平氏によって提唱された「先富論」（＝農村でも都市でもすべて一部の人や地域が豊かになることは許されることを指す）から「共同富裕」（＝経済の格差を縮小し、都市と農村の一体化した発展によって共同繁栄をめざす）への戦略的方向転換ともいえる。

また、高度経済成長の恩恵を都市部で工業に従事する労働者だけではなく、農村部で農業に従事する農民にも与えるような発想から、「工業を以って農業を補う」政策につながっていると考えられる。「新農村建設」はまず、「三農」問題の解消を、次に、「農業強国」の実現をめざしている。農村の経済発展や農家の所得の向上とともに、農村のインフラ整備、生活空間、生態環境の整備によって、中国経済の外需から内需主導への転換の基盤づくりになることも施策のもう一つのねらいではないかと考えられる。高度経済成長が途絶えないために、農村部にもその担い手になってもらう、といった政策のねらいも垣間見ることができる。

五　「新農村建設」の今後の行方

「三農」問題の打開

「新農村建設」の政策的指針が示され、また多くの農業支援策も講じられてきたとはいえ、「小康」社会の実現の難しさが再認識されている。二〇〇六年以降、「新農村建設」政策遂行上の偏りなどがしばしば指摘され、それらに対して、「新農村建設」関連の補足策と措置が毎年のように追加されてきている。

例えば、二〇〇七年には、「現代農業の発展」を主な内容とする「中共中央国務院関与積極発展現代農業扎実推進社会主義新農村建設的若干意見」（積極的に現代農業を発展し、着実に社会主義新農村建設を推進することに関する中共中央国務院の若干の意見）の一号文件（＝文書）が公布された。その背景には「新農村建設」政策への理解の偏りにより、「村庄」の建設が過剰に強調し重視された反面、農村生産力の解放と発展が見落とされた。また、農業の自然資源の減少や生態環境の悪化などの状況が一向に好転されていない。さらに農業の基盤が依然として薄弱である、という三点が指摘されている。

さらに二〇〇八年においては、中国の農業は新しい挑戦、具体的には次の五つの困難に直面している、と認識された。①バランスの取れた農産物の供給。②優勢にある農産物の輸出の促進および適時適度な農産物の輸入。③食糧の安定的発展と農民の持続的増収。④都市農村間の格差の縮小。⑤各方面の利益に配慮しながらの社会管理。

これら「三農」問題が直面している新たな局面の打開策として、『中共中央国務院関与切実加強農業基礎建設進一歩促進農業発展農民増収的若干意見』(中共中央国務院が直接に農業の基盤整備を行ない、さらに農業を発展し、農民の増収を図ることに関する若干の意見)といった、改革開放以来第一〇号の一号文件が公布された。その主眼は、農業の基礎的地位を強固なものにし、長期的に食糧の安全問題に警鐘を鳴らす、ことにおかれている(聶・李、二〇一〇)。

「和諧社会」の提唱

最近の動きとして、都市と農村の格差を解消し、環境にも配慮しながら経済成長を維持できる「和諧社会」を提唱しながら、その実現の難しさから「包容性のある成長の実現[10]」が打ち出されている。成長の果実を平等に社会の各階層に届けられるような成長をめざす含意として読み取れる。これまでの「和諧社会」の概念に重なっており、二〇一一年からの第一二次五ヶ年計画に盛り込まれた。

その背景には、経済の高度成長にともない、社会の平等、社会の公平、社会の公正を問う声が上がっていることもある。経済成長の成果の再配分が、社会の安定にとって不可欠であり、中国当局にとっての急務でもある。工業化と都市化も重要であるが、「三農」の核心問題である農民問題の解消には、都市農村の構造上のずれの是正が避けられない。そこには雇用および失業保険、年金保険、健康保険など社会保障制度の整備が必須である。つまり、農村の余剰労働力のさらなる都市部への移動には、雇用の創出が必要である。雇用があって、都市部での定住つまり安定的な生活を確保するには、さらなる戸籍制度の改革が求められる。論理的には、都市農村の構造的転換には、社会保障制度全体の整備が先決条件となってくる。しかし雇用問題は、とくにアメリカ発金融危機の後、さらにその厳しさを増している。社会保障制度の整備について考える場合、国の健全な財政システムと財源が必要とされる。そこで、階層間の所得格差の是正、社会資本の合理的な配分と再配分を迫られる。このように、「新農村建設」ないし「和諧社会」の実現は、農村社会に限らず、中国社会全体の再構築にもかかわる課題であろう。

注

（1）「三農」問題については、通説的には農業、農村、農民の問題の略として使用されるが、「通商産業省通商白書」（二〇〇五年版）においては、「農業」の低生産性、「農村」の荒廃、「農民」の貧困として、解釈を加えている。本文では、それを引用して使用することにしたい。

（2）ここでの日本語訳は天児（二〇〇四）を参照されたい。

（3）日本語訳は、長谷部訳（二〇〇〇）を参照されたい。

（4）農業の産業化の政策的背景および龍頭企業を牽引役とする農業経済協同組織による農業の系列化については、『中国農村の共同組織』において、山東省の東部、中部、西部での具体的な事例を通して論証されており、参照されたい（小林他、二〇〇七）。

（5）農業税および「三提五統」などの諸費用の具体的な内容と金額は地域によって異なるが、華北農村の河北省辛集市新塁頭村での調査では、二〇〇一年時点のデータを入手している。その詳細については、細谷他（二〇〇五）、四一～四三ページを参照されたい。

（6）政策的には、二〇〇六年五月に「国務院関与解決農民工問題的若干意見」（＝農民工の問題を解決するための国務院のいくつかの意見）が公表され、都市と農村の統一した戸籍登録制度に関する戸籍管理制度の改革の目標が打出されている。それに先立って、河北省など一二省・地域はすでに農業戸籍と非農業戸籍といった二元的戸籍登録制度を廃止したという報告もある（陳他、二〇〇八）。

（7）統計方法も変化している。都市住民の戸籍を持つものを都市人口と呼んだ方法から、「城鎮」と称する地域に半年以上居住する人口を「城鎮人口」として統計するようになっている。このような統計方法にしたがって、二〇〇七年時点での城鎮化率が四五パーセント前後になっている（陳他、二〇〇八）。従来の戸籍に基づく統計方法より、都市化率が高くなっていることに留意していただきたい。

（8）二〇〇四年以降、農業の補助金制度については、①食糧生産を行なう農家への直接支払い補助金の支出②優良種子の購入③農機具の購入④肥料など農業生産資材の購入への補助、といった四つの項目の農業生産農家への補助金制度が打出されている。また、重点的な食糧生産品目の最低買い上げ価格の設定によって、食糧の安定的供給を図ろうとしている。

（9）「六小工程」（＝六つのミニプログラム）もその一部である。具体的に①節水灌漑施設の整備②人間と家畜の飲み水の確保③農村道路の整備④農家のバイオマス利用の促進⑤小規模な水力発電の導入⑥遊牧地域の草原の保護管理（放牧禁止地区の設定と農民への直接支払い）、の六つのプログラムが含まれている。

（10）「ポスト胡　固まるか」より引用。二〇一〇年一〇月一五日、朝日新聞。

参考文献

天児慧『中国の歴史一一　巨龍の胎動』、講談社、二〇〇四年。

王春光「第六章　城郷結構」陸学芸編『当代中国社会結構』、社会科学文献出版社、二〇一〇年。

河北省新農村建設研究課題組『河北省新農村建設発展報告二〇〇八』、河北人民出版社、二〇〇八年。

曲延慶『鄒平通史』二二九～二六一ページを参照、中華書局、一九九九年。

小島麗逸編『中国の都市化と農村建設』、龍渓書舎、一九七八年。

小島麗逸『現代中国の経済』、岩波新書、一九九七年。

小林一穂・劉文静・秦慶武『中国農村の共同組織』、御茶の水書房、二〇〇七年。

近藤康男『近藤康男著作集　第十三巻　新中国のあしおと』、農山漁村文化協会、一九七五年。

徐秀麗「中華平民教育促進会掃盲運動的歴史考察」『近代史研究』第六号、二〇〇二年。

祝彦『救活農村——民国郷村建設運動　回眸』、福建人民出版社、二〇〇九年。

秦慶武・蕎峰編『城市化与農村人口転移—来自山東省的報告』、中国城市出版社、二〇〇二年。

秦慶武・許錦英著『中国「三農」問題的困境与出路』、山東人民出版社、二〇〇四年。

鄒平県村誌文化書庫『東尉村誌』、中国文史出版社、二〇〇八年。

政協文史資料委員会編『梁漱溟与山東郷村建設』、山東人民出版社、一九九一年。

善峰『梁漱溟——社会改造構想研究——』、山東大学出版社、一九九六年。

宋恩栄編著・鎌田文彦訳『陽初——その平民教育と郷村建設——』、農山漁村文化協会、二〇〇〇年。

曹錦清『如何研究中国』、上海人民出版社、二〇一〇年。

孫子願「追憶我在鄒平参加美棉運銷合作社的運動」、梁培寛『梁漱溟先生記念文集』、山東省政協文史資料委員会、中国工人出版社、一九九三年。

中華人民共和国農業部『二〇〇八　中国農業発展報告』、中国農業出版社、二〇〇八年。

陳錫文・趙陽・羅丹『中国農村改革三〇年回顧与展望』、人民出版社、二〇〇八年。

聶華林・李泉等著『中国西部三農問題通論』、中国社会科学出版社、二〇一〇年。

古谷浩一・吉岡桂子「ポスト胡　固まるか」、二〇一〇年一〇月一五日、朝日新聞。

星野敏・島日図「中国における「社会主義新農村建設」の展開とその問題」、農村計画学会誌第二六巻第四号、農村計画学会、二〇〇八年。

細谷昂・吉野英岐・佐藤利明・劉文静・小林一穂・孫世芳・穆興増・劉増玉『再訪　沸騰する中国農村』、御茶の水書房、二〇〇五年。

細谷昂・米地文夫・平塚明・佐野嘉彦・小林一穂・佐藤利明・劉文静・山田佳奈・吉野英岐・徳川直人「「生態農業」における個と集団――中国河北省邢台市邢台県前南峪経済試験区の事例――」、『総合政策』第五巻第一号、岩手県立大学総合政策学会、二〇〇四年。

李景漢『定県社会概況調査』、中華平民教育促進会、一九三三年。

劉豪興主編『農村社会学』、中国人民大学出版社、二〇〇八年。

劉文静「農村の近代化と新農村建設――山東省鄒平県の事例を通して――」、『総合政策』第一一巻第二号、岩手県立大学総合政策学会、二〇一〇年。

余小平『中国現代化進程中的農村村庄建設』、中国言実出版社、二〇〇八年。

梁漱溟『郷村建設理論』長谷部茂訳、アジア問題研究会編、農山漁村文化協会、二〇〇〇年。

梁漱溟『東西文化とその哲学』長谷部茂訳、アジア問題研究会編、農山漁村文化協会、二〇〇〇年。

第三章

華北農村調査の経緯

小林 一穂・劉 文静
（第一節・第三節）（第二節）

青島市黄島区辛安鎮抬頭村の路上にて。もとは農村だったが工業地帯になっている。（2003年12月24日撮影）

第一節　一九九〇年代の河北省辛集市

ここでは、一九九〇年代初頭に河北省辛集市において実施した農村調査の結果を紹介する。[1]この調査は、その後二〇〇〇年代初めにも再調査して、一〇年間の変化を検証した。[2]

一　調査の経緯、方法、対象

日中共同研究の取り組み

東北大学の細谷昂名誉教授を中心とする研究者グループは、すでに一九八〇年代末から、河北省保定市満城県において中国農村調査を河北大学との共同調査として開始していた。九〇年代に入って、河北省社会科学院との共同研究へと発展し、九二年に辛集市において予備調査、九三〜九四年に本調査、九六年に補充調査を実施した。この共同研究は、日本と中国の共同研究だったので、各種の行政機関や組織、企業にたいするヒアリングはもちろん、個別農家への訪問においても、日本側と中国側との両方の研究者が一緒に出かけていき、通訳者を介して、質問および回答聞き取りを両者が同時におこなってきた。現地調査の実施を中国側に任せきりにするという、いわば「請負調査」ではなく、日本側研究者も農家の方々にインタビューするというやり方をとってきたのである。中国側としては、それまで「請負調査」も経験していたので、当初はこうした調査のあり方にとまどう面がなかったわけではないが、しかしすぐに日本側研究者の意向を理解し、調査の期間中、両者の緊密な連携をとることができた。

事例調査のあり方

一九九〇年代の辛集市調査では、それまで、またそれ以降においてと同様に、いわゆる事例調査の手法がとられている。これは、多数の標本を選定して、大量の調査データを収集し、数量的に処理するという、いわゆる量的調査ではなく、個別事例をとりあげ、その典型性をとりだすことによって、全体の特質をつかみとろうとするものである。このような事例調査のつねとして、対象にたいする数次にわたる調査が必要であり、またその多様な側面を分析することが求められる。したがって、われわれの調査においても、予備調査、本調査、補充調査、さらには別用で河北省を訪れた際に立ち寄って、その時々の状況変化を聞き取る、という、たびたびの現地調査を繰り返した。このことによって、現地についての理解が深まったのはいうまでもないが、河北省社会科学院の方々や現地の農家の方々との交流も深まった。一度きりの調査ではないということの大きなメリットだといえるだろう。

辛集市、新塁頭郷（鎮）、新塁頭村

調査対象地である辛集市新塁頭郷（後に新塁頭鎮となる）新塁頭村は、中国側研究者が選定した対象地である。

辛集市は、河北省の省都である石家庄市から東約八〇キロメートルに位置しており、いわゆる華北平原の農村地帯の中核都市である。古くから皮革市場が有名で、改革開放政策後の一九九〇年代には、中小の皮革工場や革製品企業が形成されている。また、果樹生産も盛んで、段ボールの製紙工場なども多い。農業は小麦とトウモロコシの二毛作が基幹作目で、後に河北省で成長が著しくなる畜産やとくに酪農は、この時点ではまだ主要なものとはなっていなかった。工業については、九〇年代初頭では、いまだ農業の比重も大きく、総生産額では農林漁業を工業が上回っているものの、一対二の割合だったのが、九三年には一対三の割合に格差が広がっている。九〇年代後半には商業の伸びがめざましくなっていく。

新墾頭郷は、一九九六年に鎮となったが、このもとに一三村あり、総人口は約一九、〇〇〇人、戸数約五、二〇〇戸である。特徴としては農業機械化がめだった。八村に農業機械化サービス事業体があり、サービスセンターの調整のもとで、サービス事業体が農作業をおこなっている。郷鎮企業が各種あり、郷有が五企業、村有企業も各村にあって、主として革製品製造、製紙、段ボール箱製造などがある。また香港との合弁企業では眼鏡工場や製ゴム工場などがあった。

新墾頭村は、新墾頭郷一三村のなかでは最大の村で、一九九四年時点で戸数一、一六三戸、人口四、〇二三人、耕地面積八、一五五ムー（一ムー＝六・六七アール）、平均収入一、七五〇元である。村民委員会は七人で構成され、村民小組は二二ある。党組織は村の党総支部のもとに党支部が五つある。

村の総耕地面積は約八、一〇〇ムーで、主として小麦とトウモロコシが作付けされている。その他に村所有の果樹園があり、その栽培のために「林業隊」が組織されている。また、個別経営で野菜も栽培されている。家族生産請負責任制での村民一人当たり配分面積は一・六ムーであり、平均的な四人家族とすれば六・四ムーとなり、経営規模は小さいといわざるをえない。そこで、この村では農外就労が盛んになっており、改革開放政策のもとで多様な郷鎮企業や個人経営が立ち上がっている。

村有企業としては上述の林業隊のほかに、段ボール工場、製粉、鋳造、煉瓦製造、農業機械化サービス事業体などがあり、また私営企業としては、皮革、羽毛加工、紙箱、運輸、飲食店など多様である。こうした企業活動は活発であり、村へ納める税金は、鎮への上納金を差し引いてもかなりの余裕があり、村有の幼稚園の運営費、農民福利費などに充当される。農民福利費は村民委員会が管轄している各種委員会のもとでの経費などに充てられ、その残金が出れば村民に再配分される。

二　農家の経営と生活

対象農家の概略

新墾頭村において、有為選択による一六戸の農家に対してインタビュー調査をおこなった。使用した調査票は、日本側研究者で作成した原案を、中国側研究者が検討して修正を加えて決定したものである。対象農家は、家族構成や農家経営の内容などに多様性をもたせるように、中国側に選択してもらった。生活水準は上中下の三段階に分けられているが、これはもちろん、河北省での中程度の水準の対象村での区分であり、下位といっても、中国内陸部の極貧村とくらべれば、はるかに良好な生活水準であることはいうまでもない。また実際のインタビューの結果からは、この上中下の設定が適切ではないような印象を受けた農家もあった。

家族構成でいえば夫婦家族が多く、直系家族は数戸だった。これは、日本農村と異なり、長男が後を継ぐという習慣がないためでもあるだろう。しかし、老親扶養は手厚くおこなわれており、老親と子供夫婦が別居しているとしても、子供から親への経済援助や身辺の世話などは、子供の兄弟間で平等におこなわれている。均分相続という原則が老親扶養でも生きているといえるだろう。

農業経営

新墾頭村の耕種栽培は小麦とトウモロコシだが、そのほかに家畜、果樹、野菜などへの志向もみられる。対象農家のうち農業経営へ意欲をもつ農家は四戸で、そのうち専業農家といえるのは二戸にとどまっている。農外就労によって収入をめざす農家は一〇戸、残り二戸は中間形態と判断される。

小麦とトウモロコシの栽培においては、自家消費分を確保したうえで、当時の制度だった国家買い上げ分を供出している。しかし、この収入だけで生活することはとうていできず、ほとんどの農家は農外収入に頼らざるをえないのが実情である。

農外就労

対象農家一六戸のうち、専業農家である二戸を除いた一四戸は何らかの農外就労に従事している。その内訳をみると、被雇用、自営業、企業経営と区別することができる。

被雇用は収入が低くなる場合が多く、農業収入の補完という役割になっている。したがって、この事例はいずれも農業経営に意欲をもつ農家か中間形態の農家だった。

自営業は、その経営内容が多様である。個人による自営あるいは親族による自営だが、その浮沈は激しい。むしろ、さまざまな業種が試みられ、成功すれば企業への発展をめざすが、失敗すれば他の業種へ転換する、といった状況だった。企業経営は、個人の出資によるもの、親族によるもの、複数の出資者による経営、村所有の企業などさまざまであり、経営規模や収益の差などは、一概にはいえない状況だった。しかし、こうしたなかで、大きく発展する方向に進み出している企業もあり、それは、後年になって省を代表する規模の企業にまで成長することになる。

家族内役割分担

この調査では、農家の人々の家族内役割分担の状況と、子供の養育や老親扶養、生活意識などについても質問している。

まず家族内役割分担だが、農家経営つまり家族の農業への従事や農外就労についての判断を誰がおこなうのかについては、夫という回答が多かったが、役割分担については必ずしも夫が農業に従事するということでもなく、農業、農外のそれぞれに家族員が柔軟に従事している。家計の管理は妻が多く、食事の献立、炊事、洗濯も妻あるいは息子の妻が多い。しかし、なかには農外就労とのかかわりで、仕事を分担し、かつまた家事も夫婦で分担している、という事例もみられた。しかし洗濯を男性が担当するという事例はなかった。こうしたことから、家族内においては、性別役割分業がある程度存在しているものの、「夫が仕事で妻は家事」と固定しているというよりも、就業形態によって柔軟に対応しているといえるだろう。

子供の養育については、乳幼児は息子の妻つまり当の母親が世話をする場合が多く、子供の話し相手となると家族員の状況に応じて多様である。望ましい子供の数は、男女あわせて二人という回答が多かった。老親扶養は男子の役割であり、男子が望ましいという伝統的な慣習があったなかで、計画生育政策いわゆる「一人っ子」政策が浸透しており、男子でも女子でもいいという回答も少なくなかった。こうした意識が「二人」ということになっているのかもしれない。

生活の満足感

生活の満足感と将来の希望を聞くと、全農家が現在の生活に満足していると回答した。その理由は物質的な豊かさであり、したがって、改革開放政策は強く支持されている。村内外の経済発展についても肯定的であり、より多くの収入の機会を得ようといろいろと知恵をめぐらせている。企業を興したり、遠隔地にまで就労したりしている。仕事に対するそうした積極的な姿勢は生活の向上のためである。九〇年代前半の華北農村においては、ようやく改革開放政策の「恩恵」が人々の暮らしのなかで実感をもちはじめた時期だといえるだろう。それが現状肯定と将来への楽観的な期待となって現れている。

将来の希望については、家族員の状況に応じて、子供の結婚、家の新築、電化製品やオートバイ、自家用車の購入などがあげられていたが、いずれにしても、市場経済のさらなる展開を予想して、その波にうまく乗っていこうとする意欲がみられた。市場競争による格差の拡大という問題状況は、いまだ現れていなかったといえるだろう。

三　村の仕組み

村の組織

村民委員会のもとに、主なものとして四つの組織がある。治保委員会、民兵連隊、婦人連合会、紅白理事会である。その他に、計画出産委員会、文化教育衛生委員会などが設置されている。村民委員会は七名からなり、そのうち主任一名および副主任二名である。主任は、その候補として村の共産党員大会において党の内外から二名が選出され、その二名の候補から村全体の選挙によって選出される。

村は三つの街に分けられており、さらにそれぞれの街は二ないし三の片儿に、それぞれの片儿はいくつかの村民小組に分けられている。村は人民公社時代の生産大隊と合致しており、村民小組は当時の生産隊に当たる。

村民小組は二二あり、地域的にまとまっている。しかし、そのほかに独立隊と呼ばれる小組に対応した組織が存在している。一九八四年におこなわれた生産請負制にともなう土地配分の後に村へ来住した者にたいしても土地が配分された。このときに配分を受けた人々が独立隊となった。その後は土地配分はおこなわれていない。独立隊のほとんどはもともとこの村の戸籍をもっていた人々であり、その意味で村への再移住を認められたものと思われる。

片儿は七つあり、伝統的な組織でもあるといわれている。主として、紅白すなわち冠婚葬祭にかかわっている。共有財産として集会所や什器類をもち、解放前には年中行事を春や秋におこなっていたが、現在では、冠婚葬祭以外の活動はしていない。

計画生育

いわゆる「一人っ子」政策は、人口が爆発的に増加する危険を避けて、安定的な人口構造を保とうとする中国政府の重要な政策である。この計画生育は、調査対象地の辛集市では八〇パーセント近い実施状況であり、新垦頭村においても計画出産委員会のもとで組織的に取り組まれている。この委員会は主任一名、その他の委員三名で組織され、二二の村民小組にはそれぞれに計画出産小組が組織されている。計画出産小組長はほとんどが女性で、小組内で話し合いによって選出される。計画出産小組は、宣伝や教育によって計画生育の重要性を村民に周知徹底し、計画外妊娠を避けるための定期検診を受けさせ、また統計的データを収集するなど、下からの草の根的な「運動」を担っている。

計画生育は国家政策として法令も整備され、強制力をともなった形で実施されているが、村々の日常生活のなかで「社会運動」としての形態をとることによって、政策的な有効性が保証されている。

高齢者扶養

一九九〇年代前半においては、医療や福祉にかかわる社会保障制度はまだ不十分だった。都市部の大企業や国有企業、公務員については制度的な保障はあるけれども、農村部においては生活保障を制度的に統一したものはなく、いくつかの社会保障を除いて、各自の自己負担に任されていた。

しかし、高齢者扶養については「五保戸」制度がつくられている。これは、扶養義務者や労働能力に欠ける高齢者、障害者、未成年者にたいして、食、衣、住、医、葬あるいは教、の五つを一般的な村民の生活水準に応じて保障するものである。高齢者にたいしては、老人ホームを中心とした保障がおこなわれている。

新墨頭村においては、九四年時点で一名が五保の対象となっていた。年間費用の一、五〇〇元は村が負担している。また一九八五年に敬老院が建設され、当初は六名が入居したという。しかし九四年時点では入居者は一名に減少していた。

養老年金制度も一九八五年に発足した。満六五歳以上の老人にたいして、毎年一定額の年金が支払われる。九四年時点では、三〇〇余名にたいして二、五〇〇余元が支払われている。

しかし、五保制度も敬老院も九六年の調査時点では、利用者はいなかった。いずれも、扶養義務者がいない場合の保障手段なのであるから、このことは、いまだ村民のなかで私的に扶養できることの表れである。高齢化が進むにつれて、扶養義務者がいない高齢者も多くなると思われ、こうした保障手段を利用する事例も多くなるだろう。

財産分与

華北地方では伝統的な慣習として男子均分相続がおこなわれているが、上記のような扶養義務と結びついて、均分な財産相続とともに、親の扶養もまた男子の間で分担される。新墨頭村では、このような伝統的な財産分与が「分単」としておこなわれている。これは、財産分与を条件として扶養を受ける、あるいは扶養することを条件として財産を分与されるというもので、男子の間での均分相続と扶養の内容が、証文に詳しく記載されている。この証文は、立会人をおいて作成される。

「分単」で定められる財産分与の内容は、非常に事細かく決められており、現金はもちろん、さまざまな家具や什器類、さらには庭の立木までに及ぶ。また扶養についても、介護や経済的援助をどのように分担するのかが明記されている。

四　民営企業の発展

民営企業の概況

一九九〇年代の辛集市は、工業生産高が急速に伸びた。そのなかでも国有企業、省営・市営の企業にくらべて民営企業（いわゆる郷鎮企業(3)）の伸びは倍ちかくになり、割合の比較でも、民営企業はそれ以外の三倍以上となっている。民営企業がまさに牽引車となっている。さらに、民営企業のなかでは、郷営・村営企業に対して連合体・個体企業が三分の一を占めており、民営企業のなかでも私営企業が重要な役割を担っている。とくに小規模な個別経営に類する企業が活発に展開している。

新墾頭郷レベルには五つの民営企業がある。主として香港との合弁企業で、革製品、アスファルトフェルト、プラスチックとゴム、自動車部品、革靴を製造している。

新墾頭村の民営企業は三〇ちかくあり、藁半紙、段ボール、眼鏡、革製品などの工場である。村営企業としては、果樹園、皮革工場、酸素工場、鋳造工場などがある。各企業は独立採算制で、村民委員会に一定の比率で上納する。一九九六年でみれば、村の総生産高が八、〇〇〇万元で、そのうち農業は一、八〇〇万元にすぎない。民営企業から村財政への上納金は二一七万元となった。村の収入はこれ以外にはないので、村財政は民営企業の上納金でまかなわれていることになる。農民福利費、幼稚園の運営費、公衆浴場の運営費、村営企業への投資などが主な支出である。

村民の生活水準は、一九九五年時点で三、一〇〇元であり、辛集市の二、五五〇元、河北省農村の一、六六〇元と比較して、かなり高いといえるだろう。こうした経済基盤を民営企業が担っている。

果樹園

「林業隊」は、梨、桃、リンゴを果樹栽培している村営企業である。全部で五隊ある。一九六〇年代初めに梨の果樹園を造成したのが始まりで、七〇年代にリンゴ、八〇年代にはいってからは桃も栽培している。人民公社が廃止される前から、果樹園は個人へ請け負わされていた。反対意見もあったが、請負制にすると年収が三倍になって皆が驚いたという。

村から一隊につき一人の請負人を指定し、村民委員会と請負人とで契約を結んだあとは、請負人がすべての管理を任される。総収入のうち、村へ支払う請負料を除いた利益を請負人と村とで分配し、請負人が得た利益のなかから労働者の給料が支払われる。労働者は通年雇用で全員が村民である。平均給与は年収三、〇〇〇元になる。請負人の給料は六、〇〇〇元である。

村に果実の収蔵施設があり、冷蔵庫六つに計一、五〇〇トンの貯蔵能力がある。梨の出荷は六五パーセントが国内向けで残りは東南アジアへ輸出する。リンゴと桃はほとんどが外国向けである。

段ボール箱製造

対象地では果樹栽培が盛んで、その出荷用に段ボール箱の需要がある。そこで、耕種栽培の麦わらなどを原材料にした段ボール紙の製紙工場、その段ボール紙を使って段ボール箱を製造する工場が多数あり、いわば地域的な企業連携を形成している。

ここで取りあげる「長虹紙箱廠」もその一つで、四名の共同経営者による私営企業である。一九八〇年代半ばから経営を始め、九〇年代になって大きく成長したが、九〇年代半ばになると、辛集市内に約二〇〇の段ボール箱工場ができて、競争が激しくなって期待通りの伸びが得られなくなったという。

段ボール箱の生産は注文に応じている。果実の保存専門業者が工場に注文に来て、サイズとデザインを指定する。それに応じて生産し、できた製品をこちらが相手に納入する。毎年六〇万ケースを生産しており、売上高は三〇〇万元になる。郷へ納税するとともに、工場用地の使用権をもつ農民には小麦とトウモロコシを購入して現物で借地料を支払う。販売先からは注文時に前金を受け取るが、残金は相手が果実を売りさばいたあとになるので、契約をきちんと履行しない相手もいるのが問題だという。

共同経営者の四名は共同出資しており、郷や村からの出資はない。この四名は親戚関係であり、そうした関係があるからこそ共同経営が成り立っているといえるだろう。

皮革工場

「辛集市制革皮件廠」は、郷営企業で、郷から三年契約で請け負っている。もともとは郷が経営する綿油工場だったが、季節外にも操業するために皮革製造も加えた。郷からの請負になった時点で綿油工場から分離独立した。

郷政府は経営に介入しないが、資本金の拡大、とくに固定資産については郷政府との相談になる。契約は三年間だが、請負の継続もあり得る。調査時点では、革製品の原材料を製造していた。原料の羊皮を購入し加工して出荷するが、裁断しないで一枚皮のままで販売する。この工場でも生産する前に注文が来るので、注文加工という性格が強い。年間売上高は五〇〇万元になる。辛集市内には、大小とりまぜて数多くの皮革工場があるが、注文量に製造量が追いつかないほどなので、競争はあまりないという。

羽毛加工

対象となった企業は「辛美羽絨制品有限公司」という。当初は個人の簡単な操業から始まった。羽毛を生産農家から購入し、加工して販売していたが、しだいに羽毛加工にとどまらないで羽毛服を製造するようになり、さらに羽布団まで手がけている。一九九四年時点では、固定資産は四〇万元、年間売上高は二〇〇万元だったが、九六年には固定資産は三〇〇万元弱まで増加し、年間売上高も六〇〇万元と伸びている。従業員も四五人から一一〇人へと増加し、大きく発展している。さらに今後の展望として、工場の拡大をめざしており、そのための工場用敷地や建築材の確保に乗り出していた。

この私営企業の特徴は、経営を家族でおこなっている点で、父親が名義上の社長、子供五人、さらに父親の兄の子供二人がそれぞれ役職を担当している。とくに社長の三男が実質上の経営者であり、しかも省政府の貿易担当部局に職をおいており、そうした立場が有効に働いている。家族経営なので、利益の分配は父親の判断で家族の生活上のその都度の必要にあわせておこなわれている。

民営企業の位置と役割

この調査事例で対象となった民営企業は、華南地方の沿海部におけるような、巨大化し、国際的な企業活動を展開しているような企業形態ではなく、たとえ香港などとの合弁であったとしても、規模の小さなものでしかなく、また地域に密着した多様な形態をみせている。それが、ここでの民営企業の特色となっている。

たとえば、果樹園、段ボール製紙、段ボール箱加工、という民営企業は、地域の特産である果樹や畑作からの産物にもとづいており、地域資源を生かした産業化といえるだろう。また、歴史的な伝統のある皮革市場と結びついて皮革加工や各製品の民営企業がいわば無数に生起している。

また、地方政府とのかかわりも重要な点である。これはこの地域に特徴的なものとはいえず、全国的にもみられるものではあるが、郷や村が所有している企業を、そのまま郷営、村営という形態で営業しているものもあり、他方で、郷や村の所有のままでいながら経営を個人に請け負わせることによって、事実上の私営企業となっているものもある。いずれにしても、企業活動による利益の一部は郷政府や村民委員会にはいるわけで、それが農民福利費などという形で地域住民の生活向上にも役立っている。民営企業が農村社会の経済発展に果たしている役割が大きいといえるだろう。

ところで、事例でもみたように、民営企業の経営者が家族や親族といった血縁集団によるものが少なくない。その他にも、いわゆる「義兄弟」の盟約を交わしている友人という事例もあった。このような血縁関係にもとづいた管理集団の形成は、企業としての経営が資本制的な冷徹な原理によって貫かれるのではなく、家族や親族という特別の関係性による「一致団結」的な経営と分配がおこなわれることによって、少なくとも調査時点では順調な発展を示していた。今後の経営の発展にとっては、こうした形態は大企業化するにあたってマイナス要因にならないか、という懸念は感じられるが、調査時点では、企業規模と経営内容にむしろ適合的な管理方式となっていたと思われる。

こうして、一九九〇年代の河北省辛集市の民営企業は、小規模ながら、郷営、村営企業から、全くの個人一名がトラックを運転して運送業を営むというものまで、多様な形態が無数に生起して、各自の利益を求めて企業活動を営むことによって、地域経済が発展していくといった様相がみられた。現代中国の農村部における産業化の原型がここに展開していたといえるだろう。

五　再調査でみられた特徴

第二次調査の実施

前述の河北省辛集市調査は一九九〇年代前半におこなわれたが、そのほぼ一〇年後にふたたび同地域を調査する機会を得た。そこで、ふたたび河北省社会科学院との共同研究を立ち上げ、二〇〇二年の予備調査を経て、〇三年夏と〇四年春に本調査を実施した。第一次調査の対象農家と同じ農家を再訪して、家族形態、農業経営、就労状況などの変化を追跡した。また、前回と同様に、市政府や郷政府、村民委員会への聞き取りをおこない、さらに民営企業への調査も実施した。

激しい経済変化

辛集市および新塁頭郷の変化は激しかった。とくに経済発展はめざましく、なかでも工業発展は、一九九〇年から二〇〇二年の間で、工業総生産高が六倍以上になっている。農業との対比でも、九〇年には農業総生産高にたいして工業総生産高は二倍以上だったが、〇二年には四倍にまで差が開いている。また、従業員数をみると、この一〇年間で、農林漁業従事者が減少しているのにたいして、工業従事者は倍増に近く、商業従事者になると八倍増になっている。

こうした経済発展は、民営企業の発展によるものといえるだろう。固定資産状況の変化をみると、国有企業や集体企業が二〇〇〇年代に大きく落ち込み、それにたいして有限会社や私営企業が成長している。農村部に限ってみると、九〇年代には郷所有や村所有の伸びが目立つが、二〇〇〇年代には、個人所有の発展が著しい。農村における民営企業の躍進が明らかである。その民営企業の規模をみると、九〇年代の零細企業の乱立という状況から、競争による淘汰を経て、企業規模の拡大が進んでいる。また、村レベルでみると、新塁頭村では、村営企業とともに民営企業がともに多様に存在していたのが、村営企業は農業機械サービスセンターと果樹園のほかはすべて私営企業となっており、ここでも民営企業の拡大が進んでいる。

環境対策の進展

中国では経済成長が驚異的に長期にわたって継続し、それとともに環境汚染が大きな問題となってきている。それには、世界的な環境保全の重要性が認識されてきていることもあるが、日本の高度経済成長期における公害問題の発生を他山の石とするということも聞き取り調査のなかでいわれている。とくに調査対象地では、すでに述べたように皮革業、製紙業が盛んだったので、皮革の鞣しや染色における化学薬品の使用、製紙工場からの汚水の排出が問題となる。しかし、一九九〇年代前半の調査では、調査対象となった皮革工場では化学薬品の事後処理について十分に配慮しているとは思われず、製紙工場も、中小規模だということもあって、汚染対策が十分とはいえない状態だった。再調査した二〇〇〇年代初めになると、辛集市では本格的な環境対策がすでに実施されていた。厳しい対策がとられたのは一九九六年からである。国務院からの通達を受けて、皮革業にたいしては「辛集市制革工業区」と呼ばれる工業団地を建設し、五〇〇余りの中小企業のうち小規模なものは閉鎖させ、比較的大きなものを移転させて集中的に管理している。工業団地の土地は市政府が提供したが、移転費用は各企業の自己負担で、土地使用権も購入しなければならず、この工場移転が、企業の淘汰を招くことになった。

製紙業については、原料に麦藁を使用するのをやめて、使用済みの紙を再生したり、段ボール箱の製造時に出てくる紙片を原料とするやり方に変更することで、排水処理が改善された。要するに古紙を利用したリサイクル工場で、しかも一工場があるだけである。しかも、この工場は古紙が集まった時に操業するので、稼働しているのは半年間にとどまっている。

対象農家の変化

今回の第二次調査においても、前回の第一次調査と同じ農家一六戸にふたたび個別インタビューをおこない、家族構成の変化などについて聞き取りした。

まずは家族構成の変化だが、構成家族員の入れ替わりは大きいものの、直系家族よりも夫婦家族が多いという特徴は変わらなかった。中国では一般的に、日本とは異なって、男子均分相続であり、この調査対象地においてもそうだったが、そうなると、日本のように長男が相続するとともに両親の扶養を担うので両親と長男夫婦が同居するという形態ではない。子供は成人すると親と別居するか、あるいは同居するとしても長男に限られるわけではない。男子が均等に相続と扶養を担うことになる。それにしても、家族構成員は農家ごとで多様であり、それぞれの農家の実情に適合的な家族員が、その時々に構成されている。

農業経営についてだが、土地配分ではいわゆる「口粮田」と「責任田」の区別がなくなり「承包田」すなわち請け負わされた土地に統一された。それとともに、食料の国家買い上げのための供出が義務ではなくなった。土地の配分は一九八四年に始まり一五年間固定されていたが、その期限である一九九九年にさらに一五年間の延長となった。また、農民に課せられていた税や負担金については、二〇〇二年の時点で農業税を除いた各種の税や、いわゆる「三提五統」といわれる負担金が廃止された。農民は農業税だけを負担すればよいことになった。そしてこの農業税もまた、二〇〇六年には廃止された。中国歴史のなかで農民であることのゆえに賦課される税が全廃されたのは初めてのことといわれている。逆にいえば、新中国においてすら、それだけ農民に多大な負担を強いていたわけである。

経営内容はもちろん前回の調査と同様に多様に展開しているが、なかでも農業においても農外においても経営主あるいは経営担当者としての仕事を担っている事例が一六戸のうち五戸あり、いわば企業経営的な性格が強まっていることが注目される。こうした企業経営的な形態が出てきていることや、農外就労がさらに進行していることなどから、農家間の経済格差が一〇年前とくらべて大きくなっている。中国社会の全体についていわれている経済成長にともなう格差の拡大という問題が、調査対象地であるこの村においても如実に表れているといえるだろう。

それはまた、家族請負制の定着によってももたらされている。というのは、中国社会の伝統的な慣行である男子均分相続が、土地請負においてもみられるからである。一九八四年に請負面積が配分された家族員が死亡した場合、戸主以外においては、当該家族の面積配分としてそのまま留め置かれるが、戸主の場合は、男子の子供の間で請負が相続される。こうして、請負面積の細分化も進んでいるのが実情である。

「沸騰する中国農村」

以上のように、一九九〇年代から二〇〇〇年代にかけての河北省農村においては、改革開放政策の下で、農民がみずからの知恵を絞り、可能な手段を駆使して新たな農外収入を得ようと走り出している様相をみることができた。まさに「沸騰する」という形容があてはまる農村社会だったといえるだろう。いかにみずからの才覚を生かして利益を上げるかが農民たちの関心事であり、その努力は結果に如実に現れた。手がけた事業が倍々ゲームで発展していく者が続出した。

しかし、これは上昇発展する層と下降没落する層とへ分解する事態だったということを指摘しておかなければならない。事業に成功した者や農外就労によって大きな収入をえた者は、見る間に生活水準が上昇し、高級家具や電化製品、はては自家用車までを備えるにいたったが、他方で、わずかな年金に頼らざるをえない高齢者や、事業に失敗して一からやり直す者もいたのである。それにしても、この時期の中国華北農村では、それまでの極めて貧しい生活から脱出して豊かなゆとりのある生活を展望する、ということが実際に手の届くものだったのであり、その背景には、急速な経済成長のもとでの農村における民営企業の発展があったといえるだろう。

だが、二〇〇〇年代から二〇一〇年代にかけての中国のさらなる経済発展は、生活水準の上昇はもちろんだが、それとともに大きな歪みももたらした。経済格差の拡大、自然環境の悪化、教育水準の上昇、文化的欲求の多様化などが、農村社会のなかでも大きく発展する層と停滞を続ける層とへの分化を生みだした。そこで、社会的な基盤整備を早急に構築する必要に迫られた。「三農」問題への対策として打ち出された「新農村建設」政策がそれだった。こうして、二〇〇〇年代には、中国農村社会の再構築をいかに図るかが大きな課題となったのである。

注
（1）詳しくは、細谷他（一九九七）を参照されたい。
（2）詳しくは、細谷他（二〇〇五）を参照されたい。
（3）中国農村における工業部門の展開を牽引してきたのがいわゆる郷鎮企業である。しかし、その発展が大規模になるにつれて、郷や鎮のレベルを超えるものが続出し、名称とそぐわなくなってきた。そこで近年では民営企業という呼称が一般化している。

参考文献
細谷昂・菅野正・中島信博・小林一穂・藤山嘉夫・不破和彦・牛鳳瑞『沸騰する中国農村』、御茶の水書房、一九九七年。
細谷昂・吉野英岐・佐藤利明・劉文静・小林一穂・孫世芳・穆興増・劉増玉『再訪　沸騰する中国農村』、御茶の水書房、二〇〇五年。

第二節　二〇〇〇年代の山東省農村

一　調査の出発点

調査対象地としての鄒平県

一九八〇年代において、山東省社会科学院の協力のもとで、アメリカの研究グループによる山東省鄒平県調査研究が行われた。農村改革諸段階において、初めて外国人研究者に開放した農村調査地として重要な意義をもつものだけではなく、その時期に外国人の目に映った中国農村の様相、そこから得られた研究成果としての価値も注目に値するものである。"Zouping in Transition"（Andrew G. Walder, 1998）はその研究成果の一つである。社会学だけではなく、政治学、人類学者など学際的な研究チームの編成によって、一九八七年から一九九一年までの五年間にわたって、鄒平県の九つの村・鎮農村の経済、社会、医療制度、財政システム、教育制度など、広範囲に及んだ総合的な社会経済に関する調査研究であった。農業生産の家庭請負責任制度の具体的な内容はもちろんのこと、地域経済の発展を牽引する地方政府支援の仕組み、いわば官民一体の経済発展の体制にも焦点があてられた。また、南東部沿海地域の経済発展との比較で、華北農村地域の一つである鄒平県の当時に現れた発展の段階差も統計によって分析された。その時期の調査内容が二〇〇〇年代のわれわれ日本グループの研究にとっての先行研究でもあるし、比較の根拠となる資料でもある。例えばその時期の鄒平県は第一次産業が発達し、典型的な農業社会としての地域的特徴をもっていた。しかし、二〇年後の今日では、第二次産業と第三次産業の急速な成長により、第一次産業は県全体の国民総生産のなかでの比率が極端に低下している。その点が対照的である。このように鄒平県は中国農村のなかでは、時系列的にかつグローバルに研究されており、農村研究者にとって、非常に魅力的な地域でもある。

河北省調査の到達点

本章の第一節では、日本のグループによる河北省農村での調査研究の俯瞰図について説明した。河北省社会科学院との共同研究は、辛集市の新墾頭鎮新墾頭村を対象地とし、一九九二年の予備調査から始まり、一九九四年に本調査に入ったものである。一次調査は一九九二年から一九九六年までを期間とし、二次調査は二〇〇二年から二〇〇五年を期間とした。研究成果はそれぞれ『沸騰する中国農村』（細谷他、一九九七）と『再訪　沸騰する中国農村』（細谷他、二〇〇五）に結実させている。

一次調査において、焦点は農村改革が始まった農村社会の多面的かつ具体的変化にあてられていた。農村社会の経済的仕組み、とくに農業生産請負責任制の仕組み、村組織の仕組み、農家の農業・非農業所得など、村の構造や農家の生産と生活の基本的状況の把握に軸が置かれた。さらに当時大きく発展を遂げた郷鎮企業についても、村にあったほぼすべての企業を訪問し、経営と組織の仕組みについて、インセンティブな聞き取りが行なわれた。

二次調査では、同じ村かつ同じ農家（一六戸）の再訪を果たし、各農家の生産と生活について、同様にその詳細について聞き取り調査が行なわれた。それももちろん一〇年間のスパンでの変化ぶりが大きいものであった。しかし、二次調査においてもっとも観察できたのは、環境問題および市場経済化の進展とＷＴＯ加盟後現地での対応であった。林業隊をはじめ、一次調査に多数あった村営企業が二次調査時に集団経営から個人またはグループへの民営化が進んでいた。一次調査時に訪問した村のこれらの郷鎮企業は、二次調査時に、統計上「民有企業」へと整理されていた。なかには、一九八〇年代初頭に家族経営的な羽毛加工業の村営企業（それも「郷鎮企業」の類に入るが）が、独自に外国に輸出する権利まで取得し、大手企業に成長している。さらに、環境問題との関連で消滅したものもあれば、村の周辺を離れ、浄水処理施設が整備された市の開発区に移転した企業もあった。

農業分野においては、食糧作物以外の高付加価値のある果物やハウス蔬菜の栽培が前より盛んになった。また、畜産業においては、一九八〇年代に始まった養鶏や養豚が継続されたものの、乳牛の飼育業への取り組みが新たな動きとして現れていた。牛肉や乳製品の需要が高まり、いわば国民の消費生活の変化が生産地へ反映された結果であるが、農業構造調整といった農業政策的背景との関連性もみられる。また、農業生産構造の変化にともない、流通のシステムも変わろうとしていた。とくに農民協会など農業合作経済組織(1)との連携で、生産、加工、流通の一体化を図る農業産業化(2)の動きも芽生え始めた。

一次調査と二次調査との間では、「三農」問題が全国的に特に中西部では深刻化していたが、新墾頭鎮新墾頭村の事例調査からは、そのような事態について、とくに観察することはできなかった。それより、二〇〇五年をさかいに農業収奪から農業支援へと農業政策の大転換が行われる前夜であったことから、農業支援政策が登場し始めた時期でもあった。そこで、二〇〇四年から始まった食糧生産農家への直接支払い政策の実施状況や、農産物流通関係で言えば、「公糧」(現物税)制度の廃止に先立って、現地では国営食糧管理機関の民有化への模索と改革の様相などについても垣間見ることができた。

総じていえば、市場経済化とWTOへの加盟およびそれへの対応をめぐる辛集市農村社会の変容は、二次調査から得た大きな収穫でもあり、ある意味では、二〇年間にわたる河北省辛集市調査研究の一つの到達点でもあった。

山東省調査の出発点

河北省辛集市での調査にも、農業産業化の動きや仲介組織としての農民専業合作協会が芽生え始めたものの、まだ体裁の整ったものがそれほど現れていなかった。そこで、河北省より経済発展が一段と進んでいる山東省において、農民による自主的な経済組織の形成と展開について考察することを目的に、現地調査に取り組みはじめた。したがって、山東省農村調査の出発点は、まさに河北省農村調査の到達点でもある。

山東省社会科学院との共同研究は、二〇〇〇年に始まった。小林と劉が秦慶武と共同して、山東省内における農業生産組織の現状と課題を明らかにしようと、山東省の東西をまわって予備調査をおこなった。その結果、東部の莱陽市、中部の泰安市、西部の平原県を対象地に選定した。農業生産や農産物出荷における共同化の取り組みの進展度が異なっており、それが山東省の農業共同組織いわゆる経済合作組織の進展を典型的に示していること、さらには中国における農業経済合作組織の現状と展望を示唆するものであること、が三つの対象地を選んだ理由である。それぞれの地域の調査では、いわゆる龍頭企業や農民協会による共同化などを事例によって明らかにした。この成果は『中国農村の共同組織』（小林他、二〇〇七年）にまとめられている。次はやや詳しく調査のプロセスについて紹介する。

二　調査対象地の選定

（一）農業大省

農業生産の発展

中国で一九七〇年代後半から開始された改革開放政策は、紆余曲折を経ながらも、沿岸部における急速な経済発展を成し遂げ、いわゆる高度経済成長が二〇数年にわたって継続されるという、驚くべき発展ぶりをみせている。市場経済が農村にもしだいに浸透してくるなかで、二〇〇〇年代に入ってから、中国農業の新展開をめざす構造調整、農業産業化が推し進められている。農業産業化は、主導的な産業を確立して、地域の諸産業を結合させ、農業と農村経済を相補的に展開させようとするもので、農村の発展をめざすという点では、農村地域における工業化をはかる、いわゆる郷鎮企業の設立、あるいは農村地域に商工業の拠点を作ろうとする小城鎮の建設、といった戦略と軌を一にするものである。しかし、それらとは異なって、農業産業化は、農業そのものの発展をめざしている。主導的な産業というのも、農産物加工業や食品工業のように、農業生産の発展にもとづくとともに農業生産を促進する産業である。工業化と農業発展の相即的遂行をめざす、という中国社会の近代化を担うものとして、とりわけ農業に重心をおいた政策ということができるだろう。

農業産業化

この農業産業化は、そもそも山東省で一九九〇年代前半に先駆的に始まった。その前段階として、農業構造が大きく変化したことがあげられる。八〇年代には改革開放政策とともに展開された家族生産責任制が農業生産を促進させ、食糧や綿をはじめとして、多様な農産物が生産されるとともに、他方では郷鎮企業が多数形成されて、農産物加工が盛んになった。それらが農業産業化の前提条件を形成していった。さらに九〇年代にはいると、農業における市場化が進展し、「経済作物」といわれる付加価値の高い商品作物の生産、加工、販売が提唱され、八〇年代に始まった農業産業化の基本モデルとされる「貿工農一体化、産加銷一条龍」がさらに進められた。そして九〇年代半ば以降は、山東省の事例を先駆として、全国的に農業産業化が展開している。

山東省は中国華北地方のなかでも、いわゆる沿海部に属しており、全体的には改革開放政策により経済発展が進んだ先進地帯ということができる。二〇〇四年時点では、総生産額は山東省が第二位にあり、第一次産業は第一位、第二次産業は広東省に次いで第二位、第三次産業は広東省、上海市に次いで第三位である。これは山東省の総人口が多いことにもよるが、一人当たり総生産額でみても第八位と上位に位置している。

このように第二次、第三次産業が大きく発展するなかでも、第一次産業である農業は、日本の農業が高度経済成長期および今日に至るまで衰退をたどっているのとは異なって、山東省においては、商品作物のなかでも蔬菜類の生産が発展し、また、全国的に販路を広げている寿光市の野菜卸売市場をはじめとして、流通機構の整備も進んでいる。農業は、市場化、専業化、区域化（＝広域化）の政策がとられて前進している。

（二）地域的発展差

三地域の発展差

しかし、山東省は、その省内において、商工業もそうなのだが、農業が相当程度発展している地域と、いまだに発展途上にある地域が分かれており、省内での地域間格差は大きい。それが省のいわば「沿海部」にあたる東部から「内陸部」にあたる西部へと広がっており、あたかも中国全体の縮図のようになっている。山東省の東部はいわば沿海部であり、大型の龍頭企業が省全体の過半数を占めており、農産物の輸出もまた東部に集中している。中部は畜産、果実、蔬菜類の生産と加工の地帯である。巨大な卸売市場も建設され、無公害蔬菜の生産を高めつつ海外市場への生鮮野菜の輸出を増加させている。西部は畜産、穀類、綿花の生産地帯である。黄河の平野部であり、水利的には恵まれているが、経済作物への転換が遅れており、龍頭企業も比較的中小規模のものにとどまっている。つまり、構造調整と農業産業化とが、ちょうど省内の三地域で段階的に発展している。

龍頭企業

さらに山東省を選定した理由の一つは、「貿工農一体化、産加銷一条龍」という農業産業化が展開しているからであった。山東省では、農業産業化、とりわけ市場と現場農民との間の系列化の方向性を先進的に進めている。この「一条龍」は、「企業あるいは市場＋生産基地＋農家」という形態で、農産物の生産、加工、流通を系列化し、農産物流通の自由化に対応しようとするものである。いわば頂点の企業すなわち龍頭企業によるインテグレーションであるが、注目されるのは、「龍身」である中間の媒介組織が、生産基地として、すなわち生産農家の相互の結びつきによる経済組織によって形成されていることである。そのようなものとして、農業合作社あるいは農民専業協会が形成され、これまでのような、行政による統制された流通機構ではなく、農民による自主的な組織化がめざされている。農業共同組織として、農民専業協会、農業合作社、株式合作制企業など多様な形態が存在しているが、そのなかでもとくに農業合作社は、共同購買や共同販売によって、個別農家の結集力を高めている。しかし、「一条龍」のような系列化の仕組みのなかで「龍身」にあたる農業合作社はまだ発展途上にあり、行政指導の未成熟や関連法律の未整備など多くの課題を抱えている。

これまでにも、中国における近年の流通機構の急速な変化を調査実証した研究は数多く存在している。しかし、個別農家の実情や、農村地域や村民委員会のあり方までを調査して、そうした農村社会の基底から今日の中国農村の市場化の問題を考察したものはそれほど多くない。この調査は、農村社会に焦点をあてて農業共同組織をとらえようとした。省政府はもちろん、地方政府（鎮・郷）での聴取、村民委員会での聴取、個別農家の聴取によって、それぞれの事例において、「龍頭企業＋農業合作社＋個別農家」という系列化がどのように個別農家を市場にまで結合させているのかを調査実証した。

調査対象地としては、山東省全体を沿岸地域から内陸にかけて大きく三区域に分けて、それぞれの地域から選定した。東部の対象地として莱陽市、中部として泰安市、西部としては徳州市平原県を選定し、それぞれにおいて事例調査を実施した。

三　調査の課題

共同組織の解明

山東省における二〇〇〇年代初頭の調査研究のねらいは、以上のような実証調査によって、改革開放以来の中国経済の急激な発展が、農業や農村においても大きな変化を巻き起こしていることをふまえながらも、その発展が多様化しており、農業の多面的な形態が、それぞれの地域の諸条件に対応して生じていることを明らかにするものである。

また、この調査の眼目は、農村地域における生活と生産との関連を探る、ということにおかれている。そこで、中国農業・農村を調査研究するときの課題として、農業生産の具体的なあり方と、農家生活や農村関係との絡み合いをとらえるという目標を立てたのである。そのことによって、農民の生活実態、ひいては農村の現状について深く追求することができるのでは、と考えた。実際、調査の過程でわれわれが目の当たりにしたのは、多様で複雑な農村社会であり、農業に着目するだけではとうてい明らかにならない現実だった。

さらに、われわれは、現在の中国農業・農村をとらえる際に、農業生産における共同組織のあり方が鍵になると考えた。改革開放政策は、それまでの共同化政策である「人民公社」方式が失敗したことを受けて、家族請負生産制によるいわば小農化政策を展開したが、それによる農業生産の上昇および農家経済の上昇はもちろんあったものの、小経営生産による弱点、すなわち市場経済における巨大企業や巨大市場に対して、個別農家が直接に対峙せざるをえないという問題を抱え込むことになった。その打開策として、今試行錯誤されているのが、「農村合作経済組織」いわゆる「農村合作社」の形成である。これは、農家が個別に市場あるいは企業に対応するのではなく、農家同士による何らかの形態の共同化によって、自らの利害を守り農家経営を安定させようとするものである。この「合作社」の現状と今後の動向が、中国農業および農村社会のあり方に大きな影響を与えると思われた。そこで、われわれは、この「合作社」の多様な展開をとらえようと考えたのである。しかも、この「合作社」の多様性は、まさに農業発展の程度と相関している。つまり、山東省の地域的発展段階差が、「合作社」の形態の多様性と相関している。こうして、山東省内における三地域の比較調査が、中国農業・農村の現段階における問題状況を明らかにするだろうと考えた。

四　調査方法と調査期間

事例調査

日中の研究者が中国農村を対象地として共同で研究するというのは珍しいことではないが、いわゆる質的調査の方法をとり、同一の対象地に何度も足を運んで農民に直接インタビューする、というのはそれほど多くはない。しかも、中国農村の現状をとらえようとする目的での調査は、いわば視察というようなやり方では数多くみられるが、われわれのように個別農家に直接面接するといった調査はむしろ少ないのではないだろうか。

母集団からサンプルを無作為に抽出して、そのデータを数量的に処理するのではなく、特定の調査対象を有為に選択し、その対象に対して、非構造的な、すなわちかなり自由な発問によるインタビューをおこなうことによってデータを採集し、それをデータの特性に即して整理分析する。インタビューでの聴き取り結果がもっとも重要なデータとなるが、それだけではなく、各種の統計資料や関連文献などを用いて、調査対象のもつ固有な特性を総合的に把握しようとするものである。

したがって、調査対象地を限定して、何度も足を運んでさまざまなデータを収集することになる。数次の訪問を重ねることによって、現地の地方政府関係者や基層幹部、個々の農家の人々との、いわゆるラポールも醸成される。

われわれの調査は、小林一穂、劉文静、秦慶武の三名の共同研究であるが、現地に何度も足を運ぶ事例調査であるために、つねに三名が同行したわけではなかった。予備調査の段階では、まず二〇〇一年冬に劉と秦が泰安市、莱陽市の食品加工企業においてヒアリングをおこなった。また、本調査としては、二〇〇二年二月末から三月初めに三名で、泰安市の農業局、鎮政府、村の合作社でヒアリングを実施し、農家でインタビューをおこなった。また、二〇〇二年八月に三名で、莱陽市、泰安市、平原県の三地域を現地調査し、それぞれの地域で、食品加工企業や、郷や鎮の村における基層組織に対するヒアリング、それぞれの村での農民に対するインタビューをおこなった。さらに、二〇〇六年一月には小林と劉が平原県で補充調査を実施し、協会でのヒアリングと農家へのインタビューをおこなった。

五　現地調査の内容

（一）東部農村の事例

事例の概況

山東省の東部においては、伝統的な食糧生産を中心とする農業構造を調整し、商品作物の栽培や畜産業への移行、またそれらの農産物、畜産物の加工など、多分野から付加価値を得ようとする「構造調整」が一つのモデルとなっている。農業構造の調整に大きな牽引力をもつのが「龍頭企業」と呼ばれる大型農産物加工企業である。中部、西部と比べ、東部の龍頭企業は、海外の商社との結びつきによる加工食品輸出が特徴的である。一次加工にとどまらず、高度な加工技術の必要な輸出調理食品を取り扱う龍頭企業も存在する。国内にも高まりつつある食の安全性への要請が強く求められるなかで、有機栽培、有機飼育の生産地の育成と形成も、まさにそのような龍頭企業によって牽引されているように思われる。生産基地の形成から加工、流通までの諸段階を結びつける系列化は山東省が考案した「農業産業化」である。実践に基づいたこのキーワードを作り上げた発祥地は山東省の東部である。その先進性が山東省の中部、西部ないし全国にも波及し、大きな経済的社会的効果をもたらしている。

萊陽市は、沿海地域にあたるが、海岸線が一五キロメートルしかなく、それほど典型的な沿海地域としての特徴は持たない。先進的な東部のなかでの中間的地域と考えられる。二〇〇四年時点では一四の郷鎮、四つの事務所を擁し、七八四村を管轄している。耕地面積が八万ヘクタール、農家戸数は二三・一五万戸、農業人口は七七・八一万人となっている。

東部における萊陽市の事例は、「青島雀巣有限公司（萊西工場）＋河洛鎮乳牛合作社＋個別生産農家」といった系列化となっている。雀巣（Nestle Coffee）は中国に一八ヶ所の工場をもち、萊西工場では、主に超高温牛乳、練乳、牛乳コーヒーなどの製品を生産しており、国内市場に向けて出荷している。その原料である新鮮な牛乳は周辺地域の二二ヶ所の牛乳センターから集荷しており、萊陽市には六つ設置され、河洛鎮にあるのがその最大のものである。出荷農家が一九九六年の八六戸から年々増え、二〇〇三年時点ではその三倍にも増加してきている。「青島雀巣有限公司」萊西工場の集荷トラックは毎日現地を回る。牛乳センターに保冷施設が設置され、酪農家が出荷した牛乳に対しては、合作社がその品質の検査および計量作業を行う。

河洛鎮は三七、〇〇〇ムーの山地面積をもつ山間地域である。管内に三九ヶ所の行政村があり、人口はおよそ二四、九八〇人、農家戸数は六、一二〇戸（一九九九年時点）、耕地面積が二三、〇〇〇ムーとなる。二〇〇一年の一人当たりの所得は三、三八一元で、これは萊陽市内では平均的なレベルである。食糧生産は主に小麦、トウモロコシであるが、乳牛の飼育と果樹栽培が鎮の主な産業である。

一九九〇年代後半に鎮行政側は、乳牛飼育業の促進策をとり、その後、乳牛の飼育頭数は一九九八年の一、〇〇〇頭から二〇〇二年の三、六〇〇頭に拡大してきている。最大規模の農家は一二〇頭を飼育しているが、平均で四～五頭の規模である。乳牛の飼育農家のほとんどは「河洛鎮乳牛合作社」に加入している。

河洛鎮乳牛合作社は、行政支援のもとで、地域内二六村約三〇〇戸の酪農農家を結集させ、牛乳の出荷や飼料の購買などの共同化をおこなっている。合作社は主に次の五つの事業に取り組んでいた。①子牛の購入。②専門家を招聘し、乳牛の病気予防および飼育技術などの指導。③飼料の共同供給。④乳牛の定期検査。⑤鎮畜牧局と連携した牛乳の販売事業。

以上のような取り組みによって、鎮全体の乳牛の飼育頭数は一九九四年の七〇頭から二〇〇二年の三、六〇〇頭に増えていた。二〇〇二年時点で、合作社に参加している農家は三三四戸で、参加農家の所有頭数が二、八〇〇頭。三〇頭以上の飼育農家は人手不足のため、一般的に雇用している。

河洛村は農家三〇三戸、人口一、一一三人の村（一九九九年時点）である。一人当たりの耕地面積が〇・六ムーであり、鎮平均の〇・九五ムーと比べ、土地の少ない村である。一九九九年末で飼育頭数が三二〇頭、一〇二戸の乳牛飼育農家がおり、農家の約三〇パーセントを占めていた。乳牛の飼育農家が徐々に増えていたが、基本的に養鶏農家が多い。一部の農家は採掘や建築業に従事している。出稼ぎに行く農家もあるが、食糧生産だけを営む農家は、村にはほとんどなかった。

村に三ヶ所の飼育団地が区画され、敷地面積は三・三ヘクタールである。村は農業の構造転換を図り、三年間無料で土地を提供し、飼育農家を支援している。

村は農家が支払うべき農業特別税金の一部を分担している。酪農農家は普通の畑作と同じ農業税を支払い、本来支払うべき税金よりは二五パーセントの減額となる。

個別農家は村の組織とは別個に、合作社と直接に結びついている。四つの個別農家を訪問し、聞き取り調査を行なった結果、食糧価格の上昇について、不安を感じながらも、乳牛の飼育経営による収益と合作社の組織に満足している点が共通していた。調査時の農家の生産と生活ぶりを示すために、ここでは一つの農家事例を取り上げる。

農家事例

世帯主である本人（三七歳）と妻（四〇歳）、長女（一七歳）と次女（五歳）の四人家族である（二〇〇二年八月調査時点）。本人夫婦はともに中卒である。村から請け負った耕地面積が二ムーあまり、二〇〇一年までは食糧生産をおこなったが、二〇〇二年から乳牛飼育が忙しいため、村内にある他の農家に委託している。農地の農業税などは受託農家が支払うことになる。

この農家は、村では大規模酪農農家として位置づけられる。本人は、飼育を始める前に建築材料の運送業をしていた。二〇〇一年には搾乳牛一二頭と子牛を入れて計二三頭を飼育していた。生乳の売り上げは年間一二万元あまり、純利益が五～六万元となる。普通の農業税なら一人当たり八〇～九〇元だが、畜産の場合、特産税が課され、この家は本来一人当たり一六〇元を納めることになる。

飼育を始めたのが一九九七年、合作社に加入したのも同じ時期である。その年に搾乳できる牛を三頭購入してのスタートだったが、当時は融資が困難で、資金をかき集めた。四～五年経って現在の飼育規模に達した。まだ二万元の借金が残っている。これは合作社を通して莱陽農村信用社から借りた資金である。合作社が融資において、保証人的役割を果たしていることもこの事例からわかる。合作社への出資金は一頭を増やすごとに一〇〇元追加することになる。飼育頭数について、自己申告の形で合作社が年間二回に分けて集計する。

本人は合作社の理事でもある。この村には理事が一人、主に合作社の連絡事項を村内の社員に伝達する役目を果たす。合作社は飼育に関する技術研究会も週に一回開催するが、よく発生する病気の予防についての内容が多い。ほかに年に三回ほど大型の研修会が行われる。

搾乳は毎日二回行なう。搾乳したあと合作社までリヤカーやバイクなどで運搬する農家もあるが、この農家は三輪車で運んでいく。

飼育作業は夫婦二人が担当する。食糧生産をやめており、ほかに栽培しているものがないため、食生活に必要な野菜や主食などはすべて市場から買ってくる。牛舎の敷地面積は二ムーほどで、土地の賃借料を年間一、〇〇〇元あまり村に支払う。二〇〇一年に牛舎のある庭に九万元の自己資金で七間の家を建ててある。村内には部屋五室、中庭の広さ一九〇平米の家がまだ残っている。

村ではこの農家の所得は中上層にあり、飼育農家のなかでも中の上にあると認識している。しかし、本人夫婦は子供に大学まで行かせたいので、「将来は農業をやってほしくない。絶対に牛の飼育をさせない」という考えをもっている。

東部事例からの考察

東部「龍頭企業＋合作社＋個別農家」という「一条龍」の構造において、合作社が大きな役割を果たしていると考えられる。また、合作社の設立に関する制度、規程、申請手続き、運営の仕方なども、枠組みの一つのモデルとして出来上がっている。この点において、まださまざまに模索している段階の中部や西部と比べて、組織としての体裁が整っているように思われる。

一面では、東部では強い巨大な「一条龍」が多く現れ、農業産業の全体を大きく牽引している。農業産業化の形成において、地元の郷鎮企業よりも他の地域の国際的大手会社と提携しているが、そのこと自体が、中国農業のグローバル化が進んでいることを象徴しているといえるだろう。生産現場を取り囲む地域社会は、合作社組織の形成などを通して、龍頭企業に対応しながら大きく変貌を遂げようとしている。

しかし他面では、龍頭企業主導型の農業産業化として、営利目的とする企業と不営利目的とする合作経済組織との間に不調和があるように懸念されている。しかし、企業としての営利追求の本質と農家の共同組織との不整合性があるとはいえ、目でみえる経済的効果が農村現地で農家からも歓迎され、支持されてもいる。これは農業経済の発展を最優先に考えるという行政側の姿勢とも一致し、行政側の支援を得られる大きな理由でもあるだろう。したがって、生産基地である農村地域において、市場意識と経営センスの向上は、農家にとっては自立していくための大きな課題である。

(二) 中部農村の事例

事例の概況

泰安市は、省都済南市の南約七〇キロメートル離れたところに位置し、市の総面積が七、七六二平方キロメートルで、行政的に六県・市・区、八六郷鎮を含む。農家の総戸数は一一六・一四万戸(二〇〇〇年時点)、総人口五三七万人のうち農業人口が三八五万人である。総耕地面積は約四八八万ムーであり、重要な農業・副業の生産基地であるが、一人当たり〇・九ムーの面積しかなく、人口が多く、耕地が少ない状況にある。農民一人当たりの所得が二〇〇一年時点で、二、九五六元で、省農民平均所得の二、八〇五元よりやや高めである。

夏張鎮は泰安市から一七キロメートル離れたところにあり、総面積が一二〇・五万平方キロメートルである。北部から山間地、丘陵地と平野部が続き、それぞれ三分の一を占める。人口は六三、七二四人で、管内に七一村あり、六つの「管理区」に分属している。調査地の新河西村は一七村より構成される故県店管理区に入る。

鎮全体の耕地面積は五七、〇〇〇ムーで、そのうち、主な商品作物は有機野菜、桑と果物である。二〇〇二年調査時点での農業生産構造、いわゆる食糧生産と商品作物生産の比率は四対六となっているが、三対七に調整していく目標をもっている。

WTO加盟との関連もあり、鎮行政側は有機野菜の栽培を農業政策の着目点の一つとして進める方針である。そのなかで、後述の新河西蔬菜合作社の事例を龍頭企業と結合した生産基地の成功例として取り上げている。

中部における泰安市の事例は、「泰安泰山亜細亜食品有限公司＋新興蔬菜合作社＋個別生産農家」という「一条龍」である。

泰安泰山亜細亜食品有限公司は、一九九二年に郷鎮企業として設立され、冷凍野菜を取り扱う集団経営の企業だったが、利益があまりあがらず、倒産直前の一九九四年に香港の会社と合弁する。その後、冷凍野菜から有機冷凍野菜と新鮮野菜へと切り替えたことによって活路を見出し、製品は日本市場と欧米市場へ輸出しており、国内販売はしていない。現在では山東省で最大の有機野菜基地となっている。

「亜細亜食品」は日本のニチレイと契約を結び、加工物の七割を日本へ輸出している。「新興蔬菜合作社」は、泰安市夏張鎮新河西村にある。

新河西村は、泰安市から南東約一〇キロメートル離れたところにある。耕地面積八〇〇ムー、農家一九六戸、人口八〇三人の村である。党支部書記を先頭にして、一九九二年に「泰安泰山亜細亜食品有限公司」と接触したが、一〇〇ムー以上の栽培面積がないと契約できないと断られ、一九九七年に会社側の条件にあわせて再度商談を申し入れ、翌年に契約に至った。そのなかで村の党書記が強力なリーダーシップを発揮した。

新興蔬菜合作社は一九九八年に設立され、参加農家は最初の一二〇戸から一七〇戸（二〇〇二年時点）に増加し、栽培農家の全員参加、いわば「村ぐるみ」で形成された共同出荷組織である。野菜栽培面積は一四〇ムーから四三〇ムーに増加し、将来全面積にとりくむ計画をもっている。作付面積、品目、栽培技術、種子供給など、いずれも「亜細亜食品」の指示にしたがっている。村では、同一品目を区域ごとに作る。このようなやり方は作る側にも管理側にも楽だという。合作社が土地の区画について調整する役割を果たしている。

村組織は主に村党支部と村民委員会がある。村党支部は三人、村民委員会は五人構成となる。合作社は、組織的には理事会一二人、監事会四人、管理委員会五人によって運営される。管理委員会は主に野菜農場全体の畑地を管轄する。農場は四つの「片儿（エリア）」に区画され、管理委員会の四名はそれぞれの「片儿」の責任者で、「片儿長」とも呼ばれる。村民委員会の下部組織である「生産小組」の組長と実質上重なってもいる。要するに、「片儿長」いわゆる管理委員は生産小組の組長でもある。

各「片儿」の栽培面積および参加農家はそれぞれ九五ムー五〇戸、一二三ムー五二戸、四〇ムー四四戸、七二ムー二四戸であり、合計四三〇ムー一七〇戸となる。

また「新興蔬菜合作社」は、ほぼ全戸参加であり、役員が村の幹部とかなり重複している。党支部の全員が合作社の役員となり重複しているが、村民委員会のメンバーの一人の女性だけが重複していない。その理由として、女性であるという要因もあるが、それよりも計画生育関係の仕事を担当し、事務的に煩雑であるため、合作社の仕事には関わっていないと考えられる。ほかはほぼ全員が合作社の組織と人事的に重複している。このことから、村の基層組織と一体化した緊密な関係にあるといえよう。

農家と合作社――農家事例

二〇〇二年八月に新河西村の六戸の農家に対して聴き取り調査を実施した。ここでは一つの事例を紹介する。

村は四つの生産組に分かれており、この家は第三組に入る。世帯主夫婦は二〇〇二年二月の調査時点で両方とも五六歳となる。長女は師範専門学校卒で、鎮内の第三小学校の教師をし、戸籍上は進学と同時に村から移籍したため、村からの請負土地もなくなった。長男は職業高校卒で、泰安市にある工場に臨時雇用として働いている。正社員ではないため、戸籍は農村戸籍のままである。嫁は泰安市のある建築会社でアルバイトをしている。長男夫婦は戸籍が親と一緒、たまに同居ということもあり、この事例は四人家族（本人＋妻、長男夫婦＝出稼ぎ）といえる。

耕地面積は四ムーで、四人分の請負土地となる。本人夫婦二人が農作業に従事する。一九九八年に合作社が設立当初に入社している。農業経営は、食糧生産（小麦＋トウモロコシ）二ムー、野菜栽培二ムーに養豚（七頭）であるが、トウモロコシは主に養豚の飼料に使う。

野菜はホウレン草、枝豆、インゲン豆の輪作である。野菜栽培のコストは大体八〇〇元～一、〇〇〇元と計算され、野菜だけの所得は平均して八、〇〇〇元前後となる。食糧（小麦）は売らないので余っている。生活水準は村のなかでは中の上くらいにある。

二〇〇二年時点では、農業税がまだ徴収される時期だったため、村では一人当たり一三〇元（農業税などを含めて）の負担があった。小麦とトウモロコシの畑は農場外にある。村は農場の区画を拡大する予定があり、この家の場合、野菜栽培の面積がより大きくなる可能性があり、野菜をさらに作ることができる。野菜のほうが収益はずっといいのだが、二人だけの労力では大変だとの心配も漏らした。食糧生産には時間がかからないが、野菜作りには時間がかかるという。

野菜の収穫時になると、一斉に集荷場に持っていくが、実際には個別作業である。野菜の代金は年に二回もらえ、これまでに代金の遅滞は一度もない。村の党支部書記については、この事業を始める前に、各地の野菜生産基地を見学し、村のリーダー層に共通認識ができてから事業を開始したので、開拓精神のある人だと評価している。

この村では、野菜の栽培面積は人口の数に応じて割り当てられたため、大規模の野菜栽培農家はいないが、収益がいいということで、周辺地域への臨時雇用やアルバイトをやめて村に戻って野菜作りに取り組み始めた農家がいるほどである。この家は一九九八年までの農業所得は食糧生産だけで、せいぜい一、〇〇〇~二、〇〇〇元だった。それと比べて現在では、息子夫婦の出稼ぎ収入を入れると二万元の現金収入となり、生活が大きく変化したという。隣村では野菜を作っていないので、この村との収入差が大きく、周りの村にねたまれているという。正月に親戚同士で回ると、あの村はいいといわれる。

野菜を作り始めてから、電気製品もいろいろ購入している。冷蔵庫とテレビは嫁入り道具である。息子夫婦はふだん同居していないし、息子夫婦からは金ももらっていない。三間の家に夫婦だけ住んでいる。しかし、年を取ったら世話になるつもりだという。家の農作業が忙しくなるとき、電話で呼び出して手伝ってもらう。

中部事例からの考察

山東省の中部に位置する泰安市およびその周辺地域は全国と同様に、農業構造の調整と転換が行われている。「増産増収」に象徴された食糧生産から「経済作物」と呼ばれる商品作物への生産転換が急速に進められ、野菜、果樹の栽培と加工、畜産などが多く取り組まれている。農業の産業化の推進にあたって、「一条龍」の系列化の形成と展開において、中部では融資などの補助策で、「一条龍」の牽引役である龍頭企業への行政側の育成と支援策が鮮明に打ち出されている。龍頭企業への直接的な支援と育成に基づいて、企業によって間接的に農村合作経済組織の発展を牽引することが行政側のねらいとなる。しかし、このような施策に対して、学識者から批判の声があがり、農村合作経済組織への直接の支援策が求められるなかで、行政側が困惑しつつも、合作社の役割を認知して、これまで積極性に欠けた行政側の支援策の制定に動き出そうとする転換期にある。

そのような行政側の支援方向とも関連して、中部の事例から考察したように、「龍頭企業＋合作社＋生産基地＋農家」といった「一条龍」の図式のなかで、中部においては、龍頭企業主導型としての特色が、西部や東部と比べてとくに強いといえよう。

有機蔬菜の栽培は地域の伝統的な産業ではなかった。企業が経営上の必要性と市場の需要から選択したものである。しかし、地域の伝統的な産業ではない有機野菜の生産を、会社を設立し、生産・飼育の産地として形成させてきている点は、要するに、会社が産地を育てたということになる。企業とつながる合作社の設立についても、企業が提案して作らせたもので、基本的に企業が主導的であることに特徴がある。

合作社と個別農家との関係においては、村民委員会ではなく、別個に組織化することを会社側から強く求められ、合作社の規約の内容まで立ち入って指導するほどであった。さらに合作社との間に、企業の農場としての契約だけではなく、個別農家に有機栽培に関する注意事項を同意するうえで押印させ、連帯責任を負うよう会社側の強い姿勢を見せている。

飼育の技術や集荷の検査については、日本のニチレイとの連携によって、輸出型農業を海外市場と結びつける一つの典型的な事例であるが、現実には会社に日本人の指導員が駐在する体制のもとで、各生産地、具体的には各村の現場に指導員を派遣するなどの形で、栽培技術、種子、栽培品目などすべて会社の指示通りに行われている。その意味では、農家の技術的イノベーションなどがなかなか発揮できないという問題がある。合作社のあり方についても、会社の「格付け制度」や合作社の「理事会」、「監事会」用語の使用も含め、企業にリードされるような仕組みになっている。また、現地の農業形態や農家の農業経営まで、すべて海外への輸出先の商社に束縛され、合作社は逆に提携先の会社に牛耳られることも起こりうる。

一方、新河西村合作社の場合は、ほぼ全戸参加のいわば「村ぐるみ」で形成された共同出荷組織である。個別農家への聞き取りから分るように、農家から支持されている。しかし、合作社の役員は村の党組織と自治組織で重複しており、まさに村組織が代行している典型例でもある。このような代行的な構造になっている理由は、産地形成において、村組織の役割が依然として欠かせないからである。農地の再区画、農家間の農地の調整と配分など、すべて村民委員会の所轄範囲となる。制度上の変化がない限り、産地形成において村組織と切っても切り離せない現実は変えられないだろう。村組織と合作社との混沌とした関係も、根本的に農村社会における土地管理に関わっている。

こうして農村社会における共同組織が「一条龍」という仕組みのなかで形成し発展しつつある。しかし、新河西村の事例でみたように、結局は龍頭企業に牛耳られ、農民の共同組織が主導権を十分に発揮していない、という問題点を指摘できよう。逆に企業側からみると、合作社の役員が村幹部と絡みあっており、幹部選挙による交代のたびに新しい役員を育てなければならない、という問題がある。その点では、「個体戸」（大規模経営農家）との提携のほうが安定しているので、そのような形態を求めることになる。

（三）西部農村の事例

事例の概況

山東省の西部は、徳州市、聊城市、濱州市および菏澤市を範囲としている。調査対象地は徳州市平原県の王杲舗鎮である。平原県は平原鎮をはじめ、八鎮三郷を管轄しており、行政末端機関としての郷鎮政府が一一あり、そのほかに自治的組織として居民委員会は二三、村民委員会は八七八ある。

平原県は徳州市管内にある八つの県というレベルでいえば下から二番目にあり、全体から見れば、経済的には「中の下」レベルにあるといえる。農業、林業、畜産、漁業の割合からみれば、やはり農業が大きな比率を占めている。この様相は西部全体の農業的特徴をそのまま現しているように思われる。

王杲舗鎮の総人口は三・五六万人（うち農業人口三・三万人、非農業人口〇・二六万人）、耕地面積は五・四万ムーである。一九九〇年代に入って、市場経済の発展に適応するために、王杲舗鎮においては、鎮全体の農業的伝統と地域的特徴を生かし、林業とくに果樹栽培および野菜栽培の二つの産業を基盤に、大規模栽培農家を中心にした「高効農業（効率が高く収益の高い農業）」を目指していた。何年もの努力によって、産業規模が拡大し、関連する農産物の取引量も急増した。しかしながら、現地だけでの販売では価格が低く、採算も合わないため、農家たちは焦燥感を募らせた。また、村レベルのサービス組織である双層経営組織は規模が小さく、情報量も少なく、農家をまとめる力量が薄弱などの問題点が目立っていた。そこで「王杲舗鎮農民合作協会」が設立されたのである。

王杲舗鎮農民合作協会の理念は「専業協会はサービスの提供に、卸売市場を龍頭として牽引役に、合作して産業化を促進する」ことである。林業の果樹栽培、蔬菜栽培という二つの主導的産業を展開してきている。鎮全体の生産高が年々上昇し、二〇〇二年時点での農業総生産が三・一五億元に達しており、農民一人当たりの純収益は三、〇八〇元、そのうち果樹蔬菜の売り上げが一、九八〇元となっていた。以上のような数字から、協会は鎮全体の農村経済の発展に大きく寄与していることがわかる。

西部における平原県の事例では、龍頭企業と呼ばれるような企業は存在しない。だが、卸売市場がその役割をはたし、現地では龍頭企業として扱われている。

協会の前身は四人の果樹生産農家である。「果品協会」から始まり、野菜生産の増大にともなって「蔬菜協会」を増設し、現在の会員約七、六〇〇戸の規模に至った。

一九九七年に王杲舗鎮農民合作協会を中心に一八〇万元を投資し、四万平方メートルの大型蔬菜果物の卸売市場が建設された。ここで栽培された蔬菜は、東北地方、上海、山西、内モンゴル、京津、河南省、湖北省、湖南省、広州、深圳などの地域に販路を広げ、また海外のロシアにまで販売されている。

協会は一ヶ所の卸売市場と八店舗を含んでおり、会員から出荷された野菜や果物の卸売をしたり、また生産資材などの安価提供も図っている。協会の仕組みとして理事会・幹事会があり、役員が会員の選挙により選出される。下部組織として五二の分会があるが、この数は鎮全体にある五二村と一致しており、その意味では、この協会はほぼ「鎮ぐるみ」で形成された共同組織といえる。分会長は村の会員により選出するが、村幹部に限らない。協会と分会との関係についていえば、鎮全体にまたがる協会と鎮内にある五二村との関係でもある。分会はさらに村内の会員農家とつながっている。このように、協会は、組織的に、分会という中間組織あるいは下部組織といってもよいが、それを仲介して、鎮内の蔬菜ハウス栽培に取り組む農家をまとめている。内容的には卸売市場という取引場所の提供によって、生産基地と会員農家（鎮外からの会員もふくめて）が連結されて、卸売市場で地域外からやってきた集荷業者との取引を通して、王杲鋪鎮の蔬菜における「産加銷一体化」が実現されている。

農家事例

二〇〇二年の八月と二〇〇六年の一月の二回にわたる農家調査では、五戸の聞き取りができた。つぎは二〇〇二年八月の調査時点でインタビューした王杲屯村の農家の事例を紹介する。

対象者が村長を務めている村は、戸数一一〇戸、人口五一〇人、耕地面積八〇〇ムーの規模である。村の八〇パーセントの農家はハウス栽培をし、鎮全体のなかでも多い。村の八〇パーセントの農家は協会の会員となっている。

本人（五四歳）と妻（四二歳）は、二人とも中卒。長男（三二歳）、嫁（三〇歳）、孫娘（九歳）、孫息子（七歳）との六人家族である。もう一人の子供の次男（三〇歳）は、同じ山東省にある濰坊市の軍隊に入り、一一年になるという。次男が他出する前は、息子夫婦と別居していたが、次男が他出したときから同居を始めた。

本人はこの村の村長であり、協会の分会長でもある。村長になってから丸五年、分会長は四年になる。

耕地所有面積は九ムーで、トウモロコシと小麦を作っている。小麦を二、〇〇〇～二、五〇〇キログラム程度販売するが、トウモロコシは六～七頭の養豚の飼料にする。

一九九四年からハウス栽培を開始する。一九八四年から一九九四年までの間に四ムーほどの面積に主にリンゴと桃の露地果樹栽培を行ったが、その後、一九九四年から二〇〇〇年までの間はハウスによる野菜栽培に切り替え、キュウリ、ピーマン、サヤインゲン豆などが主品目だった。野菜栽培の時期は年間一・二万元程度の売り上げがあり、コストなどはおよそ五、〇〇〇元だった。

二〇〇一年からハウスによる果樹栽培に切り替え、現時点（二〇〇二年）ではハウスが三棟、敷地面積は三ムーとなっている。一棟当たり一ムーの大きさである。二棟に杏、あとの一棟には桃を栽培しており、イチゴは二棟に間作として栽培している。

果樹栽培のコストは野菜より安いし、労働力も少なくて済む。総体から三分の一くらいコストダウンできるという。したがって、蔬菜より果樹のハウス栽培のほうが収入は多く、切り替えた理由もまさにそれをねらったためである。桃の栽培は昨年（二〇〇一年）から始まったばかりで、調査年次に初めて実がなったという。杏は相場では一キログラム当たり六元になる。収穫はまだ少なく、五〇〇キログラムしかとれていない。イチゴは間作として六～七〇〇元の売り上げがある。

農業以外の所得としては、分会長としての報酬手当てが年間六～七〇〇元、村長としての報酬が四、〇〇〇元程度である。このような所得レベルは村では中の上にあるという。

長男は四年前に八万元を投入してトラックを購入し運搬業をしている。年間三～四万元の所得をあげる。長男は農作業にまったく従事していない。そのかわりに長男の嫁が農業をしている。本人の妻もあまり農作業ができないため、農業は本人と長男の妻によって担われていることになる。そのほかに年間一五〇人の日雇いもしており、村内および隣村から雇っている。雇用は主にハウス栽培の作業に当てる。仕事の内容にもよるが平均して一日二〇元の賃金を支払っている。

村全体については、農業規模はさらに集約するだろうという。個人の農業経営に関しては、今後無公害果樹栽培に取り組みたいという意向を持っている。無公害だと、普通の品物と比べて、とくにスーパーなどの量販店で価格の差が大きいからである。

村長と分会長を重ねて担当しているが、ほかに副村長と副分会長もそれぞれいる。分会長の主な役割は技術推進、

販売協力である。また販売および需要状況などの市場情報を提供するのも役目の一つであるという。

西部事例からの考察

西部の徳州市平原県では、食糧生産が依然として中心的な位置づけにあるが、蔬菜や果樹の栽培も取り組まれ始めているなかで、販売難の問題を解決するために農民たちが自主的に共同化を模索している。現段階では、農村経済合作組織の原型にあたる農民専業協会ができあがっている状況と考えられる。

したがって、本事例における「一条龍」の特色としては、「王杲舗鎮農民合作協会＋卸売市場＋個別生産農家」のような連結である。東部や中部の事例にあるような牽引役的な龍頭企業は存在していないが、本事例における卸売市場は独自に運営されているものではなく、協会によって運営されている。いわば協会と卸売市場が一体化している。卸売市場を中心に協会と生産基地と農家が結び付けられている。卸売市場は完全な意味での企業的存在ではないが、現実には牽引役として、いわゆる龍頭企業のような役割を果たしていると思われる。

協会と卸売市場が一体化しているという意味では、ここでの卸売市場は一方的に協会と生産基地を形成する個別農家を牽引しているのではなく、むしろ「龍体」にあたる部分の協会がその主導権を握って、「龍頭」にあたる卸売市場を動かしているといえよう。しかし、卸売市場の経営状況は、直接に協会の運営に関わってくる。これは東部と中部の事例と異なる構造的特徴となっているといえよう。

協会は行政側の力および中国の村落社会において大きな権限をもつ村民委員会の力をうまく活用しながら、自分たち自身の共同組織を発展させていると考えられる。半民半官のいわば混沌とした性格がそこにも現れているといえるだろう。

また、協会にしても、分会にしても、人的に農村社会に現れてきた「能人」によって大きく支えられている。本事例においては、行政や村の基層組織である村民委員会より、むしろ「能人」が力を発揮していると考えられる。

こうした共同化は、優れた技術や能力をもつ先進的な農家が相互に結合して農業生産を向上させ、それが当該地域の農業の発展を牽引する、という形態である。したがって、ここでリーダーシップを発揮するのは、経営センスが優れており、特殊専門的な技術をもつ先進的な農民、すなわち科学技術を開発し応用することのできる「能人」であり、組織化が地域農家の全体におよんではいないといわざるをえない。つまり、農村社会そのものの変化はいまだ萌芽的な段階にとどまっているといえる。

六　農村合作経済組織と農村社会

（一）農村合作経済組織の意義

中国農村の農業共同組織の類型やその具体的な事例は、中国の農業や農村にとってどのような意味をもつのだろうか。

農業共同組織の形成

新中国が成立した直後の土地改革によって誕生した多くの零細農家は、農業生産の必要性から互助組を形成し、それが臨時的なものから季節的なもの、さらに恒常的なものへと発展した。新中国の農業共同組織は、その歩みの当初においては、いわゆる社会主義化をめざしたものではなく、個別農家が実際に農業を営むうえでの必要性から共同化が進んだ、という点が重要だろう。つまり、家族農業経営としてのあり方が共同化を必然ならしめたということである。その後、農業合作社は初級社から高級社へと展開したが、そこでは社会主義化が標榜され、公有化が進められた。しかし、あまりにも急速な集団化、公有化は、多くの農家にとって適応できるものではなかった。こうした事態を打開したのが、改革開放政策とともに展開された家族生産請負責任制である。これによって人民公社は解体され、農業経営の基礎単位は農家となった。個別農家の零細性を補うものとして村営や郷営、鎮営企業が設立され、村や郷・鎮を主体とした集団経済と、個別農家の単独経営とが結びつけられた双層経営が展開した。しかしこの体制もまた個別農家にとって有効なものとはならなかった。そこで、商品経済がしだいに浸透してくるなかで、個別農民が直接に巨大な市場と対面する状況になり、再び共同組織の方向が探られることになった。しかし今度は、公有化、「社会主義化」といういわば上からの指導のもとで共同化が推進されるのではなく、農民の相互の自主的な結合が志向されることになった。それは、中国農業の新展開をめざす構造調整や農業産業化と一体となって進められてきたのである。

農業産業化の展開

農業産業化は、地域の農業のあり方と深くかかわるために、その形態も多様である。それは大きく三類型に整理できる。第一は、龍頭企業を牽引役とするものである。第二は、仲介組織としての農業共同組織や供銷合作社（販売と購買の協同組織）を牽引役とするものであり、「農村合作経済組織＋農家」という類型である。第三は、卸売市場を牽引役とするもので、「市場＋農家」という類型である

このようにみてくると、農業産業化とは企業や農業共同組織と個別農家とが結びつけられるところの系列化であるということができるだろう。そして、この農業産業化で鍵となるのが、農家の共同化を体現する農業共同組織である。

農村合作経済組織の類型

以上のような農業産業化の展開とあいまって、農業共同組織が多様な展開をみせることとなった。中国では農業共同組織を農村合作経済組織と呼んでいるが、これは一九八〇年代に農村専業技術協会が設立されたのが始まりで、個別農家に対して農業生産の過程のなかでさまざまなサービスを提供し、農産物の生産、加工、貯蔵、販売などをおこなっている。当初は、単純な技術協力と交流が中心だったが、九〇年代には、共同購入、共同販売、共同利用、共同出資など多方面での共同化が進んだ。さらに、近年では共同投資による農産物加工会社の設立に至るものも現れている。

農村合作経済組織は、現在でもその形成の途上にあるといってよく、さまざまな形態がとられている。初期の段階では、「専業技術協会」や「研究会」という名称で、組織的にも活動内容も明確化されていなかったが、しだいに農民専業協会と専業合作社の主導的な二形態に集約されてきている。また今後の発展が予想されるものに株式合作制企業があげられる。

農民専業協会は、専業的な科学技術を相互に交流しあう組織で、農民が自ら結成した民間の組織である。中心的な会員は、「能人」であり、一般の参加農家との間に経済的な格差が生じることは否めない。

専業合作社は、個別農家が多様な条件の下で、相互に共同するために形成された農業共同組織である。生産、流通、技術、加工などの活動分野と、耕種、畜産、養殖などの農業諸部門によってさまざまな形態が形成されている。

株式合作制企業は、株を発行することによって、共同経営を実現させる農業共同組織である。資金の調達や資産の帰属が明確にされ、参加農家の個別利害と合作社としての利害との調和を図りやすく、組織の拡張もしやすい。今後の市場経済化の進展によって、こうした株式合作制企業が株式会社へと変化していく可能性もあるが、その場合には、もはや農業共同組織と呼べるものではなく、文字通りの農業資本ということになるだろう。

（二）山東省における農村合作経済組織の特徴

山東省の農業と農村合作経済組織

山東省の農業は、全国的に見ても先進的なものであり、それは農産物生産高の高さといった量的なものだけではなく、農業における共同化という質的なものにおいても、全国に先駆けるものとなっている。龍頭企業による農産物生産、加工、販売の系列化である農業産業化をいち早く展開し、それが模範となって全国的にも広がってきた。また、その系列化を担っている農業共同組織である農村合作経済組織が多様な形態で展開し、中国における農業の共同化の代表例ともなっている。

しかし、その山東省の内部では、地域間格差が大きい。沿海地域と河北省、安徽省に近い内部地域とでは、農産物の種類が違っている。構造調整が進んでいる沿海地域では、商品作物の生産が盛んであり、畜産、酪農も増加している。それに対して、内部地域では、以前と同様に耕種作物が栽培され、商品作物の栽培が模索されているものの、農業産業化は沿海地域ほど進んでいない。こうした山東省内の地域差は、中国農業の全国的な状況と類似していると思われる。いわゆる沿海部と西部地域といわれる内陸部との格差は、「西部大開発」が唱えられているなかで多大な投資が行なわれているものの、依然として大きい。山東省の現状は、こうした中国全体の状況を映し出しているともいえ、われわれが山東省で調査実証を行なった理由の一つもそこにある。山東省の東部・中部・西部において、農業生産発展の格差が明確に現れており、そうした諸地域のさまざまな農業生産条件と農業経営状況のなかで、農村合作経済組織が多様に展開されている。これは、事例に取り上げた三地域だけの現象ではなく、こうした格差と多様化は山東省全体の縮図といえるのである。さらに、こうした現象が全国へと広がっていくだろうと考えられるため、この調査でみた事例は、現代中国農業・農村の方向性を示していると思われる。

（三）中国農村社会の変化の方向性

個別化と共同化の交錯

新中国において、「土地改革」後の個別農家が、その零細性を脱却するために編み出した互助の仕組みは、互助組はまだしも、初級合作社から高級合作社へと共同化を無理強いする形で進行したが、人民公社に至ってその破綻は明らかとなった。家族生産責任制によって再び家族農業経営にもとづく農家が農業生産を担うことになったが、零細性の克服という課題は残り、それを双層経営によって打開しようとした。一方での家族請負制と他方での村内の「集体経済」による共同化という方策は、一種の共同化ではあるが、村営企業や村落組織による機械の共同利用などを中心とした、いわば外在的な共同化といえるだろう。この「双層経営」もまた農家を結集させることに成功しなかった。

こうしてみると、新中国の農業共同組織の変遷は、個別経営に対する位置づけの試行錯誤の過程だったといえるだろう。そして現在、内在的な共同化、つまり市場経済化に対応する手段として、農家自らが中心となった農村合作経済組織が多様に展開しつつある。この組織もまた、行政機構と密接に絡み合った形態をとるものもあり、農民の自発的で自主的な運営による民主的な組織とはいいがたいものもある。しかし、家族農業経営を営む農家を基礎として、その相互補完による組織形成という方向性は、初発の「互助組」にも比せられるものと思われる。もちろん、農業産業化という龍頭企業資本による系列化も進んでおり、行政機構もそれを促進させようとしている。その点では、近年の組織化は、個別農家が農業資本の末端に位置づけられて、農家が獲得すべき利益を企業に吸い取られる危険もはらんでいる。しかし、農家の相互補完組織の形成という共同化の基本方向は、当事者のさまざまな思惑をこえて地歩を築いているように思われる。系列化がこうした共同化を促進するのか、それとも逆に系列化によって個別農家が農業資本に飲み込まれてしまうのか、今日の中国の農家は岐路に立っているといえるだろう。

こうした方向性を見定めるうえで、単に農業生産そのものだけをみるのではなく、農村社会における組織化のあり方をみることが重要だろう。家族農業経営を営む農家のあり方は、その経営を担う家族の生活のあり方と不可分であり、そしてその生活は、農村地域の社会関係と密接に結びついている。共同化にしても、それが農家と農家の結びつきであるかぎり、いわば経済合理性だけで動くのではなく、農家生活の総体と関連している。

政治的、文化的要因の重要性

農業共同組織の形成にあたっては、それがいわゆる経済的なレベルだけで組織化されるのではなく、当該地域の政治的、社会的な要因が作動している。そのため、行政に対する農民からの要請が強まることになり、行政が動かざるをえなくなる。畜産関係の合作社の形成においてみられたように、行政機関の末端にある郷・鎮レベルのセンターが牽引役となっている。これは、行政側による農家への支援としてとらえられると同時に、行政区画の合併や行政機関の人事削減をともなう農村行政改革の一環として、行政の機能転換を図ろうとする動きと連動しているともとらえることが可能である。農業合作社の発展は、行政側にとって農業政策の推進における拠点としても活用されうる。しかし行政側は、経済的に独立した組織としての発展を望む反面、農村合作経済組織が活動や組織を拡大し、独自の行動をとることを警戒している。その警戒は、政経分離が改革開放当初からいわれてきたものの、実際には村組織がすべてを統轄しているという矛盾となって現れている。

そうしたなかで、一条龍が個別農家をまとめて牽引し、村という地域単位の経済力を発揮させるように機能している。個別農家もまた、以前のような上からの統制による集団化ではなく、自発的あるいは自主的な組織化を進めていくという途が一つの方向として見出されつつあるように思われる。そのような動きとともに、農村社会も大きく変わろうとしており、そのなかで村民委員会や「能人」が大きな要因となっているといえるだろう。農村合作経済組織の形成と展開過程において、農民の経済行動が村落の範囲から分離し、そのなかで、「能人」がリーダーシップをとっているが、村幹部と重なる場合もあれば、まったく一般的農民の場合もある。そのような経済力や経営才能および組織力のある人材が認められ、しかも求められつつある。一般的な農民で経済的リーダーになった人が村の行政にかかわっていく事態も生じている。経済力をもつ農民が村民委員会に入ることによって、当人の政治的な力量がついてくる。村の自治がこうした側面から実質的に変化していくような転換過程が進んでいるようにも思われる。政治的な手続きのうえでの民主化が進まないとしても、市場経済の進展とともに経済的な有力者が生まれ、その当事者が村の政治的な側面にかかわっている。その意味では、農村合作経済組織の発展が村民の自治のあり方を左右していくという可能性もあるのではないだろうか。

今後の展望

以上のように、農村合作経済組織は農業産業化のなかで形成し発展しつつある。そのような動きとともに、農村社会も大きく変わろうとしており、そのなかで村民委員会や「能人」が大きな要因となってきているように考えられる。そうなると、経済的な組織化を契機として、経済と政治とが分離していく方向をとっていくのではないだろうか。というのも、政経分離が進行しないとさらなる発展が望めないと思われるからである。中部の事例にあったように、村の基層組織の交代にともなって農業合作社の役員も替わるのでは、企業としてはまた新たに役員を育てなければならず、現実には政治的な要因が共同化の発展にとって足かせになっている面さえある。また、組織の中心となっている個別農家の力量がついてくれば、農業共同組織が政治的な束縛から独自に動き出す可能性もでてくるだろう。

他方、行政側からは、農業共同組織の育成に関して、日本の農業協同組合の経験を導入しようという動きもある。しかし、農業産業化を推進するにあたって、龍頭企業への支援を中心にしている傾向にあり、行政の支援先が生産業者から生産農家に方向転換しないかぎり、簡単には成果があがらないのではないかと思われる。

七　本研究にかかわるその後の動向

農業政策の転換

上述したわれわれの山東省における農村の共同組織に関する調査研究の後、農業の産業化及び農民の合作社に関する研究成果が数多く世に出た。日本語文献としては、陳（二〇〇八）、河原（二〇〇九）、池上・寶劒（二〇〇九）など、中国語文献としては、張・苑（二〇一〇）を取り上げることができる。

また、二〇〇二年以降、農業政策が農業収奪から農業保護、農業支援へといったパラダイムの転換が行なわれてきた。そのなかで、「三農」問題の解消が政策の重点として位置づけられ、農民の協同化や組織化に対する政策的注目度も高まっている。農村合作経済組織に対して、かつての警戒的姿勢から、一九九〇年以降、支援への政策的転換がみられる。しかし、合作組織に対する一貫した法的根拠が与えられてこなかった。そのため、上述した山東省の事例からわかるように、合作組織の設立や運営、名称および登録の手続き、管理機関など、地域や事業内容によって大きな相違が存在した。農民専業合作組織とよばれる農村合作経済組織の法制化が二〇〇四年頃から急速に進められてきている。

具体的には中共中央・国務院による三つの重要な文書が政策的裏付けになっている。①二〇〇五年三月に「農民専業合作組織の発展を支持・促進することに関する意見」が公布され、農民専業合作組織の健全な発展を促進するための指導原則や主要な措置が明記されている。②二〇〇六年の社会主義新農村建設に関する若干の意見（一号文書）においても、農民専業合作組織に関する立法プロセスの加速や支援の強化、そして農民組織支援のための貸付・税制・登記などの制度整備が提唱された。これは農民専業合作組織に関する二〇〇四年・〇五年の「一号文書」の内容をさらに推し進めており、立法プロセスの加速、支援の強化、合作経済組織の発展に有利な貸付、税制、登記などの制度の設立を明記したものとされる。さらに、③二〇〇六年三月に開催された全人代で、農民専業合作組織に関する法律制定の建議がなされたことを受け、二〇〇六年一〇月に「中華人民共和国農民専業合作社法」が承認された。この法律は、農村専業合作組織に関する初めてのものであり、既存の農村専業合作組織に対して明確な法的地位を与えると同時に、その管理・運営を規範化することを目的とするものである(3)。

農業政策の総合化

ところが、法的整備に伴い、農村の合作経済組織にかかわる統計的数字にも大きなずれが生じていることが分った。例として、中国の農業部農業経営管理センターの公表した統計数字では、農民専業合作社の数が一五万社と数えられ、参加農家が三、四八六万戸、全国農家戸数の一三・八パーセントを占めていた。しかし、そのうち、法律に基づき、登録手続きを行なった農民専業合作社の数が五八、〇七二社しかなく、参加農家が七七一、八五〇戸、農家全体の二・二パーセント（二〇〇八年六月時点）しか占めていない（張他、二〇一〇）との指摘がある。このような変化を見極めながら、今後の調査研究において留意すべき点でもあろう。

さらに、農民専業合作社の社会的地位と役割に対する期待も高まっている。最近の行政的支援策としては、二〇〇八年一〇月に開催された第十七回三中会議で公布された『中共中央関与推進農村改革発展若干重大問題的決定』（『決定』と略称される）を取り上げることができる。『決定』において、農民専業合作社の性格と役割については、「農民にサービスを提供、入社退社が自由、権利が平等、民主的に管理、農民専業合作社を育成しかつその発展を加速させ、農民を率いて国内外の市場競争に立ち向かう近代的農業経営組織になるよう」といった指針が示されている（張他、二〇一〇）。

このように、われわれが共同組織と呼ぶものは、農村合作経済組織から農民専業合作社に収斂され、その育成にかかわる政策も「新農村建設」関連政策の一部として位置づけられ、農業・農村社会の整備といった綜合農政のなかへ組み込まれていった。「農業強国」をめざす中国にとって、農村合作経済組織の発展も重要な意義をもつものであり、今後ともその行方を追っていきたい。

注

（1）一九五〇年代から実施された「統購統銷」時代の担い手である供銷合作社の役割およびその後の改革については、国営の性格が強いこともあり、本書では農民による自主的な組織として扱っていないことを断っておきたい。供銷合作社に関して、河原（二〇〇九年など）において、詳しく論じられており、参照されたい。

（2）中国における農業「産業化経営」の展開とその現状について、前史を踏まえた論述（陳、二〇〇八年、七七～八四ページ）があり、参照されたい。

（3）近年の法制化の詳細については、寶劔久俊『中国農村改革と農業産業化』第七章、二〇〇八～二〇〇九ページ、および張暁山・苑鵬『合作経済理論与中国農民合作社的実践』序章、一ページを参照し整理したものである。

参考文献

池上彰英・寳劒久俊『中国農村改革と農業産業化』、アジア経済研究所、二〇〇九年。

河原昌一郎『中国農村合作社制度の分析』、農林水産省農林水産政策研究所、農山漁村文化協会、二〇〇九年。

小林一穂・劉文静・秦慶武『中国農村の共同組織』、御茶の水書房、二〇〇七年。

山東省人民政府新聞弁公室・鄒平県人民政府外事弁公室編『美国学者在鄒平』、五洲伝播出版社、二〇〇一年。

張暁山・苑鵬『合作経済理論与中国農民合作社的実践』、首都経済貿易大学出版社、二〇一〇年。

陳鐘渙『中国農業「保護」政策の開始と農業「産業化経営」の役割』、批評社、二〇〇八年。

細谷昂・菅野正・中島信博・小林一穂・藤山嘉夫・不破和彦・牛鳳瑞『沸騰する中国農村』、御茶の水書房、一九九七年。

細谷昂・吉野英岐・佐藤利明・劉文静・小林一穂・孫世芳・穆興増・劉増玉『再訪　沸騰する中国農村』、御茶の水書房、二〇〇五年。

Andrew G. Walder, Harvard Contemporary China Series 11 "Zouping in Transition The Process of Reform in Rural North China" 1998, Harvaed University Press Cambridge, Massachusetts London, England.

Andrew B. Kipnis, "Producing Guanxi Sentiment, Self, and Subculture in a North China Village" 1997, Duke University Press, Durham and London.

第三節　二〇〇〇年代の農民意識

一　調査と対象地の概況

本節では、二〇〇四年秋に実施した山東省鄒平県での農民に対する聞き取り調査の結果を報告する。当時、中国のなかでも農業が発展している「農業大省」に数えられた山東省の中部地域を調査対象地として、経済発展が進む中国農村における「都市―農村」関係を調査した結果[1]を示すことにする。

山東省鄒平県

中国における改革開放政策は、工業や商業でのめざましい成長をもたらしたが、農業においても、近年では「構造調整」や「農業産業化」が推進されている。これらの政策は、郷鎮企業や小城鎮建設のような農村地域における産業化や地方中核都市の建設ではなく、農業そのものの発展をめざしている点で注目される。しかも、これらの政策を先駆的に主導してきたのが山東省だった。山東省は、華北地方のなかでもいわゆる沿岸部に属する先進地域であり、第二次産業や第三次産業が大きく発展している。しかしそれに劣らず、農業生産が盛んであり、二〇〇〇年代半ばには、商品作物の生産を中心とした「農業大省」だった。農業生産の動向をみてみると、二〇〇五年には農業総生産額が一、九〇〇億元、農産物輸出額が六九・一億元に達している。また、農家家計の収支状況をみても全国とくらべて高水準にある。

本節でとりあげる鄒平県は、山東省の中部地域にあり、農業にせよその他の産業にせよ、山東省としては平均的な位置にある。新中国成立後、鄒平県では、中国全土と同様に、農村部の集団化が推進された。初級合作社、高級合作社、人民公社と急速に移行した集団化は、農業生産の停滞と農村社会の混乱をもたらした。改革開放が開始される直前から試みられた家族生産請負責任制は、その有効性が明らかになるやいなや、中国全土へと拡大し、ここ鄒平県でも家族請負制が定着した。市場化の波はこの地域にも押し寄せているが、東部のように、対外的な資本の誘致による合弁企業が巨大化しているという状況には至っていない。

芽庄村

調査対象地は山東省濱州市鄒平県西董鎮芽庄村である。

鄒平県は行政的には濱州市に属しているが、実際上はむしろ済南市に連結しているといったほうがいい。鄒平県の近辺に地方中核都市である淄博がある。淄博は行政的には鄒平県と同格だが、淄博のほうが都市化している。鄒平県の内部に西董鎮が位置しており、この鎮の町場は周村という。対象地の芽庄村は、西董鎮内の一村であり、鄒平県のなかでも、都市化が進んでいる地域と、これまでの農業中心の地域との狭間に位置している。つまり、山東省の中部区域のなかでも中位にある。ここには農業の停滞と非農業への就労、農村社会の停滞といった状況が如実に表れている。

この芽庄村では、農業合作社が形成されている。それは「鶴伴山乳牛飼育合作社」といい、養牛団地で乳牛を飼育して、生乳を出荷する組織である。村内の組織であるが、本章第二節でみた泰安市の事例とは異なり、全戸ではなく二〇戸が参加している。したがって、この合作社は芽庄村の基層組織とは別個の集団とされている。区長、組長、委員が組織されている。

二　アンケート調査の結果――単純集計から

アンケート調査の実施

以下では、二〇〇四年一一月におこなったアンケート調査の結果をもとに、芽庄村の住民における「都市―農村」関係にかんする意識を分析する。この調査では、兼業化が進むなかで農家が市場化をどのように受け止めているのかを個別調査した。農家にとって農業の維持ということがもつ意味を聞き取って、それが都市化の進展に対応する姿勢を多様化させていることを実証した。

ここでは、個人調査の調査結果を単純集計したものをとりあげる。対象者の抽出は芽庄村の幹部に任せた。したがって無作為ではないので、その数値を数量化して取り扱うことはできない。しかし一応の傾向と考えられるものをみるために、単純集計を表で示した。いうまでもなく、この数値は補助的な意味合いで参照するものである。

ここでいわれている本村とは芽庄村のことであり、本鎮というのは芽庄村がふくまれる西董鎮のことである。

質問票のなかでは、都市と農村に関する地域として、中国の首都である北京、山東省の省都である済南、地方中核都市である淄博、この農村地域の中心である鄒平県市街、芽庄村の近隣の市街地である周村、そして芽庄村、という序列を掲げている。

対象者の属性

表3-1にあるように、調査の対象者数は二〇名、そのうち男性は一四名、女性は六名である。年齢は、二〇代が二名、三〇代が一名と少なく、五〇代が九名で最も多く、六〇代は二名である。学歴は、小学校卒が六名、中学校卒

表3-1　調査対象者属性

性別	男	14
	女	6
年齢	20代	2
	30代	1
	40代	0
	50代	9
	60代	2
	不明	6
学歴	小学校	6
	中学校	13
	高校	1

表3-2　来住の理由

芽庄村で生まれた	16
親と来た	1
結婚して来た	3

注：「あなたはどのようにしてこの村に住んでいるのですか」

が一三名、高等学校卒が一名である。このように、性別と年齢が偏ったのは抽出が有意に行われたためである。しかし、学歴は、この村の状況を示しているといってよい。つまり、義務教育は普及したが高学歴化はこれからの課題となっている、ということである。

対象者は全員がこの村に居住している。表3-2と表3-3を掲げたが、男性のほとんどは出生以来この村に居住しており、他地からの移入は一名だけである。女性は六名中三名が結婚によって来村している。

職種をたずねると、表3-4にあるように、現在の仕事が農業だと答えた専業農家は四名にとどまっている。それ以外の職業については、調査票の記入が不完全なため明確ではないが、農業以外に従事しているものは八名おり、六〇代の二名はすでに定年で無職であることからすれば、かなりのものが農家でありながら農業以外に従事している、つまり兼業しているということになるだろう。

中国では現在、家族請負制がとられているので、農村戸籍をもつものには耕地が配分される。対象地では一人当た

表 3-3　経歴と居住地

	芽庄村	西董鎮	他の郷鎮	鄒平県	他の県市
出生時	16	3	1		
小学校	16	3	1		
中学校		13	1		
高校				1	1
結婚前	16	2	1		1
結婚後	20				
子育て期	19			1	

注：「あなたの経歴と居住地を教えてください」

表 3-4　現在の仕事

種類	農業 4	未熟練工	熟練工 2	販売業 2	サービス業 1	事務員や秘書 1	専門職や技術者 1
規模	1人 1	家族 5	1-10人 1	11-50人 1	51-100人	101-500人	500人以上
勤務場所	この村 6	この郷鎮 1	他の郷鎮 1	鄒平県	他の県市	済南	
勤務形態	臨時雇い 2	常勤 1	経営	家族の一員 5			
勤務期間	0-5年 1	6-10年 2	10-20年 2	20年以上 1			

注：「あなたの仕事を教えてください」

り一・二ムーであるが、この耕地はほとんどが小麦とトウモロコシの栽培にあてられる。機械化が進んでいるので、農作業は実際には委託されているといっていい。とすれば、ほとんどの農家が兼業化するのは当然のことになる。勤務場所としては、芽庄村を挙げたものが六名おり、西董鎮や近隣の郷鎮が二名である。兼業先は近隣に確保されている。したがって、この対象地は、農業を継続している農村でありつつも、農外就労が常態化しているといえるだろう。

なお、表3-5は現時点よりも以前に就いていた職種、表3-6は最初に就職した職種をたずねたものである。

表 3-5　以前の仕事

種類	農業 1	未熟練工 3	熟練工 4	販売業	サービス業	事務員や秘書	専門職や技術者 1
規模	1人 3	家族 3	1-10人 1	11-50人 1	51-100人	101-500人	500人以上
勤務場所	この村 5	この郷鎮 1	他の郷鎮 1	鄒平県	他の県市 2	済南	
勤務形態	臨時雇い 1	常勤 5	経営	家族の一員 3			
勤務期間	0-5年 1	6-10年 4	10-20年 2	20年以上 1			
転職理由	解雇	収入 2	いい条件 1	近い場所 1	家族と一緒 1	その他 4	

注：「あなたの仕事を教えてください」

表 3-6　最初の仕事

種類	熟練工	販売業	サービス業	事務員や秘書	専門職や技術者	経営 1	その他 2
規模	1人 2	家族	1-10人 1	11-50人	51-100人	101-500人	500人以上
勤務場所	この村 2	この郷鎮	他の郷鎮 1	鄒平県	他の県市	済南	
勤務形態	臨時雇い 1	常勤 1	経営 1	家族の一員			
勤務期間	0-5年 2	6-10年 2	10-20年	20年以上			
転職理由	解雇	収入 1	いい条件	近い場所	家族と一緒	その他 2	

注：「あなたの仕事を教えてください」

農民意識の概要

それでは、対象者は「都市」にたいしてどのような「まなざし」をもっているのだろうか。

首都北京にたいする好悪の感情を聞いた結果が表3-7である。長所としては、教育や文化の条件が整っている点を挙げたものが多く、短所としては、生活費が高いことと人間関係が希薄であること、社会問題の多さが挙げられた。省都の済南にたいしては、表3-8

表3-7　北京の印象

長所	仕事が多い 4	給料が高い 6	生活が便利 5	教育や文化の条件がいい 13	人口が多く多様だ 2	刺激が多い 1	その他 5（うち景観2）
短所	いい仕事を得るのが難しい 1	生活費が高い 7	環境問題 1	堕落しやすい文化環境 1	人間関係が希薄で無関心 5	社会問題が多い 5	その他

注：「北京の特にいいところと悪いところを言ってください。2つまでを選んでください」

にあるように、長所は同じく教育や文化の条件の良さを挙げ、短所は生活費の高さが多かった。北京と済南とで、それほど大きな違いがみられないのは、対象者がいずれの都市にたいしても具体的な意識をいだいてはおらず、抽象的なイメージをもっているからと思われる。この村の対象者は、北京や済南といった大都市は、いまだ身近なものになっていないのである。

その点は、この一〇年間で都市へ行く機会が増えたかどうかをきいた質問でも明らかである。表3-9だが、この村に近い町場である周村や地方中核都市である淄博に出かける機会は増えたという回答が多かったのにたいし、済南や北京については、変化なしという回答が多くなっている。このように、実際に大都市へ訪れたり居住したりする機会は増えていない。それが上述のような疎遠なイメージとなっているのだと思われる。

そこで、いくつかの事項について、それをおこなうのが望ましい都市や町を聞いたところ、表3-10にあるように、高等学校よりも上の高等教育については北京が圧倒的に多かった。北京はほぼこれだけといってもよく、済南や淄博はほとんど選択されなかった。高校や中学の教育、公共機関の訪問は鄒平県市街が多く、入院や通院、日用品や高価なものの購入では周村が多かった。つまり、ここでも、北京や済南が具体的な日常生活の場とはなっておらず、大学進学というまだ現実性の薄い事項にたいして、心理的に遠い北京が挙げられているといえるだろう。他方で、鄒平県市街や周村

教育や文化の条件がいい 7	人口が多く多様だ 2	刺激が多い	この村や親戚に近い 3	気楽に生活できる 3	その他 6（景観多し）
堕落しやすい文化環境 1	人間関係が希薄で無関心	社会問題が多い 2	給料が安い 1	地方あるいは田舎 2	その他 2

が生活圏となっていることがわかる。その鄒平県市街と周村では、日常的な衣食住に関わる問題については、周村で間に合わせられるという回答であり、鄒平県市街はもう少し高いレベルの教育や行政との関わりでの位置づけである。つまり、周村、鄒平県市街、その他の大都市、という序列ができており、鄒平県市街よりも周村のほうがより身近であるが、周村と鄒平県市街以外は、具体的、実際的な位置づけにはなっていない。ここでも、芽庄村の住民の置かれた状況が見てとれるだろう。

この点は、都市や町の発展が自分たちの生活に役立ったかどうか、を聞いた表3-11でも同様である。さすがに、妨げになったという回答は皆無だが、役に立っているという回答は周村と鄒平県市街に集中している。それ以外については役に立っていないという回答が多い。

では、具体的なイメージがもてない大都市と身近な地方市街地とを比較するとどうだろうか。済南と鄒平県市街とをどちらが魅力的かをたずねると、表3-12にあるように、むしろ済南をあげる対象者のほうが多かった。しかも済南のほうが魅力的だという対象者のうち、住みたいという者が住みたくないという者を上回っている。こうした結果は、上述のような身近に感じられない大都市への、漠然としたあこがれを示すものとも思われるが、しかし調査データが不足しており、判然とはしていないといわざるをえない。

大都市である北京や済南と居住している農村地域との、いわば中間にあって、生活圏にもなっている鄒平県市街について、さらに重要で魅力的になるために必要なものは何か、

表 3-8　済南の印象

長所	仕事が多い 4	給料が高い 4	生活が便利 2
短所	いい仕事を得るのが難しい 3	生活費が高い 8	環境問題 4

注：「済南の特にいいところと悪いところを言ってください。2つまでを選んでください」

表 3-9　都市へ行く機会

	とても増えた	少し増えた	変化なし	少し減った	とても減った
周村	12	1	1	5	1
ツーボー	7	3	5	4	3
済南	3	3	8	2	1
北京	1	2	10	2	2

注：「この10年間で次の都市や町へ行く機会は増えましたか」

表 3-10　都市での行動

	北京	済南	淄博	鄒平県城	周村	その他
高中の教育	5	1	1	13		
高等教育	17	3				
副業（アルバイトを含む）	5	2	2	2	6	3
子供の結婚式	5		2	1	3	8（本村）
入院			2	4	13	
医療			1	4	16	
食料や日用品の購入			1	4	15	
冷蔵庫やテレビの購入		1	1	7	12	
普段着の購入			1	4	15	
高級な衣服の購入			2	4	13	
農産物の販売			1	2	2	14（本村）
娯楽施設で遊ぶ	7	2	2	1	4	4
公共機関の訪問	2		2	13		

注：「次のことをするのにどの都市や町が好ましいですか。1つを選んでください」

表 3-11　都市の発展の貢献度

	とても役立った	少し役立った	役立っていない	少し妨げ	とても妨げ
周村	12	1	1	5	1
鄒平県城					
ツーボー	7	3	5	4	3
済南	3	3	8	2	1
北京	1	2	10	2	2

注：「次の都市や町の発展がこの村の人々の生活に役立ったと思いますか」

表 3-12　都市の魅力

	住みたい	住みたくない	
済南のほうが魅力的	8	4	
鄒平県城のほうが魅力的	4	2	
どちらも魅力的でない			2

注：「鄒平県と済南とではどちらが魅力的ですか」

表 3-13　鄒平県城の魅力の向上

ショッピングセンターを拡大する	
自由市場を拡大する	7
工場や企業を増やす	7
行政や公共の施設を増やす	1
娯楽施設を増やす	2
教育施設を増やす	9
文化施設を増やす	1
医療施設を増やす	7
人口を増やす	
交通をよくする	9
社会的インフラ（道路，水道，下水道など）をよくする	4
居住条件をよくする	
その他	2

注：「地域の人々にとって鄒平県がもっと重要で魅力的になるためには，次の選択肢のうち，どれが重要でしょうか。3つ以内を選んでください」

表3-14　理想的な生活

専業農家として働くことで，この村での生活を維持する	5
兼業農家として働き，農閑期に済南で季節労働者として副業することで，この村での生活を維持する	
兼業農家として働き，鄒平県城で通勤労働者として副業（アルバイト）することで，この村の生活を維持する	
兼業農家として働き，周村で副業（アルバイト）することで，この村での生活を維持する	8
済南に移住して近代的な都市生活をする	
鄒平県城に移住して地方の都市生活をする	2
周村に移住して地方の町の生活をする	4
その他	1

注：「あなたが理想的な生活と考えるものに最も近いのは，次のどれですか」

をたずねたところ、表3-13にあるように、教育施設の増加と交通の改善を挙げるものが最も多く、次いで、自由市場の拡大、企業の増加、医療施設の増加だった。先に、鄒平県市街が高校や中学の教育、公共機関の訪問をするのに望ましい、と回答されたと述べたが、日常生活において必要な事柄を満たす場として望まれていることがわかる。そのためには、この芽庄村から鄒平県市街までの交通の便が、さらに改善されることが求められている。

最後に、対象者にとっての理想的な生活をたずねた結果を表3-14でみると、多い順に、兼業農家として周村で副業し芽庄村で生活する、専業農家として芽庄村で生活する、周村に移住して町の生活をする、ということだった。一番目と三番目とをあわせると過半数を超えている。二番目の専業農家への志向をあげたのは五名だった。つまり、最初に述べたように、二〇名中四名が専業農家だが、それは今後の希望としても大差なく、芽庄村は、平均的な農村でありながら、あるいはそうだからこそ、兼業化が大筋の方向となっており、都市的な生活へと傾斜しているのである。

こうして、調査対象地である芽庄村は、兼業化が進行している農村地域であり、周辺の市街地が生活圏となっており、村民はそうした都市的な生活への志向をもってはいるものの、省都である済南市や首都の北京市にたいする具体的なイメージはもてない、という状況におかれており、都市化の過渡期にあるものといえるだろう。もちろん、対象者に二〇代や三〇代の若い世代が少なかったことが、こうした結果をもたらしたことは考えられる。そうした若年層は、職を求めて周辺の市街地や各地の都市へと移出しており、対象者のなかにも、子供が他省へ出稼ぎにいっている、という事例があった。若年層にとっては、都市生活はあこがれの対象ではなく、自らがそこで暮らす場なのである。逆にいえば、芽庄村に居住している村民は、都市への移出や出稼ぎをする条件ができていない人々である。だが、そこには都市への渇望というものがあるわけではない。村民の都市への「まなざし」は、それほど熱いものではなく、かといって都市へ背を向けているのでもない、という微妙な態度となっている。

三　アンケート調査の結果――事例の紹介

このアンケート調査では、世帯単位と個人単位との二つの質問票を用いたが、ここでは、それらをまとめて、調査対象者の世帯及び対象者自身の各事例をとりあげる。

《事例1》

この対象農家は、専業農家だったが最近は兼業化している。しかし兼業へ傾斜するよりも専業を志向している。対象者となったのは世帯主の妻である。

①家族の状況と経歴

夫（四八歳）は小学校卒で、西董鎮で手間仕事をしている。妻（四七歳）は中学校卒。母親（七二歳）は小学校卒。

長男（二一歳）は中学校卒。四人家族である。夫、妻、母親は一度淄博へ行った。夫は年数回、妻、長男が年一回親戚訪問で鄒平県市街へ出かける。親戚訪問で周村へ夫は月一回、妻は月数回、母親は年数回、長男は月数回出かける。夫の弟（四六歳）は専門学校卒で、天津に居住しており熟練工として働く。妻の長姉（六二歳）は大学卒で、他の県市に居住して製鉄所所長をつとめる。二姉（五八歳）は小学校卒で、他の県市に居住しているが引退した。三姉（四八歳）は中学校卒で、他の郷鎮で事務員をしている。二弟（四六歳）は中学校卒で、他の郷鎮に居住して木工として働く。三弟（四二歳）は中学校卒で、他の郷鎮に居住しており事務員をしている。妻の長姉と三弟が、年一回一、〇〇〇元以上を渡す。

対象者である妻は、四七歳、中学校卒。周村で出生し、二歳で養親の芽庄村へ移った。中学時は西董鎮に居住した。配偶者は村内で出生した。現在は村内で牛の飼育をして一年になる。それ以前は家具の加工を家族で営んでいた。村内で三～四年やったが、さらに収入を求めてやめた。

②経営の状況

請負面積は四・八ムー、それ以外に果樹園が二ムーで、計六・八ムー。小麦三ムーとトウモロコシ四・八ムーは飼料用である。桃とリンゴで二ムー作付けしており販売する。牛八頭を売却した。農作業は妻と長男が従事している。農業収入は全収入の一割から四割になる。牛を購入するために信用社に借金がある。村内の共同組織である「鶴伴山乳牛飼育合作社」に参加している。

一〇年前は専業農家だった。最近は兼業農家として西董鎮で臨時雇をしている。今後の経営は現状維持のつもりだという。

③村内生活

村の会議、道路や池の補修作業、衛生施設の普及作業には必ず出る。頼りになるのは隣近所だ。

④「都市—農村」意識

北京の長所は給料が高い、教育文化条件がいい。短所は生活費が高い、堕落的な文化環境だということ。済南の長所は仕事が多い、教育文化条件がいい。短所は環境問題がある、堕落的な文化環境だということ。最近一〇年で行く機会が増加したのは周村。そのほかは変わりない。望ましいのは、北京では高等教育、娯楽。済南と淄博には期待するものがない。鄒平県市街では高校教育、副業、公共機関の訪問。周村では入院、通院、日用品購入、家電購入、普段着購入、高級服購入。村内では子供の結婚、農産品販売。村への発展の影響が大きいのは、北京、済南、鄒平県市街。周村、淄博は影響がない。鄒平県市街よりも済南に魅力があるし、住みたい。鄒平県市街が魅力的になるには、工場や企業の増加、教育設備の増加、交通の利便化が必要だ。

⑤理想的な生活

専業として村内に居住すること。

《事例2》

この対象農家は、以前は専業だったが兼業化し、兼業の拡大志向をもっている。しかし、村内に居住する生活を理想としている。対象者となったのは世帯主の妻である。

①家族の状況と経歴

夫（五七歳）は婿ですでに死去し、妻（五二歳）が戸主になっている。長男（二八歳）は他の郷鎮で熟練工として働く。長男の嫁（二六歳）は本鎮で熟練工として働く。長男の長女（一歳）がいる。三世代四人家族である。別居しているのは、長女が西董鎮にいる。村内にきてソファー加工（熟練工）に従事している。夫の兄弟とは交際していない。妻には兄弟はいない。長男が二ヶ月に一回二、〇〇〇元以上を渡す。長女が二ヶ月に一回三〇〇〜五〇〇元を渡す。長男が結婚したときに親戚に借金した。

対象者である妻は、五二歳、小学校卒。配偶者は村内の出生だった。以前は縫製に従事し、一人で他の郷鎮で二年間働いたが、結婚でやめた。

②経営の状況

経営面積は五・一ムー。長男の長女が生まれて一・五ムーを分配された。小麦とトウモロコシを作付けして、ともに一部を販売する。羊を一頭飼っていたが、長男の長女が生まれたので売った。農作業には妻が従事している。農業収入は全収入の一割以下。誘われたら共同組織に参加したい。

一〇年前は村内に居住して専業農家だった。最近は村内に居住しているが周村で臨時雇に従事している。今後はソファー加工で兼業を拡大したい。農業をやめるつもりはない。

③村内生活

村の会議、道路や池の補修作業、衛生設備の普及作業には必ず出る。

頼りになるのは、第一に村内に居住している妻の子供、第二におじとおばの兄弟、第三に隣近所となる。

④「都市―農村」意識

北京の長所は教育文化条件がいい。短所は人間関係が希薄、社会問題が多い。済南の長所は給料が高い、生活が気楽だ。短所は社会問題が多い。最近一〇年で行く機会は、周村は少し減った。淄博は減った。他は行ったことがない。

望ましいのは、北京では高校教育、高等教育、娯楽。済南と淄博には期待するものがない。鄒平県市街では家電購入、公共機関の訪問。周村では副業、入院、通院、日用品購入、普段着購入、高級服購入。村内では子供の結婚、農産品販売、娯楽。村への発展の影響が大きいのは鄒平県市街。他は影響がない。済南も鄒平県市街も魅力がない。鄒平県市街が魅力的になるには、教育設備の増加、医療設備の増加が必要だ。

⑤理想的な生活

兼業農家として周村で副業して、村内に居住すること。

《事例3》

この対象農家は、専業農家だったが兼業化しており、また都市に居住することを理想としている。

①家族の状況と経歴

夫（五七歳）と妻（五二歳）は小学校卒。長男（二六歳）は中学校卒で、鄒平県で運転手をしている。長男の嫁（二四歳）は中学校卒。長男の長女（一歳）の五人家族である。長男夫婦は五年後に他出するかもしれないとのことだった。別居している親族は、夫の長兄（六八歳）は小学校卒で、他の県市に居住しており引退した。次兄（六〇歳）は中学校卒で、同じく他の県市に居住しており引退した。妹（五二歳）は中学校卒で、他の郷鎮に居住して引退した。他省に居住している妻の妹（「河北油田」勤務）が時々二〇〇元をよこす。長兄と次兄はなにかあれば一月に一回、妹は一年に一回未満でよこす。夫と妻は、買い物と親戚訪問で鄒平県市街へ月に数回出かける。周村へ買い物と農産物の販売で月に数回出かける。長男夫婦は、周村へ買い物と農産物の販売で月に数回出かける。長男は運転手をしているので、ほぼ毎日淄博へ買い物に出かける。

対象者である夫は五七歳。小学校卒。ずっと村に在住している。配偶者も村の出生である。現在は牛の飼育をしており家族経営で一〇年以上になる。以前は常勤で石工を一五年くらいしていたが、粉塵などの環境問題でやめた。

②経営の状況

農業は、夫が六ムー（五人分）を請け負っている。さらに村民委員会から一・五ムーを借りている。六ムーでは、小麦とトウモロコシを栽培し、小麦の一部を販売しトウモロコシは全部を販売している。一・五ムーでは桃を栽培しており、収入は五、〇〇〇元になる。牛が以前一頭いたが販売した。鶏が二羽いる。農業に従事しているのは夫と長男の嫁。農業収入は月一、〇〇〇元で全収入の一割から四割くらいになる。農用三輪車がある。借金はない。他村の兄弟、本村や他村の親戚、友人、隣近所が昼食つきで手伝ってくれる。共同組織に参加していない。勧誘されたら参加してもいい。

一〇年前は専業農家だった。最近は兼業しており鄒平県市街や周村で働く。今後は兼業を拡大したい。長男の長女が大きくなったら長男の嫁も兼業する。縫製などの手仕事か小売業だ。現在の仕事は続ける。農業もやめない。

③村内生活

村の会議と衛生設備の普及作業には必ず出る。党の会議と道路や池の補修作業にはだいたい出る。娯楽活動にはときどき出る。公的な地位にはついていない。

頼りにするのは、第一に長男の嫁の父親、第二に隣近所、第三に友人となる。

④「都市―農村」意識

北京の長所は仕事が多い、生活が便利とみている。短所は人間関係が希薄、社会問題が多いなど。済南の長所は自然の風景がいい。短所は給料が低い、住宅難をあげた。最近一〇年ででかける機会は、周村は増加が大きく、淄博はやや増えた。済南、北京は変化がない。望ましいのは、北京では高等教育。済南では娯楽。淄博では子供の結婚、入院。鄒平県市街では高校教育。周村では通院、日用品購入、家電購入、普段着購入、高級服購入。芽庄村では農産品販売。濱州市で娯楽。公共機関の訪問は該当する地域がない。芽庄村への発展の影響が大きいのは鄒平県市街、やや大きいのは周村と淄博。済南と北京は発展の影響がない。鄒平県市街よりも済南のほうが魅力があるが、住みたくない。というよりも住む機会がない。鄒平県市街が魅力的になるには、自由市場の拡大、娯楽施設の増加、交通の利便化が必要だ。

⑤理想的な生活

周村へ移住し地方都市の生活をすること。

《事例４》

この対象農家は、以前から兼業農家だが、畜産に熱心で専業となることを望んでいる。

①家族の状況と経歴

夫（五三歳）と妻（五二歳）の夫婦だけが同居している。いずれも小学校卒。二人とも芽庄村内の手仕事に従事している。長女（二五歳）と次女（二四歳）は、中学校卒で、いずれも結婚して、村内と濱州市に別居している。長女は西董鎮で縫製に従事。最近は、親戚訪問と娯楽で、一度北京に行ったという。

対象者である夫は、五二歳、小学校卒。ずっと村内に在住している。配偶者も村内の出生である。現在は牛の飼育を家族経営で一〇年以上している。以前は定職の石工を一五年くらいしていたが、事業が環境上の問題となって退職した。

②経営の状況

芽庄村では請負配分面積は一人当たり一・二ムーである。そこで、この家族は計二・四ムーを請け負っているが、さらに村民委員会から四ムーを借りている。二〇〇三年には、小麦とトウモロコシを六・四ムーに作付けした。収穫した小麦は一部を販売し、トウモロコシは全部販売した。牛を三頭飼育していて、販売した。農業経営は夫がしている。農業収入は、世帯全収入の半分になる。農用機械はない。借金はない。農業の手伝いは、村内の兄弟姉妹、村内の子供、村内の親戚が、昼食つきで手伝ってくれている。夫は共同組織に参加している。

一〇年前は、村内に住んで、農閑期に北京あるいは済南に出稼ぎに行った。最近は、村内で臨時雇をしている。経営の今後については、現状維持のつもりだという。

③村内生活

村の会議には必ず出る。道路や池の補修作業、衛生設備の普及作業には必ず出る。しかし、村内の公的な地位にはついていない。

頼りになるのは、第一に配偶者の兄弟姉妹、第二に村内の子供、第三にその他の兄弟ということになる。

④「都市―農村」意識

北京の長所は仕事が多い、社会環境がいい。短所はない。済南の長所は自然の風景がいい、短所はない。最近一〇年で行く機会は、いずれの都市も減った。望ましいのは、北京では子供の結婚。済南では高等教育。淄博には期待するものがない。鄒平県市街では高校教育、副業、入院、通院。周村では日用品購入、家電購入、普段着購入、高級服購入。芽庄村では農産品販売。そのほかに濱州市で娯楽。公共機関の訪問は該当する地域がない。芽庄村にたいする発展の影響が大きいのは鄒平県市街と北京。やや大きいのは周村。影響していないと思うのは淄博と済南。鄒平県市街よりも済南のほうが魅力があるが、住みたくない。その理由は、生活や仕事に慣れていないから。鄒平県市街が魅力的になるには、工場や企業の増加、娯楽施設の増加、社会基盤の整備が必要だ。

⑤理想的な生活

専業農家として畜産をやり、村での生活を続けること。

《事例5》

この対象農家は、以前から現在まで兼業を続けており、都市への魅力を感じているものの、村内に居住することを望んでいる。もっとも若い対象者である。

①家族の状況と経歴

夫（二七歳）は中学校卒で、隣村で建築業に従事している。妻（三〇歳）は中学校卒で、村内で非熟練工として働く。夫の母親（五四歳）は中学校卒で、村幹部をしている。長女（四歳）は幼稚園。したがって三世代四人家族である。夫の弟（二六歳）が別居している。専門学校卒で、他の省で兵役に就いている。弟は二ヶ月に一回、母親へ二、〇〇〇元を仕送りしている。夫と母親は親戚訪問で、淄博へ年に一回、鄒平県市街へ年に数回、周村へ年に数回出かける。妻は買い物で鄒平県市街と周村へ年に数回出かける。

対象者である夫は、二七歳。中学校卒。中学時は西董鎮に居住。配偶者も村内の出生である。現在は建築業に従事しており、一四～五人規模で、村で一〇年やっている。それ以前は仕事に就いていなかった。

②経営の状況

経営面積は、四人分で四・八ムー。栽培しているのは小麦とトウモロコシで、小麦は一部を販売しトウモロコシは全部を販売する。農業に従事しているのは、夫と妻。農業収入は全収入の四分の一。借金はない。

一〇年前は兼業をしていて、西董鎮で臨時雇だった。最近も同じ。今後は兼業を拡大するつもり。乳牛飼育をしたいとは思うが、専業は希望しない。農業だけでは活路が開けないからだという。農村信用合作社に参加している。村では参加している人数は多くないという。

③村内生活

村の会議、道路や池の補修作業、衛生設備の普及作業には必ず出る。党の会議は一度も出ない。母親が村の幹部で女性たちのリーダーである。

頼りになるのは、第一に他の兄弟、第二に村のリーダー、第三に親戚友人となる。

④「都市―農村」意識

北京の長所は教育文化条件がいいこと、短所は人間関係が希薄なところ。済南の長所は生活が気楽だということ、短所は地方あるいは田舎だということ。最近一〇年で行く機会は、周村は増えたが、他は変化がない。望ましいのは、北京では高等教育、副業、娯楽。済南と淄博には期待するものがない。鄒平県市街では高校教育、子供の結婚、入院、通院、家電購入、公共機関の訪問。周村では日用品購入、普段着購入、晴れ着購入。芽庄村では農産品販売。村への発展の影響が大きいのは周村と鄒平県市街。やや大きいのが淄博、済南、北京、と考えている。鄒平県市街よりも済南のほうが魅力があるし、住みたい。鄒平県市街がさらに魅力的になるには、自由市場の拡大、教育施設の増加、交通の利便化が必要だ。

⑤理想的な生活

兼業農家として村内に居住して、西董鎮で副業すること。

《事例6》

この対象農家は、収入のほとんどが農外からのものであり、都市への魅力を強く感じている。対象者となったのは世帯主の妻である。

①家族の状況と経歴

夫（五〇歳）は高校卒で兼業している。妻（四八歳）は中学校卒で戸主になっている。長男（二四歳）は中学校卒で、西董鎮でソファー加工に従事している。長男の嫁（二七歳）は中学校卒で、同じく西董鎮でソファー加工に従事している。この四人が同居している。夫と妻は親戚訪問で済南と淄博と鄒平県市街へ年に一回出かける。買い物で周村へ夫は月に一回、妻は毎日出かける。長女（二四歳）は中学校卒で、長女の婿（二五歳）は高校卒で西董鎮に居住しており、婿は西董鎮で運転手に従事している。夫の長兄（六四歳）は小学校卒ですでに死去した。次兄（六〇歳）は専門学校卒で、済南に居住して裁判所の事務員をしている。三兄（五六歳）は高校卒で、村内に居住して運転手をしている。長姉（五八歳）は他の県市に居住しており学歴はない。長妹（四八歳）は中学校卒で、他の郷鎮に居住してサービス業に従事している。二妹（四七歳）は中学校卒で、他の郷鎮に居住して熟練工として働く。三妹（四二歳）は高校卒で、他の郷鎮に居住してサービス業に従事している。妻の弟（四四歳）は中学校卒で、村内に居住して村内で熟練工として働く。妻の妹（三九歳）は中学校卒で、他の郷鎮に居住して他の郷鎮で商売している。

対象者である妻は、四八歳、中学校卒。中学時は西董鎮に居住していた。配偶者は村内の出生である。

②経営の状況

耕地面積は二人分で二・四ムーというが、四人家族なので誤りかもしれない。栽培している小麦は販売せず、トウモロコシを販売している。農作業は妻が従事している。農業収入は全収入の一割以下である。長男の結婚のために親戚と友人に借金した。

一〇年前も最近も村内で兼業していて、衣服加工の仕事をやっている。今後の経営は現状維持でいきたい。

③村内生活

村の会議、道路や池の補修作業、衛生設備の普及作業、学校行事にはだいたい出る。

頼りになるのは、第一に隣近所、第二に村内の兄弟である。

④「都市—農村」意識

北京の長所は生活が便利、教育文化条件がいい。短所は社会問題が多い。済南の長所は教育文化条件がいい。短所は環境問題があること。最近一〇年で行く機会は、周村、淄博、済南は増加したが、北京は変化がない。望ましいのは、北京では高等教育。済南では高校教育。淄博では家電購入、高級服購入、娯楽。鄒平県市街では農産品販売、公共機関の訪問。周村では副業、子供の結婚、入院、通院、日用品購入、普段着購入。村には期待するものがない。村への発展の影響がやや大きいのが鄒平県市街で、他は影響していない。鄒平県市街よりも済南に魅力があるし、住みたい。鄒平県市街が魅力的になるには、自由市場の拡大、医療施設の増加、インフラの整備が必要だ。

⑤理想的な生活

周村に居住して都市的生活をすること。

四　「都市—農村」意識のありよう

すでに述べたように、本調査は対象者数が限られており、その抽出も有意になされているので、数量的に処理することはできない。そこで、ここでも、対象事例の内容を読みとって、中国農村における「都市—農村」についての意識のありようを探ることにしたい。

事例全体を概括したところからわかるのは、対象地である芽庄村では、兼業化がかなり進展しており、農業収入は全収入のうちの少ない部分になっていること、その兼業としては、熟練工や教師、医師などから自営業、さらに臨時工やパート就労など多様であり、村民が現金収入を求めてさまざまな職種に就いていること、他方で、専業農家として農業にのみ従事しているものもおり、その場合は、この村で組織されている酪農出荷組織に加入したり、家族請負制で決められている配分割当面積よりも多くの耕地を用いて果樹栽培に取り組んだりしている、ということである。つまり、現在の中国農村、それも「沿海部」のように工場誘致などによって農業以外へ転換することで大きな収入を得たり、北京市郊外のように雇用労働を用いて大規模な野菜栽培を営むといった方向をとっている農村ではなく、農業においても、また農業以外にたいしても、多様な収入源を求めてさまざまな就業形態をとっている、という中国のいわば平均的な農村を、この対象地は典型的に表しているといえるだろう。

そのようななかで、個々の村民は、都市にたいしてどのような意識をもっているのだろうか。事例から浮かび上がってくるのは、中国の首都である北京市、山東省の省都である済南市にたいしては、具体的なイメージをもつほど現実的な関わりがあるとはいいがたい、ということである。大学などの高等教育を受ける場所として期待するものの、この村は調査時点では大学進学が一般的な教育水準になっているわけではなかった。他方で、近隣の市街地である鄒平県市街や周村にたいしては、医療や日常的な購買の場としてとらえており、そのイメージは具体的である。そして、それらの中間に位置する淄博のような地方中核都市にたいしてはほとんど無関心であり、何ら現実的なものとはなっていないように思われる。

つまり、芽庄村の農民にとっては、都市は、自らの生活上の購買や医療、中等教育などを満たす場であり、それ以上の存在すなわち日常生活を大きく変えるような契機を求めるものではない。都市への居住の意向をたずねた問いにたいして、住みたいという回答と住みたくないという回答とが、両方とも出てきたのは、その表れだろう。都市生活にたいする漠然とした憧れから住みたいと思う反面、現実的に考えると現在の居住地で十分なのである。理想的な生活をたずねた問いでも、兼業しながら芽庄村に居住する、という回答がめだっている。都市の吸引力はそれほど強くないように思われる。

ただし、この調査の対象者に一〇代後半や二〇代の村民が少なかったことは留意すべきだろう。むしろ、そうした若年層は、すでに都市へ流出しているといったほうがいい。中国では、都市戸籍と農村戸籍という区分によって、農村から都市への移動が厳しく制限されてきたが、今日では、その規制はゆるんできており、また規制を守らず都市へと移動しているものも多い。したがって、若年層の都市にたいする意識は、今回の調査結果とは異なったものとなることも考えられる。

しかしながら、この対象地に居住する人々の全体としては、現在の農村生活に大きな不満を持っているわけではない。それは、現在の生活水準が、以前と比較すればかなり高まったことによる。そしてそれだけ、都市への関心は低いものにとどまっていると思われる。もちろん、都市生活の快適で便利な側面を肯定してはいるけれども、他方で生活費が高いといった経済問題や、都市特有の環境問題などをみすえており、都市への移住を強く望むわけではない。確かに農業は収入源としては不利なために、それを兼業という形態を広げていくことによって補おうという志向が強い。補うというよりも、収入全体からみれば農業収入のほうが少ない部分となっており、むしろ農業のほうが副業化しているといっていい。しかし、農業そのものを放棄するという考えも少なく、農業経営については現状維持という声が多い。

こうして、改革開放政策によってもたらされた市場化の荒波のなかで、生活水準の上昇を農業外の兼業による収入によってまかないつつ、他方では、都市生活にたいする一定の距離感をもって現状にたいしては満足感が大きいといった状況にあるといえるだろう。この現状は、都市への熱い渇望でもなく、農業および農村生活への執着でもない、といういわば「中庸」の生活態度が現れているように思われる。しかし、今後は、おそらく「教育熱」がこの村にも押し寄せるだろう。調査当時の山東省東部の農村での聞き取りでは、子供を大学へ進学させたい、というのがすでに広範な願望になっているという印象を受けた。そうなると、高額の学資を支え、子供との日常的な連絡を密にするためには、農村での居住を続けることが困難な場合も出てくると思われる。また、二〇〇〇年代から爆発的に波及しつつあるモータリゼーションは、今や中国全土へと拡がってきている。これも山東省東部の農村では、交通手段として自家用車を望む声が挙がっていた。農村部における自動車の普及は、農用小型トラックが先導するのだろうが、そうしたときに、この村の人々がどのような選択をするのか、大きな転換を迎える可能性もあるのである。

注

（1）この調査研究は、竹内隆夫立命館大学教授を代表とする日本学術振興会科学研究費補助金・基盤研究（B）「二一世紀東アジアにおける農村―都市関係の再編に関する研究」（二〇〇三～六年度）のプロジェクトの一環として実施された。また、小林を代表とする日本学術振興会科学研究費補助金・基盤研究（C）「地域ネットワークの系列化に関する日本と中国の比較調査実証研究」（二〇〇三～四年度）の成果の一部にも依拠している。

第四章

山東省における「新農村建設」の実践と探求

秦 慶武
（何 淑珍 訳）

鄒平県孫鎮霍坡村の路上にて。農家を訪問してインタビュー調査をしている途中で村民と談笑する。（2008年9月18日撮影）

山東省「新農村建設」の狙いと特徴

社会主義新農村を建設することは、中国共産党が新時期において確定した一つの重大な歴史的任務であり、億万農民を優遇することであり、社会主義現代化建設の重大な戦略である。社会主義「新農村建設」における総合的な目的は、「生産発展、生活裕福、郷風文明、村貌整潔、管理民主」である。農村は農民と農業の中心であり、農村の経済、社会、文化、ないし農村景観が村鎮において集中的に現れ、農村事業の核心と最終成果も村鎮の建設において具体的に反映される。それゆえ、社会主義「新農村建設」は、村を中心としなければならない。しかし、地理的位置、経済条件、生活習慣、文化伝統などの側面において差異があるため、すべての村落に対して、同じモデル、同じ方法、同じ政策をもって建設するというのも現実離れしたことである。異なる地域での農村建設の目標とモデルに対して研究し、焦点にあった計画と政策を制定し、土地柄に合わせ、取り扱いを区別し、類別に指導しなければならない。山東省各地は、「新農村建設」において、優勢を発揮し、特徴を強調し、有効な農村発展モデルを探求し、豊富な経験を積み重ね、有益な示唆をもたらした。

第一節　「新農村建設」の発足と基本的な方法

制度革新と社会進歩

三〇年間の改革開放を経て、山東省の農村社会発展は、巨大な成果を得ただけではなく、豊富な経験を蓄積し、「新農村建設」のために、堅固な物質基礎と制度基礎を築いた。

革新は進歩の魂である。改革開放以来、山東省の農村発展は何回かの大きな制度革新過程を経てきた。一九七八年以来、家族生産請負責任制と統分結合双層経営体制など一連の制度革新が、農村社会の分化と変遷を促進させた。一九八四年以来、郷村工業を発展させ、市場メカニズムを導入することを標徴とした農村改革の第二段階は、農村社会の分化と発展をさらに促進させた。一九九〇年代における郷鎮企業の二次創業と農業産業化の提起は、農業現代化過程を加速させ、農村社会発展は新たな段階に突入した。経済社会のレベルから見ると、農業産業化は家族請負制に続く、中国農業と農村経済社会変革と発展の一つの飛躍であり、本当の意味での農村産業革命であり、農村社会発展への影響は計り知れない。二一世紀に入ってから、農村改革はさらに進み、「三農」問題が全国のすべての事業の中でも「重中之重」となり、都市と農村の発展を統一化することを基本方針とし、農村、農業、農民に対して「多予、少取、放活」、さらに「両免除、三補助」などの政策を実施した。二千年以上にわたって農民が耕作納税した歴史を終結させたことは、農村政策の根本的転換の象徴である。全省農村経済が急速に発展し、社会がさらに民主的になり、農民が安穏な暮らしを手に入れた。

経済発展と都市化の進展

近年、山東省の経済発展は迅速であり、多くの領域が全国において主導的な位置を示した。二〇〇八年、全省総生産が三一、〇七二・一億元に達し、一二・一パーセント増加し、全国各省区で第二位だった。農業は、六年続いて豊作で、食糧総生産が四二六・〇五億キログラムであり、二・七パーセント増加した。肉・卵・牛乳の生産量がそれぞれ六・七パーセント、一・四パーセントと五・三パーセント増加した。工業生産は全体的に安定しており、規模以上工業は一六、七一八・八億元まで増加し、一三・八パーセント増加した。サービス業は急速な増加を維持し、一〇、三六七・二億元まで増加し、一四・〇パーセント増加した。金融、不動産など新興サービス業は増加値三、三六三・

五億元を実現し、サービス業全体の三二・四パーセントを占める。経済効果は穏やかに増加し、規模以上工業の税金六、四三〇・五億元を実現し、一八・二パーセント増加した。地方財政収入が一、九五六・九億元に達し、一六・八パーセント増加した。そのうち、税金収入は一、五三三・三億元、一七・二パーセント増加した。開放型の経済発展の水準が上昇し、輸出入総価値が一、五八一・四億ドルに達し、二九・〇パーセント増加した。そのうち、輸出が九三一・七億ドルで、輸入が六四九・七億ドルであり、それぞれ二三・八パーセントと三七・一パーセント増加した。機械設備と電力設備、先端技術製品の輸出がそれぞれ三八・五パーセントと六一・四パーセント増加した。

二〇〇〇年以来、山東省の都市化水準は三八・三パーセントから四六・八パーセントにまで上昇し、上昇率が六・七パーセントで、農業製品市場と農民の就業空間を拡大させ、五〇〇万人の農民が都市民になった。近年、山東省における農村労働力の移転は年間平均一〇〇万人以上である。全省合計では、農業外の産業に移転した農村労働力の九〇パーセントが省内で移転就業し、県内移転就業したのが七〇パーセントを占める。農村労働力の近隣への移転は、地域の間、都市と農村の間の労働力の大幅な流動を防ぎ、「農民工」の問題を適切に解決し、著しい経済効果と社会効果をもたらし、農村の安定的な発展と調和的社会の構築に大きく貢献した。経済が高速発展段階と転換期に入り、都市化過程が加速した。人口の多い発展途上地域が、経済急速増加期に都市と農村の収入分配状況が悪化し、貧富の差が激しくなり、失業問題が顕著になり、各種矛盾と衝突が大きくなるなどの矛盾が生じるのを避け、都市と農村を調和的に発展させるために、山東省は、重要な戦略期をつかみ、経済増長と社会発展の質と効果を重視し、県城の経済発展に力をいれ、「工業をもって農業を促す、都市をもって農村を率いる、都市と農村の一体的に発展させる」という新戦略を積極的に実施し、耕地水利、交通、通信、農村電力網、流通市場などの基礎施設の建設を発展させ、生態環境を総合的に統治し、中国の特色である多元城鎮化建設を積極的に支援し、「新農村建設」のために、強大な思想基礎、社会基礎と物質基礎を築きあげた。

科学的企画と着実な発展

村鎮建設の着実な発展を確保するために、山東省は「経済発展に奉仕し、経済と社会の調和的発展、持続可能な発展、力量に応じ、重点を強調し、一般に配慮するという原則」に沿って、企画を制定し、城鎮の発展構想を絶えず調整してきた。一九八三年、全国範囲で行われた市が県を率いるという行政管理体制改革は、市域企画と市域（県城）城鎮体系企画の実施を促し、それにより村鎮企画、不動産建設なども徐々に軌道に乗り始めた。山東省村鎮体系企画事業は、一九八四年から要点を編成し、一九八六年から全面的に展開し、一九八八年に企画編成を完成させた。一九九三年に、省政府はまた、都市分布についての「両帯五群」という戦略構想を提示し、全省における都市の新世紀空間発展戦略についての研究を新段階へ進めた。各市はそれぞれの地域経済発展を促す市域、県域小城鎮、村鎮体系企画を研究し、制定した。一九九四年に「小城鎮建設についての試験的意見」を制定し、小城鎮建設を県、郷政府の任期目標責任制にとりいれた。一九九六年に「村落と集鎮企画建設についての管理条例方法」を実施した。一九九九年に、省政府はまた「小城鎮建設をもう一段加速させるための決定」を公表し、農村専業市場、合作経済組織、龍頭企業、農業製品加工基地と科学技術モデル区などを適切に小城鎮で集中させるよう提起した。二〇〇〇年七月、中央の指示と山東省の現状をふまえて、さらに「都市化過程を加速させることへの意見」を提示し、全省における都市化発展の指導思想、原則、目標と政策措置を制定し、村鎮建設を新しい段階へと発展させた。二〇〇六年以来、社会主義新農村を建設することを契機に、全省における「新農村建設」の企画を編成し、一定の費用を用意して、村落の企画と整備管理に対して試験的に補助を行い、市県両方から同時に調整した。二〇〇九年一二月に、山東省はまた「新型城鎮化を促進することについての意見」を公表し、山東省における都市化発展と「新農村建設」に対して具体的な指導意見を提示した。これにより、山東省の「新農村建設」は、法制化、規範化、順序化、着実な発展の軌道に乗った。

基礎施設の整備と保障体系構造

山東省は、農村における「水、路、電、医、学」の問題に重点を置き、農村の基礎施設建設を強化し、農村の社会事業の発展を加速させてきた。二〇〇八年、山東省は、小型危険ダムの危険除去と補強計画を完成させ、農村の最低生活保障基準を八〇〇元から九〇〇元に引きあげ、村レベルの衛生室を六、三〇〇室建設し、財政資金二・六九億元を用意し家電の農村普及を支援した。賃貸を兼ねた住居保障を三・二万戸増加させ、経済的住居を五・一万戸建築した。城鎮住民の一人あたりの平均収入が一六、三〇五元に達し、農民の一人あたりの平均純収入が五、六四一元に達し、それぞれ一四・三パーセントと一三・二パーセント増加した。一八二万人のダム建設による移民に対して補助金一二・一七億元を支給し、都市社区における衛生サービスの普及率が八七パーセントまで上がり、農村の中、小学校校舎三一七万平方メートルを補修改造し、郷鎮総合文化センターを七一二ヶ所建設した。農村の新型合作医療を積極的に推進し、二〇〇八年に、全省一三四ヶ所の農業人口試験的県（市、区）において、参加農民六、三五七・七八万人、農業人口六、五五六・〇四万人で、参加率が九六・九八パーセントであり、二〇〇七年度より六・六七パーセント上昇した。年間合計八、八八八・九一万人の参加農民が補助を受け、補助受給率は一三九・八一パーセントだった。山東省は二〇〇九年末にいたって、一九ヶ所の県（市、区）で新型農村養老保険試験点を展開した。二〇二〇年までに農村住民全員に行き渡ることを基本的に実現するように、基礎養老金を一人当たり毎月五五元とし、条件のよいところでは、実際状況に応じて引きあげ、引きあげに必要な資金を各地財政から支給する。国家試験点にとりいれられた県、市、区に対して、省から東、中、西部地区にそれぞれ四〇パーセント、六〇パーセント、八〇パーセントの比率で補助する。さらに、「新農村建設」において、政府が基礎施設企画を制定する際、都市と農村の道路、水、電気、通信などを統一し、ともに考慮することにした。それと同時に、都市の基礎施設の農村への延びと結合を加速させ、徐々に都市と農村統一の道路、水、電力、通信のネットワークを形成し、農村経済の急速な発展と農民生活水準の絶えざる上昇を促進した。

郷村における文明建設と管理の民主化

改革開放以来、山東省は、科学技術、医療、文化の「三下郷」活動を広く展開し、すべての村にテレビが通じるプロジェクトを実施し、農村遠隔教育ネットワークを改善し、農民に対する宣伝と教育訓練活動を強化した。多くの村落では共産党員の活動室、文化体育閲覧室などを設置し、郷村の文化的生活を豊かにし、農民の文化素質を高めた。各レベルにおいて、「公民道徳建設についての実施要綱」の実施を貫徹し、郷の規則と農民の約束を整備し、社会公徳、家庭美徳と職業道徳教育に力をいれ、「尊老愛幼、近隣友誼、見義勇為、貧困救済」の新気風を提唱し、「文明村、文明戸、文明街」の創建活動を広く展開し、農民の科学を尊び、迷信を拒み、移風易俗、陋習を排除し、良好な道徳気風を樹立し、郷村の文明建設の面で多くの成功と経験を得ることができた。二〇〇八年、全省において、二八ヶ所の村鎮が「全国文明村鎮」の称号を獲得した。民が富み、村が強くなるという先進モデルが現れ、特色のある成功経験をつくりあげ、群集を引率して裕福の道を歩むリーダーたちを育成した。

中央の統一配置にしたがって、山東省は農村郷（鎮）の人民代表大会の代表、村民委員会の委員、郷鎮企業の職工代表大会の代表に対して、村民の直接選挙によって選ばれるようにした。特に、一九九〇年代末期から、村民委員会が直接選挙を行い、村民委員会を村民が自己管理、自己教育、自己サービスを行う完全自治性の末端大衆組織として発展させた。この基礎のうえに、多くの村落は村務、財務の「両公開」を実行し、多くの農民の自治管理と新生活への自主的参与建設の熱情を呼び起こすことができ、農民の権益が有効な保障を得ることができ、幹部と群衆の関係がさらに改善された。農村改革の絶えざる深化と末端組織の戦闘力の増強は、「新農村建設」にとっての体制と組織保障を提供した。

第二節　各地域における「新農村建設」の主要模式

「新都市主義」モデル

都市の中心部を再び振興させ、郊外化の問題を解決するために、欧米の学者と都市企画当局は、一連の都市再建更新計画を提出した。それは、企画理論における通常の意味での「新都市主義」であり、合理的な土地利用を強調し、公共交通の優先と、歩行奨励、近隣関係および社区内部において就業を提供するといった新しい企画概念である。ここには二つの意義が含まれている。その一つは、古い町の改造を通じて、市街地の住居環境を改善し、都市回帰の理念を提唱する。もう一つは、都市周辺を再構想し、近郊農村の都市化を実現する。たとえば、済南、青島などの都市近郊農村および都市内の農村の改造などがそれである。城陽区は、一九九四年国務院から許可を得て設置した新区であり、青島市の北部に位置し、八つの区役所出張所、二三〇ヶ所の農村社区を管轄し、人口四七万人である。建設当初、基礎が乏しく、基盤が弱く、施設が立ち遅れ、農村人口が全区人口の九五パーセント以上を占め、典型的な農業区だった。建設後、城陽区は区の位置、交通、環境の優勢に依拠して、農村工業化戦略を確実に実施し、旧村の改造を重点として、農村の都市化を加速させてきた。城陽区は、区民の利益を最優先し、「三つの基礎が堅実、六つの明らかな着実」という要求にしたがって、旧村の改造を積極的かつ確実に推進し、各々の部分に統一要求し、厳格検査を行い、すべての高層建築を上質に建設し、新社区、新環境、新産業として改造した。現在、全区において、五五ヶ所の社区の旧村改造を実施し、そのうち、二二ヶ所の社区の二・八万戸農民は、すでに新居に引越し、三・八万ムー（一ムー＝六・六七アール）の土地をあけておき、すべてで第二次、第三次産業を発展させた。それらが、農民の住居条件と環境を完全にしただけではなく、農村集団経済の持続的発展を促し、村民の長期収益を確保した。中国住居環境模範事例賞、国家生態モデル区、全国緑化先進区に奨励され、都市化水準が五七パーセントに達した。新市鎮建設は、農村の都市化機能を再構想させ、周辺の農村人口を集めるだけではなく、高い品質の都市生活水準を享受することができ、もともと分散していた農村集鎮を集め、住居空間資源を節約し、集中的小城鎮建設を実現し、農村人口の就業機会をさらに拡大させ、都市の就業圧力を減少させ、農村の裕福を実現する。

「都市と農村の等値化」実験モデル

青州市南張楼村は、一九八九年に山東省とドイツのバファァリア州の共同プロジェクトとして、「バファァリア実験」―「都市と農村の等値化」実験が行われた村である。この実験とは、耕地が工場に変化、農村が都市に変化、農村が生産、生活の質において都市との差を解除するという方式を使わず、農村に居住するということは、環境選択であり、農民になるということは職業選択であり、土地整理、村落革新といった方式によって、「都市生活と異なるが、等値である」という目的を実現することである。この村の「都市と農村の等値化」実験は、区域の企画、土地整合、機械化耕作、農村基礎施設の建設、道路整備、教育を発展させるなど多くの措置を含む。現在、南張楼村への投資は八、〇〇〇万元以上に達し、各レベルの政府が三、〇〇〇万元以上投資し、村集団が三、五〇〇万元投資し、基金会が四五〇万元投資した。八〇以上の企業を建設し、農民平均収入が一九八九年の一、九五〇元から現在の六、〇〇〇元に急上昇した。農民の就業形式に変化が起こり、農業生産が副業となり、企業での生産が正式な職業となった。住民生活方式が改善され、基礎生活施設が農村的雰囲気から脱出し、人々は、工業区、居住区、文教区、遊び地など準都市化企画の範囲内で生活している。現在の南張楼村は、ドイツ専門家にとっての理想の中国新農村の手本ではないが、中国農村の大勢の農民が都市に入り臨時雇に従事するという常態と著しく区別された。このことは、ある意味では「新農村建設」という命題が問われる一つの独特の実践であり、その意義は重大である。

「村と企業の一体化」モデル

あるいは、集団化模式と言う。たとえば、南山集団模式、西霞口村模式など。山東省は、一九八〇年代中期から、農村の郷鎮企業が急速に発展した。東部の発展地域では、ある郷鎮企業が大規模な企業集団にまで発展した。たとえば、南山集団、得利斯集団など。これらの集団の多くは、村の集団経営から変化してきたのであり、企業のリーダーは、同時に村の党政組織責任者を兼ねている。これらの村において、農業はすでに主導的産業ではなくなったので、村民の多くは企業従業員となり、農民の身分が変化した。社区行政管理上は、まだ「村」という名前が存在しているが、しかし実際は、すでに村と企業の一体化を実現した。諸城市昌城鎮得利斯村では、緑化帯が年中緑で、いたるところに公園があり、企業工業が広く、明るく、住民区内は二階建てのビルが並び、村民は「工場区で働き、市街地で活動し、小区で生活し」、村の千名あまりの労働能力のある村民は、得利斯集団の率先のもとで、従業員になり、一人あたりの平均年収が一万元以上になった。二〇〇五年、村と企業合一し社会総生産価格三一・八億元を実現した。

これらの地域は事実上、農村の工業化と都市化を実現した。これは、「新農村建設」のもっとも成熟した形態であり、省内ではすでに一〇ないし一〇〇ほどの典型が現れた。

西霞口村は、海に面し山に依り、実に「海に出て網を張れば、戻る際船が魚でいっぱい」となる。一九八〇年代中期までは、村民の生活は衣食を満たすことで手一杯だった。当時、西霞口村は、農業隊と漁業隊にわかれ、漁業隊は事業を拡大するにも土地がなく、農業隊は農閑期でも出漁できず、資源共有ができない、と発展を大きく制約されていた。一九八七年、西霞口村は二つの隊を一つにし、省内で初めての村レベルの漁業会社を設立し、「漁」、「農」二つの業種を合併させた。こうした構造の変化により、西霞口村は急速な発展の道を歩み始めた。この基礎のうえで、海産物の養殖、港運営、国際海運、船舶修造、観光という五つの柱となる産業を形成し、全国で初の村経営の「野生動物自然保護区」を建設し、国際化、多元化の発展の道を開拓した。現在の西霞口村は、住宅の「別荘」化、マンション化、電気化、を実現し、五〇パーセントの村民が「別荘楼」に居住し、二〇〇八年には総収入二五・三億元、純収入二・九三億元、一人あたり平均純収入二二・五万元を実現した。平均一人あたり住宅面積が六五平方メートルになり、水道、電気、有線テレビ、電話、ブロードバンドを設置した。水、電気、受信、医療の無料供給制度を実現し、福利スーパーを建設し、村民に食品保障を無料提供した。その他、定年、養老と社会救助などの社会保障体系をつくりあげ、全村では調和、裕福、平穏、愉快な雰囲気が現れた。

「産業化率先」モデル

農業龍頭企業の「新農村建設」への参与は、「都市支持農村、工業反哺農業」という実践の具体行動であり、企業自身の発展、発展機会を急ぐ賢明な措置である。山東省は、この点に関する探求をいち早く始め、効果よく、すでに全国の手本とする典型になっている。たとえば、一九九〇年代初め、濰坊市は、世界の多くの農業発展国の進んだ経験を手本とし、現地の実際状況と結合させ、「会社＋農家」という農業産業化の新構想を提示し、龍頭企業の率先により、一家一戸の分散経営を組織し、生産プラス販売、貿易と工業と農業が一体である新型発展模式を形成した。農業産業化を根本からいえば、過去において農業をたんに第一次産業とする区分を変える。そして、農業を生産、加工、販売という三つの産業が並行する発展構造として形成する。現在、濰坊市は、龍頭企業の建設、栽培養殖の大規模農家の建設および一定区域における土地専業化分布、標準化生産などのいくつかの建設方式を通じて、野菜、果物、肉用鶏などを含む一六ヶ所の主導産業の栽培養殖業基地を形成した。たとえば、寿光野菜卸市場を中心とした面積八〇万ムー以上の野菜栽培区において、農産品経営、運送販売に一年中取り組んでいる剰余労働力は、一〇万人以上に達し、製品が二四の省、市、区の一九〇ヶ所の大、中都市へ販売され、全国で一番大きな野菜交易センター、情報交流センターと価格形成センターになった。その他にも、昌楽尭溝スイカ卸市場を中心とした二〇万ムー以上のスイカ栽培区がある。養殖業の面では、昌楽楽港会社は、製品の品質に影響する「瓶頸」問題を解決するために、高基準原料基地の建設に力をいれ、合計で三億元投資し、四〇ヶ所の標準化商品鴨工場を建設し、年間三、〇〇〇万羽肉用鴨の生産力を形成した。これらのことは、労働力をその土地で移転することと農民収入の増加を促進し、産業の発展によって「新農村建設」を支援した。

「公共サービスの延長」モデル

公共サービスが農村へ伸びるという要求にしたがって、山東省の多くの都市は、農村社区化サービスと建設について積極的に探索し、著しい効果を得た。「二キロメートルサービス圏」をつくりあげることによって、農村公共サービス効果を高め、広い範囲で生産要素の配置をよくし、農村社会の調和を促した。農村社区化サービスと建設が展開されて一年以上経ち、都市と農村の基本公共サービスの均等化を促進し、都市と農村の経済社会一体化発展の新しい構造を初歩的に形成し、現代農業の発展を推進し、政府管理型からサービス型への転換を実現した。政府の公共サービス資源がうまく配置され、共産党の政権基礎と農村末端政権を固め、郷村文明レベルを上昇させ、社区内における他の村落が社区中心村へ融合集結するように推進した。

株式合作モデル

農民企業家梁希森は、其楽陵希森三和会社を牽引し、二〇〇一年から梁錐村を改造し、村民が新住居に居住することができた。それと同時に、村民が古い屋敷の土地と廃棄地を利用して会社の株主になり、農民から株主になり、耕作から管理することになり、分散農民から産業従業員へ変身することができた。

この他にもいくつかのモデルがある。たとえば、合併連合モデル。すなわち、海洋食品を主に経営業務とする山東省栄成好当家会社は、唐家村、張家村などの八つの行政村落を相次いで合併し、新村プロジェクトを実施し、すべての村民を古い住宅から引越しさせ、会社が新しく建てた標準化住宅小区に居住させた。合作投資モデル。すなわち、主に鳥類製品を経営している滕州魯南牧工商会社は、もともとの「会社＋農家」という基礎のうえに、「会社＋養殖会社」というモデルを探索し、つくりあげた。総合サービス率先モデル。すなわち、青島六和集団会社は、訓練の優勢と働きを十分発揮し、毎年一、〇〇〇万元以上を投資して定期的あるいは不定期にユーザー訓練クラスと養殖座談会を開き、その土地で人材を育成し、生産を発展させた。

第三節　「新農村建設」の基本経験

科学的企画の積極的推進

各地は、科学的企画を「新農村建設」のもっとも重要な事業とし、「新農村建設」に良好な基礎を築きあげた。たとえば、無棣県の企画を制定した村落は九〇・七パーセントに達した。膠州市八〇〇以上の村落のうち、二〇〇村以上の村落はすでに村落企画を完成させた。寧陽県は現代化モデル村の全体的企画を完成させた。村落の企画において、実際の状況により、政府、農民および専門家の役割を十分に発揮した。たとえば、膠州市は、中心村を建設し、特色のある村を育成し、弱小村を合併させ、歴史文化のある村を保護するという原則にしたがって、政府と農民が連動し、資格のある企画設計機構に委託し、村落建設の企画編成を実施した。寧陽県は、泰安企画設計院に委託し、「人と自然の調和発展、環境保護と実用の結合」という原則にしたがって、現代化モデル村の全体的企画を完成させた。それと同時に、上海同済大学などの名高い学校と設計機構を招き、各郷鎮が村落建設企画の編成と調整を指導させた。蒙陰県は、「新農村建設」の企画を制定する際、各方面の意見を聞き入れ、特に農民の願望を尊重し、関係部門が多種の科学的合理的、快適美観な建設図面を設計し、農民に無料で提供した。滕州市は「小村と大村が合併し、中心村を建設する」という構想を提示し、国内で名高い設計院を招き、中心村建設企画を編成した。現在、規模が小さく、位置が近い、分布がばらばらな五〇村の村落に対して、「小をもって大と合併し、多くの村が一つになる」を実施し、一一村の中心村として合併した。

「新農村建設」の開始

各地は、農民と農村の経済社会発展の需要から出発し、「新農村建設」の切り口を積極的に探し、これをもって突破点とし、次第に推進した。たとえば、陵県は、農村工業化を推進することを主題とし、相次いで二・四億元を投入し、工業経済を発展させた。そして四億元を相次いで投資して農村基礎施設を整備し、すべての村にアスファルトの道路が作られ、水、有線テレビ、水道が通るといった工事を実施し、農民の生活生産条件が大幅に改善された。滕州市は、新農民を育成し、新文化を建設し、新気風を樹立し、新環境を営造することを重点とし、「新農村建設」を進め、文化、科学技術、法律の「三下郷」を組織し、農民訓練を組織し、文化市場を運営し、科学技術に注目し、文化大院を建設し、文化活動を進めることによって、農民素質の上昇に力をこめ、農民の精神面を改善した。その他、蒙陰県は、農村基礎施設の建設に力をいれ、嘉祥県は「一池三改」、すなわち、バイオマス、水、トイレ、キッチンの改造を突破口とし、「新農村建設」を次第に展開させた。

政府の主導と農民主体との結合

「新農村建設」は、一つの長期的戦略任務であり、大量な人力、物力、財力、特に資金の投入を必要とするため、政府の主導的な働きから離れては展開、完成しがたい。世界中でも、政府の働きを抜きにして農村現代化を実現した国家はまだ現れていない。同時に、「新農村建設」は農民と密接に関連しており、農民は重要な建設対象であるとともに、重要な建設主体でもあり、農民の積極的な参与なしには、「新農村建設」が展開、推進することは不可能である。それゆえ、農民の積極性を充分に動員し、農民の主体機能を発揮させなければならない。このことに対して、各地政府部門の認識は深い。企画制定、動員組織、投入の増加などの面では政府の主導的機能を充分に発揮させ、政府の主導と農民の主体を結合させた。たとえば、蒙陰県は、「新農村建設」において、政府資金と実物支援、農民が労力を投入するという方式を採用し、土の山、柴の山、石の山、糞の山、ごみの山の「五つの山」を徹底的に整理し、さらに水、キッチン、トイレ、家畜小屋、庭の改造の「五改」活動を展開した。その他、一部の地域では村自身が五〇パーセントの資金を準備し、財政から五〇パーセントを支給するという方法で、村の基礎施設の建設を行った。

生活環境の建設と経済社会の発展

各地の「新農村建設」は、一方で農村の景観を改造し、農村の生活環境を改善した。他方で農村経済と各種社会事業の発展を重要視した。たとえば、寧陽県における「新農村建設」の主要措置は次のとおりである。一、全力で生産を発展させ、集団経済を強化させた。二、資金投入を増加させ、農村の景観を改善させた。三、民主的管理を強化し、農民の素質を高め、農村合作医療に力をこめ、発展させた。曲阜県における「新農村建設」の主な措置は以下のとおりである。一、新農村の景観を建設する。文明村鎮の創建と進級プロジェクトを実施し、二〇〇五年末時点で、農村の電気ネットワークの改造を全面的に完成させ、郷村道路三二一キロメートルを舗装し、すべての村にアスファルトの道路、バス交通を実現し、七〇パーセントの村が有線テレビを受信でき、一七万人が水道水を飲むことができた。二、文化素養があり、技術をもち、素質が高い新型農民を積極的に育成した。農民の実際の要求にしたがって、新型農民の科学技術育成プロジェクトを実施し、さまざまな形で労働力を育成した。さらに、労働力市場、郷鎮、職業訓練機構と在村情報員によって組織された農村労働力移転情報ネットワークを建設し、一〇〇名の技術員を組織し、一〇〇村に対して保障を行い、二、〇〇〇戸の重点農家に対して重点訓練を行った。三、新興産業の発展に力をいれた。「山地には林野と果樹園、平原には野菜、郊外には花卉苗木地帯」という方針にしたがって農業構造を調整し、林野と果樹、野菜、牧畜、花卉苗木などの新興支柱産業を育成し、農村経済発展と農民収入の増加を促進した。

地域の分類に応じた「新農村建設」

各地は、実際の状況に立脚し、一律になることを避け、その土地、その時期にあわせ、「新農村建設」の有効なモデルを積極的に探求した。たとえば、膠州市は二〇〇四年から、市内八一一村を、都市の中の村、三辺村と辺鄙な村という三種類にわけ、種類ごとに典型を樹立させ、モデルをまとめ、かつ広めた。莱西市は、一〇種類の村レベルのモデルを重点的に育成した。すなわち、一、村と企業の合一型。農業に干渉している企業の経済実力を借りて、一部村落の土地、人力などの資源を整合させ、村と企業の連動、優勢相補、共同発展を実現させた。二、市場牽引型。一部の村落は、農産物卸売市場に依拠し、市場を取り囲み、農産物貯蔵、加工企業を導入し、企業をもって村を牽引すること、以上をもって村を振興させることを実現した。三、資金導入型。一部の村落は、商業を招き、資金を導入することによって、集団経済を強化させ、経済社会事業の全面的な発展を実現した。四、効率農業型。一部の村落は、栽培業の産業化経営の道を積極的に探求し、効率のよい農業発展に力をいれ、土地をもって財を生み、土地をもって民が富むということを実現させた。五、旧村改造型。一部の郊外村落は、都市部に近いというメリットを生かし、不動産開発、市場建設などを通じて、旧村に対して改造し、村の景観改善を促進させ、村民の居住条件を改善させ、しかも市場が農業外の産業特に民営経済を率先するということを通じて、農民の収入を増加させた。六、専門加工型。一部の村落は、専門化生産を基礎とし、農産物加工連合体、専門村を発展させ、加工業をもって経済社会発展と農民増収を促進させた。七、合作経済組織牽引型。一部の村落は、農村合作経済組織などを発展させることによって、農民の組織化程度を高め、農民の利益を擁護、増加させ、農民収入を増加させた。八、資源開発型。一部の村落は、資源のメリットを生かし、資源を合理的に開発することによって、村を強化させ民を富ませた。九、庫区開発型。一部の庫区村落は、「一庫一規、一村一策」という要求にしたがって、庫区資源を開発し、庫区経済を発展させ、庫区農民の生活生産条件を改善し、庫区村落の条件の格差と経済社会発展の遅れという局面を解決した。十、観光牽引型。一部庫区、湖区村落は、現地の観光資源を開発することによって、庫区の経済発展、特に飲食業などの第三次産業を発展させ、経済社会事業の全面的発展を向上させた。

第四節 「新農村建設」の問題点

農業現代化の低迷

農業現代化の水準はまだ低い。その一、農業基礎がまだ堅固ではない。全省において、灌漑が有効である耕地面積はまだ六〇パーセントしか占めていない。土地の産出能力がまだ低い。たとえば、小麦の場合、生産高が一ムー当たり三二五キログラム以下の畑は四、一二〇万ムーであり、総耕地面積の四三パーセントを占める。そのうち、一ムー当たり二〇〇キログラム以下の収穫量の低い畑は二、一〇〇万ムーもある。農業生産条件を改善し、農業総合生産力を高める任務はきわめて困難である。その二、農業科学技術の基礎不足。山東省は農業科学技術の進歩への貢献率が五二パーセントに達したが、しかし先進国の七〇~八〇パーセントという水準に比べると、格差が依然として大きい。科学技術の基礎が乏しいため、全省における小麦、トウモロコシの生産高は、一ムー当たり三三五~三五〇キログラムしかない。菏澤市の調査によると、農民の耕作は基本的に伝統的な栽培モデルに頼り、他人がそうであれば、自分もそうであるという農家は六八・四パーセントを占め、家庭養殖業は、主に先輩が後輩を率い、自ら仕事しながら学ぶことに頼り、県、郷鎮の農業技術員による技術提供は二二・一パーセントしか占めていない。その三、農業の現代的な装備水準が低い。各種トラクターおよびそのアタッチメント、刈取機具、脱穀機、農業用運輸車両などの所有量は、その他の発展地域に比べると一定の格差がある。その四、農業の産業化、組織化の水準が一部地域ではまだ高くない。一部地域、特にわが省西部の一部遅れている地域においては、農業の産業化水準がまだ低く、ひいてはまだ歩き出すことすらできていない。農民は基本的に、各自生産経営と生産資料の購入および製品販売を行っている。たとえば、菏澤市一部地域での調査において、「種子の購入」、「農業資料の購入」と「農業の副産物販売」の方式について質問した際、「龍頭企業」を選んだ農家は一九・一パーセントを占め、「農業合作社」を選んだ農家は二八・七パーセントを占め、「個人」を選んだ農家は五三・九パーセントを占めた。このことは、農家の一家一戸を単位とする伝統的生産経営モデルは依然として主要地位を占めているということを示している。その五、農民の素質を高めなければならない。二〇〇五年末、山東省における農村労働力の中で、中卒と中卒以下の学歴レベルの農民が一五パーセントを占める。特に、近年能力と素質の高い農民が絶えず外へ移転し、農業に従事する労働力は、主に女性と就業技能を持たない農民になった。もう一つは、農民における農業外産業の発展が不足している。農村経済の中で、農村の第二次、第三次産業の比重はまだ低く、農村労働力の就業比重が低い。

農民収入と生活水準の向上

山東省の農民収入と消費水準は、全国平均水準より高いといえるが、しかしその他の発展地域に比べると依然と低く、特に都市住民に比べるとさらに低くなる。たとえば、二〇〇六年、山東省の都市と農村の住民収入と消費水準の比率はそれぞれ二・七九対一と二・七〇対一であり、格差は著しい。山東省における都市と農村の消費内容から見ると、二〇〇六年、都市住民の消費支出において、食品は二、七一二元であり、消費支出の三二パーセントを占める。しかし医療保健、交通通信、娯楽、教育および文化サービス、その他の消費支出は五、七五六元であり、消費支出の六八パーセントを占める。しかし医療保健、交通通信、娯楽、教育および文化サービス、その他の消費支出が一、九五三元であり、消費支出の六二・一パーセントを占める。農民が、発展のために使用する消費支出は、絶対量においても相対量においても、都市住民より著しく低い。

農村の社会事業の発展

まず第一に、農村の教育事業を強化しなければならない。一、農村教育への投入が著しく不足している。二〇〇四年、全省の一七市のなか、財政支出における農村教育経費予算の比率が下がった市が一一市あり、六四・七パーセントを占める。とりわけ一部の発展していない地域における農村教育への投入不足の問題がさらに顕著になった。二、一部地域の農村学生の中途退学現象が依然として深刻である。たとえば、臨邑県のある村では、一三～一五歳少年の中途退学率が六〇パーセントを占めている。またたとえば、菏澤市では、入学適齢児童の入学率は、約九五パーセントに達し、小学校卒業率が基本的に九〇パーセントを維持できたが、しかし中卒まで通えるのが七一・一パーセントまで下がった。中途退学の原因として、五九・三パーセントは学費を支払えないことが原因であり、四〇・二パーセントは子供が勉強することに興味ないからである。三、教師の素質と待遇が高められなければならない。多くの農村地域においては、教師の年齢が比較的高く、学歴が低く、教師の構成が不合理的であり、「過剰編成と職場不足」などの現象が現れた。とりわけ多くの教師は民営教師から「正式に」なった教師であり、多くの学歴は高卒あるいは中卒である。菏澤市に対する調査によると、農村小学校教育において数学の質がよくないという意見をもつ人は六一・四パーセントを占め、教学条件がよくないという意見をもつ人は五七・〇パーセントを占め、教育水準が低いという意見をもつ人は三七・九パーセントを占める。四、都市と農村の間、農村地域の間に存在する教育格差が大きい。都市と農村における教育は、投入、現代化水準、教師の学歴、年齢、構成、教学質などの多くの面で、大きな格差がある。都市において、学生一人当たりに対する財政投入は何千元であり、しかし農村における学生一人当たりに対する財政投入は何百元である。地域における経済社会発展の格差により、東西農村地域の教育格差はかなり大きい。たとえば、二〇〇六年、青島市の農村小学校、中学校の予算内学生に対する平均経費がそれぞれ二五〇・一五元と三一八・三二元だったが、臨沂市においてはそれぞれ三〇元と四〇元だった。五、職業教育体制が整備されなければならない。全体からみると、現在農村職業教育は統一的な企画が欠けており、管理体制がまだ整っておらず、部門職能の交差、職業責任境界のあいまいさ、各自執行、管理の乱れなどの現象が依然として存在している。省、市、県、郷における科学技術訓練資源は、関連する部門と整合する必要があり、訓練資源の浪費、不合理な利用などの現象がまだ存在しており、それと同時に訓練投入がやはり不足している。

第二に、農村衛生事業はまだ薄弱である。一、農村衛生事業への投入がやはり不足している。現在、山東省における農村が所有している衛生資源は二〇パーセントにすぎない。投入不足により、農村衛生の基礎施設が比較的薄弱であり、医療設備が老朽化し、全省の郷鎮衛生院の業務用建物の一五パーセント以上が危険家屋であり、二二種類の主要医療設備のうち、更新を必要とするのが六〇パーセント近くである。一部遅れている地域では、医師と薬の不足はいまだに存在しており、衛生事業従事者の仕事条件および待遇がかなり低く、多くの管理および技術従事者が訓練と質の上昇を得られない。二、農村における医療衛生保障体系が依然として整備されていない。現在、県、郷、村三つのレベルの医療サービスネットワークがまだ整備されておらず、衛生資源の分布が不合理的で、衛生保障資源の整合力が不足しており、一体化の管理水準が高められなければならず、疾患予防、医療、社会救助などの間の有効関連が欠けている。三、新型農村合作医療制度が整備されなければならない。統一する対象をはっきりさせること、資金の統一水準と補償水準が一層高められること、各レベルの財政の資金統一の比率をさらに明らかにすること、統一する内容と精算方式が合理的であること、市場化運営程度の低さなどが主に現れている。これらの問題が存在するため、新型合作医療に対する農民の不信、不承認を招いた。たとえば、菏澤市に対する調査において、八三・七パーセントの農民が新型農村合作医療に参加したが、しかし農村医療保健条件に対して、不満をもつ人が三八・九パーセントを占め、四六・四パーセントの人は医療水準があまりにも低いと考え、六三・七パーセントの人は病院の医療費用が高いと思い、また二五・二パーセントの人は、病院のサービス態度が悪いと考えている。このような不満と懸念が存在するため、六三・二パーセントの人は病気になっても自分で薬を買うことにしている。

第三に、農村文化事業が繁栄しなければならない。一、農村文化事業への投入が著しく不足している。一部の地域、特に一部の発展していない地域では、文化事業への投入が著しく不足しており、文化経費投入と基礎施設の建設が標準に達せず、文化娯楽設備と資料が乏しく、文化活動もままならない状態である。一部地域では多くの村で、文化活動の場がなく、いかなる文化活動も行われておらず、一部地域での農村文化に、拠点が固まらない、隊列が安定せず、活動が展開されないという状態が現れ、さらに一部地域の文化事業従事者の給料も保障されていない。二、農村文化事業の人材が不足している。一部地域においては、正式な文化事業従事者の人数が不足し、素質が低く、老齢化し、更新ができず、訓練と向上が及ばない。それと同時に、農村の余暇文化事業の従事者の選出と育成が不足しており、末端文芸の柱、リーダーが不足しており、農村文化人材不足が深刻になり、文化活動が展開できない。三、文化産業化の全体レベルが低い。多くの地域では、少しだけあるいは一回きりの文化活動を開催し、文化資源の掘り起こしとの整合、文化産業の発展、産業関連などに対する重視が欠けており、そして資金投入も不足し、支援力が弱く、文化資源の優勢を産業優勢、経済優勢として転換できず、文化産業のレベルの低さを生み出した。以上の原因により、農民の余暇文化活動の乏しさを生み出した。たとえば、菏澤市に対する調査では、各種文化活動のうち、一番にテレビ鑑賞を選択する人は八〇・六パーセントを占め、テレビ鑑賞が村人にとって、国家政策と世界事情を知りうる重要な手段となっている。組織的な文化活動のうち、一八・一パーセントの人が劇団の上演を鑑賞し、わずか二・九パーセントの人しか図書館、閲覧室に行かず、二・四パーセントの人しか各種文化活動、スポーツ競技に参加、組織せず、「いかなる組織活動にも参加しない」を選んだ人は五〇・四パーセントに達した。

最後に、農村社会保障体系が整備されなければならない。一、農村社会保障制度が整備されなければならない。一方で、最低生活保障資金の集金ルート、納付金の方式、資金保全と価値上昇の管理、支給方法などの面では、一層の探求と整備が必要であり、保障対象の動態識別と管理、とりわけ農民収入の境界線設定と確認作業の仕組みおよび申請、審査許可プロセスは一層整備される必要がある。もう一方では、農村の家庭養老、社会養老保険などの方式はさらに関連部門と整合する必要があり、社会養老保険の参入補助制度、収入に応じた納付金の体制、待遇調整体制、および養老基金の増加、維持ルールと方式および管理方法などが一層探求と整備を必要としている。二、農村社会保障への資金投入が依然として不足している。全国範囲において、現在中西部の発展遅滞地域では、農村最低生活保障の基準が一般的に六〇〇～八〇〇元であり、東部の発展地域では、一般的に一、〇〇〇～二、〇〇〇元である。たとえば、浙江省は一、八〇〇元で、福建省は一、二〇〇元である。山東省は八〇〇元まで引き上げたが、保障水準が著しく低い。保障水準の著しい低さと資金収集ルートが比較的単純であることが、財政資金の投入不足と関係している。

三、農村社会保障制度の運営監督管理が強化されなければならない。農村社会保障制度の監督管理はまだ完全な、統治的な規範性のある管理方法に乏しく、まだ依拠する法律がないという現象が存在している。管理職能が分散しており、指示が統一されていないという現象が依然として存在している。

農村基礎施設の脆弱性

現在、全省にはまだ六・五パーセントの行政村に自動車道路が通っておらず、二パーセントの行政村にバスが通っておらず、まだ三〇パーセントの農村人口が水道水を使えず、衛生的で安全な引水問題が実現されておらず、多くの農村ではまだバイオマスを使うことができず、多くの村ではまだケーブルテレビが通っていない。一部地域の農村では電気料金がまだ高いという問題が存在し、同じネットワーク、同じ値段がまだ実現されていない。農村基礎施設への資金投入が著しく不足しており、相当部分の水利施設がまだ欠乏状態あるいは麻痺状態にあり、中・低産の耕地がまだ大きな比例を占めている。特に、菏澤、徳州、聊城などの経済発展が遅れている地域では、農村基礎施設の建設がさらに遅れており、多くの村落には自動車道路、水道水が通っておらず、バイオマスを使っている村がごくわずかであり、村落の建設が乱雑であり、汚れ、乱れ、格差問題が著しく、土の山、柴の山、石の山、糞の山、ごみの山などがいたるところにあり、水、キッチン、トイレ、家畜小屋、病院の改善事業がまだ始まったばかりであり、農民の生活環境条件は比較的厳しい。たとえば、菏澤市に対する調査では、「農村の住居環境には、主にどのような問題がありますか」という質問に対して、未整備な状態だと答えた人が一番多く、五八・〇パーセントを占めている。その次には、四八・九パーセントの人は道路条件がひどいと答え、四七・二パーセントの人はごみの投げ捨てが問題だと答え、三九・一パーセントの人は家畜の放し飼いが問題だと答え、三八・八パーセントの人は汚水排出が問題だと答え、三五・一パーセントの人は家屋の建設が企画されていないと答え、二四・四パーセントの人は引水衛生問題が顕著であると答えた。これらの答えは、農村の住居環境において、急速な改善を必要としているところが多いということを表している。また、多くの発展が遅れている地域では、農作地の水利設備が麻痺状態にあり、大面積の農作地灌漑、排水が困難であり、中低産地が相当大きな比例を占め、河川の堆積、滞留問題が普遍的である。

農村における社会気風

第一に、一部地域では、農民の価値観念、道徳水準が滑り落ちている。一部の農民、特に一部の青年農民は、市場経済条件のもとで、理想信念が薄れ、学習を怠り、世界観、人生観と価値観の改造に欠け、すべてにおいて現金だけを重んじ、人生信念が「人が自分のためでなければ、天地も許さない」となり、前に進むことを求めず、国家、集団、他人に関心も持たず、敬老を怠り、自分にだけ関心がある。一部の農民は収入が上がり、生活水準が上昇したが、道徳水準が下がってしまい、是非、善悪、栄辱の観念と基準がなくなった。

第二に、生活の陋習が一部地域ではまだ存在している。一部地域では古い生活陋習がまだ存在し、たとえば、言葉遣いが荒い、不衛生、服装の乱れ、いたるところにつばを吐き、大小便をし、毎日マージャン、賭博をするなどである。菏澤市に対する調査によると、時間があるとき四一・三パーセントの人は、賭博で時間を消耗すると答え、三六・九パーセントの人は見栄えを張ることと豪勢に振舞うことを好むと答えた。

第三に、社会紛争と矛盾が非常に普遍的である。農村において、家庭が円満ではなく、土地、家屋建設、婚姻などの矛盾と問題、ないし些細な事でも、家庭のもつれ、近隣の紛糾ないし殴り合い、命を落とすなどが多く見られる。本来は些細なことは、一歩譲れば問題が解決されるけれども、しかしいつもお互い相譲らず、結果的に些細な紛糾が大きな紛糾になり、些細な矛盾が大きな矛盾になり、民事紛糾が刑事事件になってしまう。たとえば、菏澤市の調査では、三一・八パーセントの人は、現在農村において年寄りへの不孝の気風が濃く、「養児防老」が父母の一方的な行為になっていると考えている。

第四に、封建的な迷信が一部地域において再び流行し始めている。近年、一部農村では、封建的な迷信が再び流行し始め、迷信的な活動を通して金稼ぎをしている人々が現れた。一部の農民は、科学を信じず、これらの封建的な迷信だけを信用し、大量の金銭をこれらの迷信的な活動のために費やし、特に一部の裕福ではない家庭の農民にとっては、大きな出費となり、家庭生活がさらに苦しくなった。たとえば、菏澤市への調査では、四八・二パーセントの人は、さまざまな形で封建的な迷信活動をしている。

第五に、社会治安状況が心配である。一部地域の社会治安状況は確かに憂える状態になり、殴り合い、盗難問題が深刻であり、昼間でも強盗事件が起こるような状態になっている。

農村末端組織の建設強化

第一に、一部地域の党支部、村委員会の選挙が規範を満たしていない。一部地域の党支部、村民委員会の選挙において、組織工程を完全に執行せず、しばしば組織推薦を強化し、民衆推薦を薄め、一部地域では郷鎮の党委政府から候補者を指定するといったことすら現れた。選挙中、さまざまな方式によって、賄賂、票集めなどの問題が目立った。それと同時に、一部の党員、民衆は自分の一票の重さを知らず、ひいては酒一本、タバコ一箱で自分の一票を売り飛ばす事態すら現れた。また、一部地域では宗族勢力、暴力団勢力などがさまざまな形で選挙を妨害した。たとえば、菏澤市の調査からわかるように、八一・四パーセントの農民は村幹部の選挙に参加したが、一八・六パーセントの人は参加していない。選挙投票過程において、満足している人は五三・七パーセントであり、二七・七パーセントが不満であり、宗族勢力が操作していると考えている。当選された幹部に対して、二五・九パーセントの人は不満であり、一〇・六パーセントの人は無関心である。

第二に、一部地域の党支部、村委員会委員の素質が低い。一部党員幹部は理想信念が薄れ、政治情熱が下がり、理想信念は空虚であり、金持ちになることだけが真理であると考えている。一部の幹部は、個人的利益に左右され、自分だけを考え、国家、集団を考慮せず、少しの不満と自己利益が満たされなければ、責任を怠る。また、一部の幹部は、理論と政策の学習に欠け、党の農村での政策への理解が浅く、宣伝が甘く、あるいはいかなる宣伝もしない。一部の幹部は、仕事のやり方が不当で、形勢に応えられず、行政手段によって推進することができなくなり、教育してもいうことを聞かなくなり、典型による指導でも効かなくなると、対応できなくなる。いわゆる「古い方法が効かなくなり、硬い方法が使えず、新しい方法は知らない」という現象が起こる。一部の農民は、村の党支部、村委員会に対して不満がある。たとえば、菏澤市での調査によると、四〇・九パーセントの農民は、鎮村の「両委」が農村に対するサービスが過小だと考え、二一・〇パーセントの人は農村党支部の建設を強化する必要があると考えている。そして、三五・五パーセントの人は、村「両委」の富む道へ導く能力が弱いと指摘している。二二・一パーセントの人は、村党支部が農民を組織していないと答え、三〇・八パーセントの人は、「新農村建設」においてもっとも困難なことがリーダーの欠如だと答えた。

第三に、一部地域では、「両委」職責の不明確という問題が存在している。ある党支部は、村委員会は党支部の指導の下で、支部がなにか言えばそれにしたがい、一切は党支部の言いなりだと認識している。一部の村委員会は、「自治」とは「自主」であり、党支部の指導を拒み、党支部と村委員会がそれぞれ自分のことを行い、互い関与せず、党支部と村委員会の「二枚皮」という現象が現れた。さらに「両委」が権力争いで常に紛糾を起こし、日常の仕事に深刻な影響をおよぼした。

第四に、一部地域では各種民主管理制度が整備されておらず、不健全である。党組織自身の建設に関する関連制度および民主集中制度が整備されておらず、着実ではなく、方策の民主的決定、民主管理、民主監督および村民議事、村務公開などの村民自治制度が着実ではなく、形式主義、上の者の目をくらまし、下の者をだますことさえ発生している。たとえば、菏澤市での調査によると、村のなかでの公共事務の決定に対して、四二・三パーセントの人は村民が集団で討論し決定したと答え、三五・八パーセントの人は幹部が自分で決定したと答え、二一・四パーセントの人はわからないと答えた。村務公開問題に対して、六三・六パーセントの人は公開が時機にかなっていると答え、二二・五パーセントの人は、ただちに公開していないと答え、一三・九パーセントの農民は、村務公開問題を理解しようとしたことがないと答えた。

第五に、一部地域では、党員隊列建設の強化が必要である。発展党員に対して、真剣に組織工程を執行せず、検査を怠り、ないし任務を完成するため、形式的になり、その場をつくろうといった状況すらある。党員に対する教育訓練を重視せず、各種の教育訓練活動および民主生活会をあまり開催せず、一部地域では党員が正式になった後、党費も支払わず、請求しない。党員への管理が比較的散漫であり、有効な、科学的管理構造が欠けている。

第五節 「新農村建設」の調整政策

統一的な企画

第一に、「新農村建設」の企画を制定する。「一五」発展企画にしたがい、「新農村建設」の全体的企画を制定し、目標任務、戦略重点、区域分布と政策措置を明確にする。各関連部門は、全体企画にしたがい、村鎮体系建設企画、交通企画、水の供給企画、電気ネットワークの分布企画、医療衛生企画、教育発展企画、文化建設企画などを含む特定テーマでの企画を制定する。

第二に、村鎮企画をうまく実施する。一、それぞれ特色のある小城鎮を発展させる。企画立案と基礎施設を優先することを堅持し、城鎮開発と産業の調整を同時に促進させる。産業基地、高速道路と重大な基礎施設に依拠し、経済発展、規模適度、環境優美、輻射力のある中心鎮の発展に重点を置き、分担順序を明確にし、優勢をもって互助し、分布合理的で、調和的に発展する城鎮構造を初歩的につくりあげる。郊外資源の優勢に依拠し、現代農業、生態観光などの特色のある小城鎮を建設し、城鎮化によって「新農村建設」を促進させる。二、企画建設部門が責任をもち、各地の発展水準、環境条件と風俗習慣によって、土地利用を集約し、公共施設利用効率を高める原則にしたがって、郷村建設企画を強化し、村落分布を洗練する。城鎮と郷村の発展を統一的に考慮し、企画に一致し、長期的に保つ中心村に重点を置き、旧村改造と新村建設の試験点を推進し、村の景観がきちんとし、サービス施設が整備されている新村と農村新型社区の形成を促進する。郷村の企画設計をよくし、農民に新エネルギー源、新材料、新技術と住宅設計サービスを提供する。

第三に、調整政策を制定する。小城鎮に移住するよう農民の関心を集める土地、補助政策である。

財政資金の投入増加

社会主義「新農村建設」の資金投入の安定増加を保証し、調和のとれた統一的財政支援体制をつくりあげ、国民の収入分配と資源配置を農村へ傾かせ、農業、農民、農村を搾取していた伝統的政策から、農業、農民、農村を守る新型政策へ転換する。

第一に、財政支援農村資金の安定増加を保証する新体制をつくりあげる。社会主義「新農村建設」の各種目の任務をめぐって、公共財政を拡大させて農村範域を覆わせ、適切な調整と増量重点傾斜という原則にしたがって、財政支援農業資金の増加を保証する健全な体制をつくりあげる。一、財政支援農業投入における「三つの……より高い」要求を実現する。すなわち、毎年の財政支援農業資金の増加が昨年度より高いことを確保し、農村建設に使用する国債と予算内資金の比重が昨年度より高いことを確保し、農業資金投入に対する国家財政の法定増加を確保し、かつ予算執行を着実に強化する。二、各レベルの財政は、「農業法」の要求に厳格にしたがい、「三農」への資金投入を増加し、中央と省レベルの財政が農業に対する資金投入を増加させると同時に、省以下の財政体制を整備した基礎のうえで、市、県財政も財政支援農業の資金投入を徐々に増加させる。三、関連部門と調整して、教育、衛生、文化支出を主に農村に使用するという新しく増加した政策および土地譲渡金の一部を農業土地開発に使用するなどの各種投入政策を真剣に実行する。

第二に、財政支援農業資金が導く機能を発揮させ、「新農村建設」の資金源を拡大させる。社会資本が社会主義「新農村建設」に積極的に参加することを誘導するために、財政支援農業資金の主導機能を発揮させ、「新農村建設」

の資金源のルートを拡大させる。政府は、財政補助、利子補給、税収とローンの優遇などの方式を採用して各種経済成分を誘導し、農業に投資させ、各種商工業資本が社会主義「新農村建設」に進入することを奨励する。そして国家財政資金の安定増加を保証する体制を主とする、農業信託資金の保障体制、農民増加投入の推進体制、資本市場が直接融資した運営の体制、商工業資本投入の誘導の体制、境外資金が農業に進入する仲介の体制を含む効果の長い投資の体制を形成する。

典型模範の提示

「新農村建設」は、一つの巨大な系統的工程である。中央が提出した「計画的で、段取りがよく、重点がある」という要求にしたがって、全面的に推進するとともに重点を強調して新農村のモデル地点の建設をつかむように努力する。二〇〇八年から、山東省は「百鎮試験点、千村模範点、万村互助工程」を実施し、一年で起動し、三年で突破し、五年で状況を変えるよう努力した。省内で一〇〇ヶ所の中心鎮を選び、一、〇〇〇村の重点村で試験点模範を示し道を探り、経験をつみ、事業指導を行った。一万村の貧困村を選び、省、市、県三つのレベルで一万名の幹部を選び村に駐在し支援にあて、景観を早く変えることを促進させた。各地は、積極的で安定的、着実に推進するという原則にしたがって、試験点をうまく運営し、典型を樹立し、異なる地域の異なる類型、それぞれ特色のある発展模式と典型経験をただちにまとめ、確実にできる、学べる、推進できる典型を育成し、異なる資源条件、異なる発展水準の地域に典型モデルを提供し、社会主義「新農村建設」を着実に推進する。

協同組織の強化

「新農村建設」を推進し、都市と農村の経済社会発展を統一することは、一つの系統工程であり、都市と農村の企画、産業分布、土地、財政、投資融資、教育、戸籍、就業と社会保障、ないし都市と農村の管理体制などの多くの事柄にかかわるため、強力な調和する組織機構と相応の業務体制をつくりあげて、社会主義「新農村建設」に対するマクロな指導と総合調和を強化しなければならない。

第一に、指導組を整える。省内で、省の主要指導者を組長とする、省の直接な関連部門の主要な責任者が参加する指導組を成立させる。指導組のもとで事務室を設置し、社会主義「新農村建設」の日常業務を担当する。指導組は、主にマクロな政策決定を主管し、組織間の調整をはかり、部門間職責の不明、多頭目と交叉管理、事業の実行困難などの問題を重点的に解決して、政策決定目標、執行責任と審査監督という三つの体系を組織し作り上げる。各市、県は省内のやり方を参照して相応の組織調整機構を成立させる。

第二に、各レベルの責任を明確にする。省、市両レベルの主要な責任は、全省における新農村建設の全体的企画を制定し、農村力の分布と都市農村を統一することに関連、調整する政策を研究し、制定することであり、そして農村経済と社会発展の体制環境を整備し、区域に跨る重大な基礎施設の建設を組織企画して率い、県レベルの政府事業を指導かつ支持することである。県郷両レベルは、具体的に「新農村建設」の組織的実施を担当する。県政府は、具体的な企画職能と社会事業を統一する職能を制定し、郷鎮政府は、管理型政府からサービス型政府への転換を実現するスピードをあげ、郷鎮の農村社区サービスセンターをつくりあげることを推進し、農村社区につとめる具体的責任を負う。

第三に、組織保障を強化する。農村の末端組織建設を強化し、農村末端党組織と多くの党員幹部が社会主義「新農村建設」における前衛模範作用を十分に発揮する。社会主義「新農村建設」における要は、農村の党組織を建設し、農村党員幹部を教育して、農村末端党組織の戦闘堡塁作用と多くの党員幹部の前衛模範作用を発揮することを通して、社会主義「新農村建設」に強力な組織保障を提供する。

第六節　「新農村建設」の探求における示唆

「新農村建設」の狙いと意義

社会主義「新農村建設」は、経済発展が新しい段階に突入した後に起動した。その最終目的は、農村経済発展と農民生活の裕福を実現して、農村、農民、農業を伝統的模式と形態から脱出させることである。改革開放以来、山東省の経済社会発展が巨大な成果を得て、農村社会の分化と整合を促進した。南張楼村の「都市と農村の等値化」と城陽区の「新市鎮」建設などの農村発展モデルの出現は、単一の伝統的農業経済を主体とした郷村経済構造の解体と多元化の、都市農村一体化の新型農村社会が形成され始めていることを象徴している。「都市農村等値化」と「新市鎮」理念のもとで、農村産業の開発と農村基礎施設の建設から始まり、農民と農村、農業がともに発展を遂げ、その土地に適した「農村の都市化」を実現したことは、社会主義「新農村建設」に対して普遍的な意義がある。山東省における「新農村建設」の経験とモデルをまとめると、以下のような示唆が得られる。

社会主義「新農村建設」の必然性

発展から見ると、一九八〇年代初期から、国家が農村において土地請負責任制、農村自治などの制度を普及させたことをもって、中国農村社会の発展は新しい歴史的時期に突入した。二〇年以上経ったいま、この二つの政策がわが国の農村政治社会の基本状況と運営構造を基本的に決定したと言える。この時期、中国農村政策の一つの基本的方向付けは、国家が次第に村落から離れ、市場メカニズムが徐々に主導作用を発揮し、土地権利が一層明確化され、村落政治が一層選挙化された。このような方向付けは、農村政治社会の発展におよぼした影響が次第に顕著になってきた。一九八〇年代中期以後、農民負担が重い、農民収入増加が困難といった問題は、中国農村の発展を当惑させていた。九〇年代に入ってから、農村公益事業の開催困難、農民福利が保障されないといった問題があらわになってきた。新世紀に入ってから、「三農」問題を解決する国家の総体的構想は、農村以外のところで解決方法を求めてきた。すなわち、「農民問題を解決する方法は、農民を転移させること」であった。それによって、戸籍制度の開放、農業外産業の発展、小城鎮建設を行い、農村労働力を移転させるなどが、「三農」問題を解決する主要な指導構想になった。しかし、中国は地域が広く、農村人口が多く、人と土地の関係が差し迫った大国である。四億人以上の農村労働力のうち、三億人が移転する必要があり、二つのロシアの人口に相当する。もしも三億人とその家族とともに約六億人（世界人口の一〇パーセントを占める）が、大中都市に流れ、あるいは省と大中都市の間に流動するなら、中国の都市住宅、就業、基礎施設、社会治安および都市間の交通は、耐えきれない。それゆえ、現有としての能力に依拠して農民を大量に吸収し収容することは、不可能である。九億人の中国農民が短時間内に農村から移転することは不可能であり、中国の都市化は都市建設と農村建設が平行する道を歩むしかない。農民工を都市と農村の間で自由に往復できるようにし、都市化の過程で農村を建設するのであって、郷村を破壊するのではない。農民が都市で生きていけなくなった際、農村に帰ることを望み、かつ順調に帰れるようにして「貧民窟式の都市化を極力避ける」。また、税制改革は、わが国の農村政策の一つの重要な転換である。すなわち、「農村を消滅させる」ことから「農村を建設する」ことへと転換した。幸せな生活を求めて、中国農民が大勢で都市へ押し寄せるとは限らない。その土地に残っても同じく幸せな生活を実現できる。

村落発展の多様化

村落発展のモデルから見ると、城陽区の村落建設は、旧都市の改造、旧村の改造を通じて住居環境を改善し、都市に戻る理念と近郊農村の都市化を実現することを提唱して、農村工業化戦略を採用した。南張楼村の「都市と農村等値化実験」は、ドイツの経験を参照し、土地整理、村落革新などの方式を通じて農村経済と都市経済の均衡発展を実現した。南山、西霞口村などは、主に農業外産業の発展によって富をもたらしたのであり、農業発展によったのではない。相当な程度で「集団経済」の成分を保持している。濰防市は、龍頭企業の牽引によって、一家一戸の分散経営を組織して、生産＋販売、貿工農一体の新型発展モデルを形成した。楽陵梁錐村の株式合作モデル、栄成好当家会社の合併連合モデル、滕州魯南牧工商会社の合作投資モデルなど農村発展の多様化という特徴は、現実のなかで十分明確に現れた。理論から言うと、今日の中国農村発展は、多くの要素（政治的、文化的、経済的、社会的などを含む）の影響を受けるうえ、村落発展それ自身が、地理的位置、自然条件と環境の影響を受けることが大きい。とりわけ、現在急速に変化している中国は、いわゆる統一のモデルによって中国村落発展構造を率いることは基本的に非現実的である。逆に、多元化という発展方式の選択は、必然的に多元化の発展をもたらす。

農民の願望、選択、創造の尊重

「新農村建設」は、多くの側面におよぶ、膨大で複雑な系統工程であり、また長期的、きわめて困難な過程でもある。一気に実現することは不可能であり、実施過程において必然的に何らかの軽重緩急、難易前後の問題が生じる。農民が「新農村建設」の最前線におり、状況に一番詳しく、一番の発言権がある。社会主義「新農村建設」において、農民が多くの先進的経験を創造したことは、「新農村建設」における貴重な宝である。山東省の経験から見ると、家族請負責任制に対して、長期安定不変を堅持するに至り、最終的に農村における一つの基本経営制度として形成された。郷鎮企業にたいして、「三就地」発展を許可したことから、農村経済の重要な柱と国民経済の重要な部分になった。農業産業化経営は発足が早く、各地が農産物基地建設、市場組織訓練、龍頭企業発展などの面で、豊富な経験を積み、全国の先頭を走っている。これらは構造改造、民主を主とし、農民の創造的イニシアチブを尊重したことを具体的に表している。城陽区は、農民を「新農村建設」の主体とし、群集の満足を出発点とすることを堅持し、旧村改造工程を厳格に実施した。社区の両委班の考えが一致せず、党員大会で通らず、大衆賛成率が九五パーセントに達しなかったすべての計画を、旧村改造計画に取り入れなかった。また、村レベルの党員幹部の連戸制度と村の状況を報告する制度などを通して、「新農村建設」に対する末端幹部の責任制を強化し、民衆が提出した問題と提案に対して、迅速に対応し、迅速に対策を提出した。南張楼村は、「都市と農村等値化実験」のもとで、「村民はその土地に残り、その村に残るのであって、工業にはいり、都市にはいるのではない」という理念に完全にしたがったのではなく、逆に対立する理念を執行した。すなわち、国際実験という無形な財産と評価を利用して、多くの農業外産業を発展させる機会と、都市に入ったり海外に行ったりするチャンスをつかんだ。もしも、工業企業の迅速な発展と大量な農民が「外出」(海外に行くことを含む)して各種サービス事業に従事しなければ、南張楼村はまだ発展が遅かったかもしれない。このことは、中国が転換期に置かれているという特有の歴史性によって決定されたのである。「実験」設計者の考えは、未来のある時期において中国農村発展に積極的な意義をもつかもしれないが、しかし決して今ではない。

それゆえ、各レベルの政府は、「新農村建設」初期において唱道、扶助、模範を示す、率先することが必要であり、すべてを背負うのではなく、さらに職種部門が独占する自留地になってはいけない。たとえば、物質支援は農民の組織、画策、設計、実施、改善、擁護能力を動員するためである。この過程において、終始農民の主観能動性を強調かつ呼び起こさなければならない。「私がさせられた」は「私がする」になり、それと同時に農民の経済上の物質利益と政治上の民主権利を保護して、「新農村建設」が農民の自主的行動にならなければならない。そうでなければ、また「農業が騒ぎ、農村が錆び、農民が消沈する」という形式主義的見せ掛け倒しにしかならない。

村レベルの公共生産物の供給

当面の一つの現実は、「新農村建設」を推進するには大量の資金投入が必要であり、建設した農村基礎施設と公共事業も、その正常な運営を保証するための資金が必要であるということである。農民個人の資金は、公共事業に使えず、農民が裕福になったとしても、操作しにくい。中国農村に普及している家族請負責任制の実際状況から見ると、その実質は、「分」の問題を解決したが、集団のこと、公益のことに対してやむえない場合にならないと誰も関心を寄せない。「統」は、形式上のあるいは行政上のものに過ぎず、経済上「合」の問題はまだ解決されていない。それゆえ、いかにして、現在農村の散漫状況から抜け出し、組織形式と財産権制度を新しくして、村レベルの集団経済組織作用を充分に発揮し、農民の力を集め、社会主義「新農村建設」の合力として形成するかということは、真剣に考えるべき問題である。山東省の実際状況から見ると、一部の村レベルの集団組織経済発展が比較的よい村においては、村落建設と公共事業の発展も比較的よくて、農民の物質文明と精神文明のレベルが他の村よりよいのである。南山、西霞口村のモデルは、わが国の農村において普遍的な意義がなくても、主に集団の力によって裕福になったこの二つの村の経験が、農村の発展に対して農民の組織化程度は重要な影響作用があり、一人ではともに裕福になる目標を実現できない。農村工業化、集約化の道を進むべきであり、集団に依拠して農民収入を増加させる。事実上、山東省は一〇数年間、実践のもとで多方面にわたり探求した。そのうち、農業産業化と農村新型合作経済の発展は、このような探求におけるもっとも価値のある成果である。一、条件のよい地域では、村と企業合一の集団組織経済を発展させた。二、土地、資金、技術、労力を通して株主になる農村株式制、株式合作制経済を発展させた。三、村と鎮が成立させた農民専業合作社、職種協会。四、農村の元集団経済時期に建設した企業、水利施設、港、養魚池および山林、荒地を請負、転売、賃貸、競売することによって得られた収入など。上述のさまざまな形式の集団組織経済を発展させることによって、村レベルの経済実力を増強して農村一戸がしたくてもできなかったことを解決し、「新農村建設」を自己蓄積、自己発展のよい軌道に乗せた。

現実からの出発と企画や分類の堅持

「新農村建設」は、一つの長期過程であり、完備された中身と系統的目標があるが、具体的なある時期、ある地域においては、農民の実際需要と負担能力を充分考慮しなければならない。条件を重んじ、重点を重視し、同時にどんな村でも、どんな事情でも、普遍的に花を咲かせようと求めてはいけない。いまとりわけ重要なことは、現地の実際状況から出発して、現地の生産力水準に適した企画をたて、全体の構想と事業目標、重点を明確にし、分類して指導することである。山東省は、「新農村建設」の全体的企画において、全省における農村発展の不均衡性に対して、行政村を単位として、全省の農村を分類した。分類方式は、中央が提出した五つの言葉を二〇の指標として分解して、それぞれ二〇一〇年から二〇二〇年までの発展目標を確定した。二〇二〇年の企画指標を目標値として、異なる行政村の総合実現指数を算出した。そのうち、総合指数が七〇パーセントより大きい村を一類村とし、五〇パーセント以上だが七〇パーセント以下の村を二類村として、五〇パーセント以下の村を三類村と分類した。村レベルの分類は、基準に達したかを確かめるための活動としてではなくて、すべての村に自分の所在位置を確かめさせ、奮闘目標を確定させるためである。各レベルの政府に、焦点のあった政策を制定してもらうためであり、分類扶助と誘導を実施して、一類村の優勢を育成し、二類村の転化を加速させ、三類村を重点的に扶助してもらうためである。それと同時に、各レベルの政府が一時期の「新農村建設」を経た後、事業の効果を検査して事情をよく把握するのに有益である。

村落発展モデルの分類から見ると、大都市の郊外、発展地域と集団経済の実力が強大である村鎮の建設は、農村工業化、都市化の道を進むべきである。純農業地域は、「会社＋農家」という農業産業化の道を歩むべきである。平原地域、中西部地域の中心村は、「都市と農村等値化」モデルを参照すべきである。ドイツ人が「都市と農村等値化」実験を行うとき、南張楼村が「天然優勢」をもっていることを重視したからである。すなわち、都市に寄らず、海にも近くない、大企業がなく、交通要道にも近くない、鉱産資源がなく、人が多いが土地が少ないなどであり、わが国のような発展途上の農業大国にとって意義は特別である。「都市と農村等値化」の建設理念が求めている目標は、「都市生活と異なる類だが、等しい価値がある」ということである。いいかえれば、建設の基点は農村に立脚して、農村の発展を追求し、かつ農村を都市化させる。建設が都市を基準とするのではなく、都市と異なるが、もっと農民の需要に適した生産と生活様式を追求することである。このことは、有限な財力や物力の投入を利用して、農民の生産、生活向上に可能性を提供した。たとえば、一種の「低消費、高福利」の社会主義新農村生活様式を建設する。しかしこのことは、国家が農村にもっと多くの転移支給することを減少させるということではなく、有限な資源の前提のもとで、力相応に事を行い、実際状況から出発して半分の労力で倍の成果をあげるという効果を得る。

政府の主導と農民の主体性

社会主義「新農村建設」の過程において、主に三つの方面の力が共同で参与し努力する。一は政府の力、二は社会の力の参与、三は企業と農民の直接参与である。「新農村建設」を展開するなか、各方面の働きは全部重要であるが、建設において地位が異なり、政府は「新農村建設」の主導である。それゆえ、「新農村建設」において、政府は組織の指導を強化して、「新農村建設」の全体的企画を真剣に制定して、企画先行、科学指導をしなければならない。「新農村建設」の資金投入を増加させることは、政府の主導作用のなかでもっとも重要な内容である。政府は、発展企画、扶助政策の方向付け作用を充分に発揮させ、投入支持力を増加して、財政が利子を補給し、税収優遇、プロジェクト扶助などの形式を通じて、農民と社会を誘導して「新農村建設」に積極的に投入させて新農村を建設する合力として形成する。社会主義新農村を建設することは、政府の投入が先導、主導作用をおよぼす必要があるが、しかしすべてを政府が負担するということではなく、最終的に農民自身によって建設しなければならない。農民は「新農村建設」の主体である。農民の社会と経済生活における自主選択を尊重し、彼らが新しいことを創造することを尊重し、彼らの権利を保護して、農民が自分の故郷を建設する積極性を動員することによってこそ、「新農村建設」は成功する。それゆえ、「新農村建設」において、農民の根本利益を切実に擁護して、農民が満足するかどうか、擁護するかどうか、賛成するかどうかをもって、すべての事業の出発点と立脚点としなければならない。農民の就業、増収、社会保障、居住条件と公共サービス施設を享受するなどを着眼点として、民衆がもっとも関心をもち、もっとも切実に解決を求めている問題から始める。たとえば、道路、安全、飲料水、就業、医療、教育などの解決が求められる問題である。彼らを企画、設計、建設、管理などに参与させ、農民を建設主体、投資主体、管理主体として、農民の「新農村建設」に参与する積極性、主動性、創造性を動員して、農民に現代化建設の成果を充分に享受させる。

参考文献

褚瑞云・趙海軍「実施『村企互動』戦略推進社会主義新農村建設」、『中国農村経済』三、二〇〇六年。
張利庠「可資借鑑的八種新農村発展模式」、『光明日報』二〇〇六年四月二六日。
王偉光『建設社会主義新農村的理論和実践』、中共中央党校出版社、二〇〇六年。
朴振煥『韓国新村運動――二〇世紀七〇年代韓国農村現代化之道』、中国農業出版社、二〇〇五年。
陳錫文「推進社会主義新農村建設」、『人民日報』二〇〇五年一一月四日。
李炳坤「扎実隠歩推進社会主義新農村建設」、『中国農村経済』一一、二〇〇五年。
彭樹人「建設社会主義新農村要求釈義」、『山東農業管理幹部学院学報』六、二〇〇五年。
何夢傑「我国新農村建設的六種模式」、『学習与研究』一、二〇〇六年。
高麗麗・魏玉棟・郭安傑「〝巴伐利亚試験〟的中国模式――山東省青州市南張楼村中徳新農村建設的調査」、『農村工作通訊』七、二〇〇六年。
王景新「新農村建設――難題待解」、『中国社会導刊』一九、二〇〇六年。
徐勇「国家整合与社会主義新農村建設」、『社会主義研究』一、二〇〇六年。
孫佑民「論社会主義新農村建設模式」、『人民網』二〇〇六年二月二二日。
石磊「尋求〝別類〟発展的範式――韓国新村運動与中国郷村建設」、『社会学研究』四、二〇〇四年。
韓俊「新農村建設四題」、『農村経済』一、二〇〇六年。
馬暁河「如何開展新農村建設」、『政策』一、二〇〇六年。
陳昭玖「韓国新村運動的実践及対我国新農村建設的啓示」、『農業経済問題』二、二〇〇六年。
謝来位「建設社会主義新農村的公共政策体系建構」、『農業経済問題』二、二〇〇六年。
邱小華「関与社会主義新農村建設的幾個問題」、『宏観経済管理』三、二〇〇六年。

第五章

河北省における「新農村建設」の財政支持政策およびその特徴

彭　建強
（何　淑珍　訳）

河北省平山県温塘鎮北馬塚村の幼稚園。2009年秋に始まった新しい幼稚園である。（2010年4月1日撮影）

第一節　「新農村建設」の財政支持に至るまでの歴史的な転換

二〇〇〇年代初頭の動き

農業は、比較的に利益が低く、自然災害と市場危機が織りなす弱質な産業であり、農村基礎施設の建設、農村公共サービス供給など、「新農村建設」の重要な内容を構成する領域においても、明らかに「市場欠陥」あるいは「市場失調」が存在する。一九九〇年代半ばから、中国農民の収入増加の速度は明らかに緩やかになったが、しかし農業税、農業特産税、郷の計画配置、村提留など各種農民向けの税金の徴収は、ずっと農民が耐えなければならない経済負担であった。それと同時に、農村の資金、人材など生産要素も絶え間なく都市へと流れた。農村発展の停滞が、中国経済の急速な発展において顕著な特徴となった。二〇〇〇年代初めにいたって、中国における都市と農村の格差拡大の問題は、もはや十分に顕著になった。

二〇〇〇年三月、中国共産党中央、国務院から正式に「農村税費改革試点工作を行うことについての通知」を下した。そして安徽省において、省を単位とする改革試験点を行い、その他の地域においては、実際の状況によって、少数の県（市）を選び試験点とした。この時から、農村税費改革を正式に起動させた。改革試験点の内容は、のちに中央農村工作指導小組から「三廃止、二調整、一改革」と概括された。すなわち、三廃止とは、郷の計画配置の廃止と農村教育集金などもっぱら農民向けに徴収していた行政事業的徴収と政府的基金・集金の廃止、屠殺税の廃止、統一的に規定した労働蓄積工と義務工の廃止である。二調整とは、農業税政策の調整、農業特産税の調整である。一改革とは、村提留の徴収使用方法の改革である。〇二年、安徽省などで試験的に試された経験をまとめた上で、農業税費改革試験点の範囲を二〇省区市の全体および一一省の部分市県まで拡大させた。〇三年になると、全国のすべての省市区において、農村税費改革試験点を全面的に繰り広げた。この時期の農村税費改革は、農民から徴収していた各種税費を減少させ、特に農民から徴収していた不合理な費用を減少させた。このことが、農民負担を緩和させる問題に対して一定の積極的な働きを果たしたが、しかし農業が工業を支持し、農村が都市の発展を支持するという状況には根本的な転換がみられなかった。

農業税の廃止

二〇〇三年は、中国の農村発展史においてひとつの節目とされる年であった。中共第一六期三中全会が「統籌城郷発展（＝都市と農村の発展を統一的に計画する）」という方策を提出し、かつ「三農」問題を全党工作における最も重要な問題として強調した。中国財政の支農政策はここから戦略的転換をはじめた。〇四年中共中央一号文書「中共中央国務院の農民収入の増加に関するいくつかの政策の意見」が、〇四年の農村税税率全体を一パーセント下げると同時に、タバコの葉を除く農業特産税を取り消すと提起した。その三月に、国務院温家宝総理が、第十期全国人民代表大会第二次会議での「政府工作報告」において、五年以内に農業税を廃止するという目標を提出し、上述報告が採択された。そして、七月に行われた全国農村税費改革試験点工作会議において、全国範囲でタバコの葉を除く農業特産税、屠殺税、牧畜業税を廃止すると同時に、農業税の徴収を減免する改革試験点を拡げ、五年以内に全国範囲で農業税を全面的に廃止することを決定した。しかし、中国農業税費減免の実際状況は、予想よりはるかに速かった。〇四年、国務院が全国範囲で農業税の税率を下げ、それと同時に黒竜江省と吉林省を農業税の全免試験点として選び、タバコの葉を除くその他の農業特産税を廃止した。さらに食糧栽培農家に対して直接補助を実行し、一部分の地区では農民に対して良種補助と農機具購入補助を行った。「両減免、三補助」の政策によって、農民は四五〇億元の実益を得た。〇五年に、中央政府は牧畜税を全面的に廃止し、農業税を廃止する事業を加速させ、条件のいい省市区において自主的に農業税の徴収を免除するよう激励した。〇五年一二月にいたって、全国では二八の省市区が農業税の徴収を全面的に廃止することを決定し、その他の三つの省市区においても多くの県市が農業税を免除し、正式に農業税を廃止する情勢が整った。そして〇五年一二月二九日に、第十期全国人代常委会第十九次会議が、〇六年一月一日から「中華人民共和国農業税条例」の正式廃止を決定した。このことは、中国において二、六〇〇年も続いていた農業税が歴史の舞台から退いたことの象徴である。農業税の廃止は、新中国の歴史において土地改革、家族生産請負責任制に続く「第三次革命」だと学界で称された。

河北省は、全国における一一ヶ所の食糧の主要産地のひとつとして、農業税費改革の歩調は穏健であった。二〇〇〇年、河北省で一四の県（市）において、農業税費改革試験点を確立し、〇二年に国家の計画によって、河北省の農村税費改革の範囲を全省の範囲まで拡げ、改革内容が全国と基本的に一致した。〇四年、中国農業税費改革の加速に伴い、河北省の改革速度も著しく上がり、当時河北省農業税税率が三・〇六パーセント下がり、農業税平均税率が六・八一パーセントから三・七五パーセントまで下がった。それと同時に、財政が農業発展を支持するという一連の政策を始めた。二〇〇五年に、河北省の四〇の国家レベルの貧困脱出工作重点県から農業税徴収を免除することをはじめ、その他の県（市、区）の農業税税率が〇四年の基礎の上で再び二パーセント下がり、全省農業税平均税率が一・七五パーセントまで下がった。〇六年一月一日に、「中華人民共和国農業税条例」の廃止によって、河北省は農業税を全面的に廃止した。推計によると、農業税廃止後、河北省農民は平均一二〇元の負担減少となった。

第二節　「新農村建設」の財政支持政策

二〇〇四年から、中央政府は相次いで七つの「三農」問題に関する「一号文書」を提示し、徐々に各地の農業税を廃止し、農民耕作無負担を実現した。そして良種補助、農資総合直接補助、退耕還林補助を含む一連の農業を支持、特遇する財政政策を実施した。財政支持農業の重点はもともとの間接的に農業生産を支持する手段から、直接的に農業生産を促す手段へと転換し、「新農村建設」を支持し、このことによって中国の「新農村建設」は新たな歩みを始めた。河北省は、農業大省の一つとして、財政支持「新農村建設」の過程を自ら証明した。

国内における新農村支持政策の研究からみると、中国の財政支持農業という政策体系に対して、理論においてはまだ統一的な区別基準が見られず、多くは政策の名称による分類であり、雑然としているように見える。叙述上の便宜のため、本稿は河北省が実施している財政支持政策を三つに分類することにする。すなわち、農業生産についての財政政策、農民の生活条件を改善するための財政政策と農村の公共サービスレベルを高めるための政策である。

一　農業生産の奨励

この政策は、主に農産物生産および販売についての支持政策であり、多くは短期間で実現可能な政策である。農民が農業生産について直接受けることができる補助と助成も、近年中央政府の財政投入がかなり多い政策である。主に、食糧直接補助、農作物良種補助、畜産業良種補助、農資総合直接補助、農機具購入補助、退耕還林還草補助などの政策を含む。以下において、これらの政策に対して一つずつ紹介する。

食糧直接補助政策

食糧直接補助政策の主な内容は、もとの食糧保険基金の流通を通じた間接的な補助を、耕作農民への直接補助に変え、食糧栽培面積にしたがって食糧補助を直接農民の手に入るようにし、耕作農民の利益の直接保護を実現させた。そして、国家が食糧の買い上げ価格を自由化し、保護価格で農民の余剰食糧を買い上げることを中止し、市場相場で買い取ることを実行した。食糧仕入れ・販売の国有企業を通して保護価格で剰余食糧を買い上げることによって間接的に補助を行っていたことを、食糧栽培農民へ直接補助を行うことに調整した。このような補助の実施は、中国の食糧補助が商業部門への直接補助から農民への直接補助へ転換するという改革を開き、農民たちが実益を得ることができ、食糧補助基金の効果を果たした。

河北省の食糧直接補助は二〇〇四年から始まり、補助する食料品種は、主にトウモロコシ、水稲、小麦、高粱と雑穀の五種類で、補助範囲は、全省の食糧栽培に適したすべての区域（国有農場を含むが、退耕還林を実施した区域を含まない）を含む。補助の対象は、補助区域範囲内での食糧栽培を行っているすべての農家であり、請負地の耕作権移転がある場合、原則上受託農家に補助する。受託者と委託者の間に契約がある場合、その契約に従う。各県（市）の食糧直接補助資金の規模は、食糧部門が提供した最近五年間の食糧平均商品量と、農業部門が提供した昨年度のトウモロコシ、水稲、小麦、高粱、雑穀等五種類の作物の実際の栽培面積を根拠に、二つの指標がそれぞれ六〇パーセントと四〇パーセントを占める比率で査定を行う。農家の補助面積は、農村税費改革のときに査定された農業税の税金対象になる面積から、規定にしたがって非耕地に移転された土地面積と退耕還林の土地面積を引いた上で、さらに新しく増加された耕地の実際の栽培面積を足した面積によって査定される。〇八年、全省における食糧直接補助の平均金額は、一ムー（一ムー＝六・六七アール）当たり八・九三元となった。直接補助資金は、各郷（鎮）の財政から農家へ、「一カード通」あるいは「一通帳通」という形で支払われ、個別な辺鄙な地区には直接現金で支払われた。食糧直接補助の資金は普通その年の六月末までに支払われる。

農業資金の総合直接補助政策

二〇〇四年から、中国経済が急速な成長期に入ったことと、世界的に原油価格が高騰したことによって、中国の化学肥料、農薬、農業用プラスチック・フィルムなどの農業生産資材の価格が急速に高騰し、食糧直接補助が農民にもたらした収益はほとんど農業生産資材の価格高騰で相殺することになった。それで、〇六年に、中央政府は食糧直接補助の上で、さらに補助資金を増加させ、全国の食糧栽培農家に対して、使用した化学肥料、農薬、農業用プラスチック・フィルムなどの農業生産資材の年間増加された支出に関して、総合直接補助を行うように決定した。その目的は、化学肥料などの農業生産資材コストの上昇がもたらした農民の経済損失を補うためである。河北省も、〇六年からこの政策を実施した。農業生産資材総合補助は、その年における農民の食糧栽培の実際面積によって補助を行い、具体的な実施中には、第二回目の土地の請負面積および納費土地面積の中で、その年の五種類の食糧の播種面積によって配分され、補助面積と食糧直接補助面積が基本的に一致する。しかし、食糧直接補助資金がやや固定的であるという特性と比べると、この項目の資金は変動性が比較的に大きく、具体的な状況に応じて決定される。〇六年、河北省の農業生産資材資金の総合直接補助の金額は、平均一ムー当たり八・三元であり、〇七年には一六・六元になり、〇八年には三六・〇四元に達した。この資金の配分方式は、食糧直接補助と同じく、一般的には財政から農業への補助の「一カード通」という専用の貯金通帳によって配分する。

良種農作物への補助政策

良種農作物への補助政策とは、農民が良質の品種を選ぶことを励ますために実施した補助政策である。二〇〇二年に、東北三省と内モンゴル自治区の地区において大豆の良種に対する補助を部分的に実施し始めた。当時、この項目の補助資金が一億元用意され、補助規模は一、〇〇〇万ムーだった。〇三年、大豆の良種補助の項目の上に、さらに全国の優勢小麦の産地で、一、〇〇〇ムーの良種小麦への補助を広げるモデルプロジェクトを起動させた。その後、良種補助の範囲と金額は引き続き拡大し、補助対象品種が、農作物の良種から畜産業の良種にまで拡大した。〇八年にいたって、全国の良種補助の実施対象となった品種は、小麦、トウモロコシ、水稲、油菜、綿、大豆などの六つの農作物品種および、豚と乳牛の二種類の畜産品種を含む。

河北省は、二〇〇三年から良種の小麦とトウモロコシに対して、良種補助を行った。その後、良種補助の範囲が徐々に拡大し、〇九年には、河北省が実施した良種補助の農作物が、主に、小麦、トウモロコシ、綿、水稲の四種類に及んだ。その基準は、小麦、トウモロコシが一ムー当たり一〇元であり、綿、水稲が一ムー当たり一五元だった。〇八年以前の農作物に対する良種補助の方法が二種類あった。一つは小麦と綿の良種補助である。「河北省農作物良種普及プロジェクト資金管理の暫定的な実施規則」（冀財農［二〇〇四］六八号）によれば、入札を通して、品種と提供会社を確定し、県レベルの財政から補助資金を直接提供会社に支給し、栽培農家が差額を支払う形で良種を購入する。もう一つはトウモロコシと水稲への補助だが、良種を普及させ、自由意志で購入し、直接補助を実施した。〇九年から、すべての良種補助が現金払いの形をとり、「一カード通」あるいは「一通帳通」を通して、つまり、県財政部門が、農村の金融機構を通して、農民の貯金カードあるいは貯金通帳に直接支払った。

畜産業における良種補助政策

畜産業における良種補助は、乳牛と豚の良種補助を含む。そのうち、良種乳牛への補助は二〇〇五年から始まり、良種豚への補助は〇七年から実施し始めた。良種乳牛補助政策には、冷凍精液補助政策と乳牛胚胎補助政策という二種類がある。冷凍精液補助は、優勢種牛の冷凍精液を使用し、品種改良を行った乳牛養殖者を対象とする。補助の基準は、国から一本の冷凍精液につき一五元を補助し、河北省の財政から追加補助を行い、輸入冷凍精液に対して、一本につき補助基準が購入する価格の四〇パーセントまで補助されるようになった。一頭の繁殖可能な牛に対して、二本という基準で補助を実施した。冷凍精液の補助資金は、省レベルの財政部門と種牛センターから決算する。種牛センターから供給された冷凍精液の価格が入札により確定され、乳牛養殖者が購入する際の価格は、入札価格から補助金を引いた後の優遇された価格になる。

乳牛胚胎補助は、海外の優れた乳牛を輸入して胚胎し、胚胎移植技術を利用して良種の乳牛を飼育するための補助である。産出された乳牛は良種乳牛の中心になる以外、冷凍精液のために使用され、生産品種の改良をはかる。胚胎補助政策の補助は、一頭当たり、その費用の五〇パーセントを補助し、最高補助金額は三、〇〇〇元を超えない。補助する形式としては、区・市および県の財政部門から胚胎移植を行う技術機構に直接支給され、養殖戸と企業は補助金を引いた移植費用を支払う。二〇〇八年、河北省は冷凍精液二二九・四本につき補助を行い、計画の八一・九パーセントを実現させた。

良種豚への補助範囲は、主に豚の人工受精率が三〇パーセント以上であり、繁殖用豚が二万頭以上飼育されている区域である。河北省では一四の豚飼育県が国の良種豚補助範囲に入った。補助対象は、河北省の一四の県において、良種豚の精液を使用し、人工受精を実施している豚を飼育している者である。その中に、本県（市、区）区域内の養殖者および管轄下の品種改良センターと周辺県（市、区）におよぶ養殖者を含む。補助基準は、繁殖用の豚一頭当たり年間四〇元を補助する。補助する形式は、財政と良種豚の精液供給機関とが補助資金を決算し、供給機関が補助後の価格で養殖者へ精液を提供する。二〇〇八年、国から河北省良種豚補助プロジェクトへの資金が二、四〇〇万元に達し、補助を受けた繁殖用豚が六〇万頭にいたった。

農機具購入補助政策

農機具購入補助は、農民個人、農場職員、農機専業戸と農業生産に直接携わっている農機具作業サービス組織に対して、農業生産に必要な農機具を新たに購入するために支給された補助である。河北省は二〇〇四年から、農機具購入補助を実施し始めた。補助基準が農機具単品の三〇パーセントを超えないこと、そして最高補助金額が三万元を超えないことである。補助する方法は、毎年の始めに、省の農業庁と財政庁から、全省の農機具購入補助目録を確定かつ公表し、補助を受ける条件に適した農民個人と農業生産に携わっている農業サービス組織が、補助目録にしたがって補助後の差額で農機具を購入する。〇九年、河北省が実施した補助農機具は、地ならし機械、栽培・肥料を与える機械、畑管理機械、収穫機械、収穫後の処理機械、農産品加工機械、排水・灌漑機械、畜産水産養殖機械、動力機械（ベルト回しではない）、畑の基本建設機械、農業設備設置とその他の機械など、大まかに一二種類で、細かく三四種類の九八品目に及んだ。農機具購入補助資金には、比較的に限度があるから、農機具購入補助を実施する過程において、普通は第一回目に申請をした農民あるいは大規模な食糧栽培農家、農民専業合作組織、「新農村建設」試験点のモデル農村における農民を優先するなどと、その他農機具の品種により優先順位を決める。

繁殖用豚の飼育補助政策

二〇〇七年、中央政府は養豚業と豚肉市場の価格安定を維持するために、繁殖用豚の補助政策の実施を決定した。補助対象は、繁殖用豚の飼育者を対象とし、その資金は中央、省、市、県という四つのレベルの財政が共同で補助する。補助基準は、繁殖年齢に達し、そして繁殖用に残された豚に対して一頭当たり五〇元を補助する。〇八年の補助金は一〇〇元まであげられた。一般的に、県レベルの財政部門から、飼育者の実際飼育している豚の頭数によって補助金を査定し、郷（鎮）政府あるいは委託財政所と畜産センターなどの部門から、受益飼育者が所在している村で公表する。公表内容には、繁殖用豚の補助を受けた飼育者の氏名（あるいは会社名称）、飼育頭数、保険に加入している繁殖用豚の頭数、補助の基準と金額などを含む。公表と県財政部門の査定を受けた後、県財政部門から「一カード通」あるいは「一通帳通」という形式で補助資金を直接飼育者に支払う。〇八年、河北省では全部で二八四・九七万頭の繁殖用豚が補助を受けることができ、平均一頭につき六三・六元の補助金があてられた。

豚飼育に力を入れた県への奨励政策

この奨励政策は、地方の豚生産を発展させる積極性を動員するために、そして豚生産の規模化、産業化を促すために中央から豚生産に力を入れた県を奨励する財政転移支払いである。このような県として選ばれる基準は、次のような県である。年間平均出荷された豚の頭数が八〇万頭を超えた県。年間平均出荷された豚の頭数が六〇万頭から八〇万頭の間で、かつ一人当たりの平均出荷量が一頭を超えた県。上述の基準に達しないが、その地域の豚の生産と豚肉の供給に重大な影響力を持つ県、たとえば三六の大中都市周辺における養豚県。奨励資金は、規模化された養豚戸の豚小屋の改造、良種輸入処理、大規模養豚農家が種豚・繁殖豚・子豚と飼料などを購入する際のローンと利子および防疫サービス費用などの支出にあてられる。二〇〇八年、河北省では一五の県（市・区）が奨励範囲に入れられ、奨励金九、七一五万元を支給された。

卵標準化への規模養鶏場改造の補助に代わる奨励政策

この政策は、卵の飼育方式の転換を加速させ、規模養殖が卵の供給を安定させるという基礎的な作用を十分発揮させるために、卵標準化への規模養鶏場（戸）の改造に対して、補助に代わり奨励という方式でおこなう政策である。奨励基準は、次のとおりである。飼育数が一〜三万羽をもつ養鶏場（戸）に対しては、一場（戸）当たり一〇万元を奨励する。飼育数が三〜五万羽をもつ養鶏場（戸）に対しては、一場（戸）当たり一五万元を奨励する。二〇〇八年、河北省では奨励を得た養鶏場が五二一であり、奨励金額が合計五、三七〇万元であった。

栽培業保険費用保障への財政補助政策

この政策は、農業保険経営機構を引率した特定農作物の栽培への保険業務に対して、財政部門から保障費用の一定の比率にしたがって、保険に加入した農家、龍頭企業、専業合作経済組織に補助を提供する政策である。河北省の栽培業保険の種類には、トウモロコシ、水稲、小麦、綿および大豆、落花生、油菜などの品目を含む。以上の品目の他に、市・県がその地域の財政力の状況と農業の特徴によって、その他の栽培業保険の種類を自主的に選択し、それを支持する。補助される種類の保険の責任は、人的に避けられない自然災害、豪雨、洪水、冠水、暴風、雹害、凍結、旱魃、虫害、などにより加入農作物に損失が生じた場合である。保険費率は、次のとおりである。小麦は一ムー当たり三〇〇元で、保険費率が五パーセント。トウモロコシは、一ムー当たり二六〇元で、保険費率が七パーセント。綿は一ムー当たりの保険金額が四〇〇元で、保険費率が六・五パーセント。保障額は、加入戸が二〇パーセントを負担した上で、各レベルの財政が八〇パーセントを負担する。そのうち、中央財政が三五パーセントを補助し、河北省の各レベルの財政が四五パーセントを補助する。栽培保険費用保障への補助政策は二〇〇八年から試験的に実行される。

養殖業保険費用保障への財政補助政策

この政策は、農業保険経営機構を引率した特定品種の養殖業保険業務に対して、財政部門から保険費用の一定の比率にしたがって、加入農家、養殖企業、専業合作経済組織に補助を提供する政策である。いま、河北省財政部門から提供している養殖業保険費用保障には、繁殖用豚と乳牛の二つの品種が含まれる。補助する保険の責任範囲は、重大病害、自然災害と意外事故による保険加入者の直接死亡を含む。保険費率はそれぞれ次のようである。繁殖用豚は、一頭当たり保険金額が一、〇〇〇元で、保険費率が六パーセント。乳牛は一頭当たり保険金額が五、〇〇〇元で、保険費率が七パーセント。財政からの補助比率はそれぞれ以下のとおりである。繁殖用豚の保険は、飼育者が保障費の二〇パーセントを負担し、中央財政が保障費の五〇パーセントを補助し、河北省各レベルにおける財政から保障費の三〇パーセントを補助する。乳牛飼育者は保障費の二〇パーセントを負担し、中央財政から三〇パーセントを補助し、河北省各レベルにおける財政から五〇パーセントを補助する。養殖業保険費用保障への財政補助プロジェクトは二〇〇八年から実施し始めた。

退耕還林還草への補助政策

この政策は、生態環境を保護し、改善するために、水土流失を起こしやすい傾斜地の畑を計画的に段取りよく、耕作することを停止し、その土地に適した木を植えるという原則にしたがって、森林の植生を回復させるという政策である。河北省は二〇〇〇年から退耕還林還草プロジェクトを実施した。退耕還林の計画に取り入れた耕地は主に、水土流失が深刻な耕地、砂漠化、アルカリ化が深刻な耕地、生態地位が重要で食糧生産量が低いかつ不安定な耕地、という三種類の耕地である。補助基準は、毎年一ムー当たり穀物一〇〇キログラムと現金二〇元を補助する。そして苗植え、造林補助として一ムー当たり五〇元の一回限りの補助金を支払う。退耕還林プロジェクトに取り入れられた荒地荒山での造林は、耕作を停止した土地での苗植えと造林補助金だけが適用される。生態林に戻した耕地に対して支払う食糧と生活補助金の期限を少なくとも八年とし、経済林に戻した耕地に対して支払う食糧と生活補助金の期限を五年とし、草地に戻した耕地に対して支払う食糧と生活補助金の期限を二年とした。〇四年から、退耕農家に対して実物補助を現金補助に切り替え、国家計画内の補助食糧を一キログラム＝一・四元として計算し、禁牧地域への補助飼料を一キログラム＝〇・九元として計算した。〇七年から、退耕還林計画を暫定的に停止し、かつすでに退耕還林を実施された耕地に対して補助する期限を延長した。そのうち、生態林への補助を八年間延長し、経済林への補助を五年間延長し、草地への補助を二年間延長した。〇六年末以前に満期になる農家に対して、〇七年から補助を行うようにし、〇七年後に満期になる農家に対して、その次年度から補助をするように決定した。その他、退耕還林計画の成果を固めるための専用資金を用意し、プロジェクト実施地域と退耕農家への基本食糧耕地の建設、農村エネルギー源の建設、生態移民、苗植えと造林への補充、後続産業の発展と退耕農家の就業創業への技能育成のために使用することにした。

二　農民の生活条件の改善

これらの政策は、主に農村基礎施設などの公益プロジェクトの建設および農民の生活条件を改善するための政策である。そのなかに、「一事一議」財政奨励補助政策、農村天然ガス建設への補助政策、新しい民居建設への奨励政策、家電の農村普及への補助政策などが含まれる。そのうち、「一事一議」財政奨励補助政策は、農村公益事業建設の問題を解決するための政策であり、農村バイオマス建設への補助政策、新しい民居建設への奨励政策、家電の農村普及への補助政策は、主に農民の生活条件と生活の質を改善するための政策である。

「一事一議」財政奨励補助政策

農村税費改革以前においては、村提留、郷の統一計画配置と農村労働蓄積工、義務工（略して「両工」）は、村レベルでの公益事業建設の主要な資金と労力の源泉だった。農村税費改革が徐々に村提留、郷の統一計画配置と「両工」を廃止し、村レベルでの公益事業建設に必要な資金、労務に対して、村民が「一事一議」を実行するよう規定した。しかし、各地における農村経済の発展水準が不均衡であるため、「一事一議」の資金と労務の準備作業の発展が不均衡であるという状態を生み出し、村レベルの公益事業建設に投入する需要を満たさず、滑り止めが効かない趨勢に陥った。この問題を解決するために、中央政府は河北省において試験的に、村レベルにおける公益事業建設への「一事一議」財政奨励補助政策を実施し始めた。奨励補助範囲の対象は、村民による「一事一議」という資金と労力を調達することを基礎とし、村民集団が直接受益するが、農村支援資金の範囲に収まらない村レベルにおける公益事業を対象とする。具体的には、次のようなことを含む。村内の街路舗装、村内の小型水利、人と家畜の飲用水の工事、村民の資金調達を必要とする電力施設、村内公共環境衛生施設村、村内の公共緑化、村民が創立すべきだとしている村内におけるその他の集団生産生活などの公益事業。各レベルでの奨励補助資金と村民が調達した資金と一緒に、村レベルにおける「一事一議」プロジェクト建設に使用する。

河北省における奨励補助基準は、「重点村」と「一般村」という二種類にわかれる。間もなく河北省の文明生態村の列に並ぼうとしている村が行っている「一事一議」プロジェクトに対しては、重点プロジェクトとして、村民一人当たり毎年二〇元調達することを限度に、中央政府と省の財政から村民の調達した総額に一対三の比率で奨励補助を行う。その年の文明生態村になれなかった村が行っている「一事一議」プロジェクトに対しては、原則上村民一人当たり毎年二〇元調達することを限度に、中央政府と省の財政から村民の調達した総額に一対一の比率で奨励補助を行う。市、県財政が奨励補助をセットで設定しているものに対しては、省財政が市、県のセットした金額の一〇パーセントを割り増しする。実施するプロセスは、申請、審査、検収、支給という四つの順序で行われる。「一事一議」を行い、資金・労力を調達している村が、所属している郷鎮の政府を通して、県レベルの農民負担監督管理部門と財政部門に「一事一議」プロジェクト建設の申請をし、県レベルの農民負担監督管理部門と財政部門の審査と許可を得た後、村民委員会が資金と労力を調達し、プロジェクト建設を行う。村民委員会は、調達した資金を所属している郷鎮の「一事一議」集金専門戸に全額寄託した後、県レベルの財政部門と農民負担監督管理部門へ財政奨励補助を申請する。県レベルの財政と農民負担監督管理部門が職業責任にしたがって、申請を審査した後、文明生態創建村建設プロジェクトと一般村建設プロジェクトの二種類にわけ、区・市財政と農民負担監督管理部門へ一括して報告する。そして区・市の財政と農民負担監督管理部門から審査した後、省の財政庁と農業庁の査定を受け、財政庁から財政奨励補助資金を市、県という順序で財政部門へ支給する。「一事一議」プロジェクトが竣工検収された後、村民委員会の申請を通して、県レベルの財政部門からプロジェクト資金を調達した主体あるいは調達人に一括して支給される。

家電の農村普及を促す財政補助政策

この政策は、農村の消費を拡大させ、農民の生活の質を高めるために、中央政府、省政府の財政部門から一定の資金を補助するという、農村における家電普及を推進するプロジェクトである。河北省が実施している家電の農村普及補助の製品には、カラーテレビ、冷蔵庫（冷凍庫を含む）、携帯電話、洗濯機、パソコン、エアコン、太陽エネルギーの湯沸かし器、ＩＨ、電子レンジの九種類を含む。補助対象は、河北省における農業戸籍を有し、かつ河北省行政区域内で上記の種類の家電製品を購入したすべての人とするが、一戸当たりの種類ごとの購入数が二台を超えないことを条件とする。補助の基準は、上記九種類の家電の販売価格の一三パーセントであり、すべての家電製品には上限価格を設置した。その上限価格の設定はそれぞれ次のとおりである。カラーテレビが三、五〇〇〇元、冷蔵庫（冷凍庫を含む）が二、五〇〇〇元、携帯電話が一、〇〇〇元、洗濯機が二、〇〇〇元、エアコン（壁掛け式が二、五〇〇〇元、スタンド式が四、〇〇〇元）、湯沸かし器（貯水式が一、五〇〇元、ガス式が二、五〇〇元）、太陽エネルギー式が四、〇〇〇元、パソコン三、五〇〇元、電子レンジが一、〇〇〇元、ＩＨが六〇〇元である（上述内容はすべて二〇〇九年のデータであり、一〇年には各種家電の上限価格が引き上げられた）。補助資金は、中央財政と省財政が共同で負担し、そのうち、中央財政負担が八〇パーセントで、省財政の負担が二〇パーセントである。補助期限は、〇九年二月一日から一三年一月三一日までであり、実施期間は四年である。補助金の支給方式には二種類ある。その一つは、直接申請財政支給である。上記の家電を購入した農家が規定の期間内（一般的には一ヶ月）に、身分証明書、補助類家電製品の専用標識カード、購入する人の貯金通帳、購入した製品領収書の原文とコピーをもって、戸籍所在地の郷鎮財政部門へ補助を申請する。郷レベルの財政部門が審査した後、県レベルの財政部門へ報告し、県財政部門が審査し確認した後、補助金を銀行経由で農民の通帳に直接振り込む。もう一つは、販売店による代理補助政策である。農民が身分証明書、戸籍原本をもって、指定された販売店で家電製品を購入する際、販売店が購入者の身分、購入台数などを審査した後、その場で、販売価格の一三パーセントを現金で支給する。〇九年一二月一日から河北省の販売店代理の条件が整った家電製品店では、この代理政策を実施し始めた。

農村におけるバイオマス建設補助政策

この政策は、農村における生産生活条件とエネルギー構造を改善し、農業の効率アップと農民の収入増加および生態の良性循環を促進するための、農村地域でのバイオマス建設への補助政策である。農村バイオマスプロジェクトは、「一池三改」を基本単元とし、農家用バイオマス池の建設と家畜小屋、トイレ、キッチンの改造を同時に設計し、工事する。国から定めた河北省のバイオマス補助基準は一戸当たり八〇〇元であり、省、市、県レベルにおいてそれぞれ、中央補助金を申請した金額の一二・五パーセント、五パーセント、一二・五パーセントという比率で補助する。補助対象は、プロジェクト区域のバイオマス池を建設中の農家とする。そのうち、中央財政からの投資は、主に、セメントなどの主要建築材料、バイオマス台所用品および部品などの設備の購入、技術者の給料などにあてられる。

新しい民居建設への奨励政策

この政策は、河北省が農民の居住条件を改善し、生活の質をあげ、経済的、機能的、安全できれいな新しい民居を建設することを牽引するために制定された奨励政策である。省レベルの新しい民居建設モデル村への補助基準は、一村当たり二〇万元（二〇〇九年）であり、補助の方法は、財政部門がプロジェクトの進行状況により判断し、二回にわけて財政補助金を支給する。新しい民居の建設プロジェクトが開始した後、補助総額の四〇パーセントを先払いし、プロジェクトが完了し、かつ検収合格後、残り六〇パーセントの補助金を支給する。二〇〇九年、河北省が省レベルの新しい民居建設モデル村を一、〇〇〇村と計画し、専用奨励資金二億元を用意した。村当たりの奨励補助金は二〇万元である。

三　農村公共サービス水準の向上

農村社会事業の発展を加速させ、農村公共サービス水準を高めるために、教育文化事業、労働力就業訓練、社会保障などの側面に対して、国から支援と補助を行った。ここでは、主に、農村労働力転移のための育成事業「陽光プロジェクト」と農村教育、医療、養老などの公共サービス政策について紹介する。

農村労働力転移の訓練事業「陽光プロジェクト」

「陽光プロジェクト」とは、中国財政が支援し、主に食糧主要産地、労働力主要輸出地域、貧困地域と革命根拠地などの地域において展開した、農村労働力を農業外の領域へ就業させるための、事前の職業技能訓練プロジェクトである。その目的は、農村労働力の素質と就業技能を高め、農村労働力が農業外の産業と都市部へ転移することを促進することである。「陽光プロジェクト」は、短期的な職業技能訓練を主とすると同時に、牽引的な訓練と技能訓練を行い、一般的に訓練期間が一五～一九日間である。訓練内容は主に次の五種類である。一、牽引的な訓練。主に、農民に対して行う、基本的な権益の保護、法律の知識、年金生活の常識、就業ポストを探すための知識の訓練であり、農民の法律規定を守ることと法律をもって自分自身の権益を守ることへの意識を高める。二、職業技能訓練。主に、従業員の基本的な技能と技術操作規定について訓練する。三、創業訓練。主に、企業を起こしたい農民に対して、創業訓練を行う。四、農業の科学技術訓練。主に、農業産業内での転移訓練。五、貧困脱出への模範的無料訓練。主に、貧困脱出重点県における貧困農民に対してである。「陽光プロジェクト」の補助基準は、経済発展にともなってあげられる。二〇〇八年における一人当たりの平均補助基準は次のとおりである。技能訓練を受けた人が三二〇元、模範的技能訓練が五四〇元、創業訓練が一、〇〇〇元、農業科学技術訓練が一五〇元だった。牽引的な訓練は、市と県の財政が設定した資金を一人当たり上限五元という平均基準で補助を行った。「陽光プロジェクト」補助金は、一般的に農村労働力を訓練している訓練機構に直接支給される。〇八年、河北省が訓練した農村労働力の総人数が九四・九七万人だった。サンプル抽出調査によると、訓練を受け就業した人の平均月給が約一、〇〇〇～一、五〇〇元であり、訓練を受けてない人より約三〇〇元多く、家で農業に従事している人より約五〇〇～六〇〇元多い。

その他の農村公共サービス政策

二〇〇三年以後、中国は農村公共サービス事業への財政支援に力をいれ、農村における義務教育、医療、養老、社会救助などの面で財政支援の根本的な転換を実現させた。教育において、河北省は農村義務教育経費の保障機能を実施し、農村義務教育を公共財政保障範囲に取り入れ、農村義務教育段階におけるすべての学生に対して「両免除一補助」（雑費を全額免除し、教科書を無料で提供し、家庭経済が困難な寄宿生に対して生活費を補助する）を実施した。医療において、新型の農村合作医療を建設した。養老において、新型農村社会養老保険制度を試験的に実施した。満六〇歳で、都市職業者の基本養老保険待遇を受けていない農村戸籍の高齢者は、毎月基礎養老金五五元を受け取ることができる。最低生活保障において、農村最低生活保障制度を普及させ、補助基準が一人当たり毎年九〇〇〜一、二〇〇元である。これらの対策が実施されたことによって、農村における公共サービス水準が大幅に上昇し、農村の生活状況に大きな変化をもたらした。以下において、近年に迅速な発展を遂げた新型農村合作医療制度について簡単に紹介する。

新型農村合作医療制度とは、古い合作医療制度との対比でいわれており、中央、省、市、県四つのレベルの財政補助を主として、農民の納付を補足としてつくりあげられた農民医療互助共済制度である。二〇〇三年に試験的に運営していたときに制定した統一基準は、一人当たり毎年二五元である。そのうち、農民一人当たり毎年五元を納付し、各レベルの財政から二〇元を補助する。その後、基準が徐々にあげられ、〇九年にいたって、資金統一基準は一人当たり一〇〇元以上とされ、そのうち農民の納付金が二〇元以上で、中央財政が四〇元を補助し、省、市、県三つのレベルの財政補助の合計は四〇元である。農村五保戸と納付する経済能力がない貧困農民家庭は、医療救助資金を利用して合作医療に参加する。基金は、外来診察統一基金、重病統一基金と危険基金という三部分にわけられ、外来診察資金が合作医療に参加している農民の一般外来医療費の補助にあてられ、重病統一基金は、入院補助と特別な多額外来診察の補助と自然分娩の入院分娩補助に使用される。外来診察補助は一般的に郷、村の指定医療機構に限られる。二〇〇九年、河北省の合作医療に参加している農民の外来診察補助は、三〇〜五〇元を上限とし、入院費用補助の出発点が郷レベルでは一〇〇元で、補助比率が七〇〜八〇パーセントだった。県レベルでは二〇〇〜四〇〇元から始まり、補助比率が六〇パーセント〜七〇パーセントだった。県以上が八〇〇〜二、〇〇〇元で、補助比率が四五〜六〇パーセントだった。一人当たり毎年三万元を上限とし、医療機構のランクを問わず前年累計で計算する。二〇〇九年、河北省新型農村合作医療の達成率は九〇パーセントに達した。

第三節　財政支援農村政策の問題点

以上の紹介から見られるように、河北省の財政支援農村政策は、具体的に次のようないくつかの問題点がある。

農村公共サービス支援の不足

第一に、財政の農業生産への支援は比較的充足しているが、農村公共サービスへの支援は比較的不足している。いま、中国における「新農村建設」を支援する財政政策の多くは、農業生産領域に集中している。良種補助、農機具購入補助、食糧直接補助、農資総合直接補助、政策的農業保険補助などの農業における「産前、産中、産後」全過程での財政支援政策が台頭し、全面的な財政支援政策体系が形成された。それに対して、農村公共サービスに対する財政支援政策は著しく少ない。義務教育、合作医療などの基本問題を国家財政が支給し解決することを除けば、農村における公益的事業への支援政策は少なすぎて、多くは「一事一議」（村民が協議した後、共同集金する）を通して解決するしかない。しかし、集団収入がない多くの農村にとっては、農民の集金金額が通常はなかなか農村公益事業という巨大な資金需要を満たすことができない。その他、「一事一議」制度自身がかなりの調整コストを必要とする。これらが、多くの農村における道路建設補修、衛生管理、水道水供給、文化施設建設などの公益事業建設の遅さを招くか、あるいは停滞状態に陥っている。これらの問題は依然として解決されていない。

農業生産への支援不足

第二に、農業生産面での財政支援政策は、農民の生産積極性を直接刺激することに重点を置いたが、耕地の道路状況、水利灌漑施設、土壌改良など農業生産条件の改善にはあまり関心を寄せなかった。たとえば、国が、以前の食糧部門における食糧流通危険基金の一部を持ち出し、直接農民に補助し、繁殖豚の飼育補助などの政策に使用した。これらは、農業生産の積極性を刺激する方針を表しているが、耕地の水利基本施設への財政支援は比較的不足しており、多くの耕地基本施設が長年補修されておらず、灌漑施設の一部はすでに使用機能を失い、汚染による耕地退化問題は各地で起こっている。

地方政府の財政の弱点

第三に、「新農村建設」への財政支援政策の多くは、中央政府が登場し、地方政府の支援政策には限りがある。たとえば、河北省では、いま実施中の財政支援「新農村建設」政策のなかで、新しい民居の奨励補助政策を除けば、その他はすべて中央政府による支援である。これらの現象は、中央政府の集権的行政管理体制とかかわりがあるということはもちろんだが、現在中国の財税管理体制と大きくかかわっている。中国で実施されている国税と地方税を分離させ、中央と地方を分離させるという財税管理体制により、地方政府は通常地方財政負担を増加させる政策を自主的に行うことを避け、特に「新農村建設」のような領域への財政支援政策を避ける。なぜなら、これらの政策は財政投入が大きく、効き目が遅く、地方経済への刺激作用がそれほど顕著ではない。したがって、地方政府は、「新農村建設」への支援政策の多くにおいて、中央政府の政策を執行することを主とし、多少相違点があったとしても中央政府のすでにある政策を執行することになるからである。また、地方経済の発展需要に応じて、補助を適切に増加させる。

たとえば、河北省の乳牛良種補助政策がそうである。

長期的展望の欠如

第四に、財政支援農業政策の台頭は、時代的特徴が著しく、そして不足点も顕わになってきた。現在、中国財政が「新農村建設」を支援している政策の多くについて、その顕著な時代背景を浮き彫りにすることができる。たとえば、退耕還林政策の始まりは、一九九八年の長江、松花江流域で洪水が発生したことと、その後北方地域で砂嵐が発生したことと関連がある。食糧直接補助、農資総合直接補助の実施は、二〇〇三年の新興国における食糧、エネルギー源価格の高騰と関係している。豚の良種補助、繁殖豚の飼育補助、豚の保険政策は、〇七年における豚肉の価格高騰と直接関係している。最近の金融危機により、家電製品の農村普及の補助政策が迅速に拡がった。おそらく政策には、緊急対応という側面が含まれている。このことも、一部の政策の慌しさを招き、実施過程における細部およびデメリットを十分考慮しえなかった。たとえば、農業補助政策を実施する前に土地離れをした農民が、農業優遇政策の実施により、自分の耕地を取り戻した。また、一部の少数荒地を大規模農家に委託させていたが、それを回収し、改めて請け負うことを農民が要求してきた。これらの問題は、政府が財政支援政策を提案する際、目の前の問題と危機に対応することを中心とし、政策の全面的効果と長期的効果に十分配慮しえなかったということを表している。

農村支援政策の積極面

ここで指摘しておかなければならないことは、中国財政が農村を支援する政策は、まだ多くの問題を抱えており、まだ改善すべきところは多くあるが、しかしこれらの政策の貢献は十分巨大であるということである。なぜなら、これらの政策の実施により、中国農民は、耕作納税から補助耕作という歴史的転換を実現させたからである。そして、もっとも重要なことは、農民の食糧生産の積極性を上昇させ、中国の食糧生産力をアップさせ、中国農村経済の発展に活気をもたらし、生態環境を改善し、世界における食糧安全問題の解決に重要な作用を果たしたことである。もしも、これらの財政支援政策が実施されなければ、中国農村の発展は別な光景だったはずである。中国財政の農村支援政策は今後ともさらに強くなるだろう。

第六章

「新農村建設」下の中国農村

——鄒平県の実践——

劉　文静

鄒平県政府の建物から正面を見る。県政府の敷地と公園が一体となって広大に造成されている。(2008年9月16日撮影)

山東省の「新農村建設」

第二章では、農村の近代化という世紀の課題への取り組みの歴史を振り返りながら、今日の「新農村建設」の特徴を指摘した。本章では、山東省鄒平県での現地調査から得た知見に基づいて、「新農村建設」下の華北農村社会の再構築について考察する。

第一章ですでに明らかにされたように、山東省は、工業化が進んでいる東部沿海地域の共通した特色を有しながら、農業大省として、農業経済も発達している。いわば工業と農業が並行して発展をとげた地域である。

山東省は、工業化と都市化の推進を前提に、二〇〇四年からさらに「水・路・電・気・医・学」の六文字を「新農村建設」の具体的な目標として取り組んでいる。六文字の具体的な内容として、①飲み水の改造。三～五年間をかけて、すべての村に水道が通る目標を掲げ、〇八年時点では、八四パーセントの村がそれを実現させている。②道路の改造。三年以内にすべての村に自動車道路（アスファルト化）を舗装する。〇八年時点では、九八パーセントの達成率であった。③電気の改造。山東省の場合、農家の日常生活における電気使用の問題が解決済みとなっており、独自にすべての村でケーブルテレビ、インターネットの設置を目標にしている。④ガスの改造。バイオマスの導入を指す。クリーンなエネルギーの確保のための取り組みである。⑤医療保険制度の整備と医療条件の改善。農村合作医療保険制度は一九七〇年代にもあったが、農業生産の請負制度の実施後、解体された。一九九〇年代以降、「病院に通えない」、「因病返貧」（＝病気にかかったことでいったん貧困脱出した農家が再び貧困農家に戻ったことを指す）などの問題が深刻化した。そのような背景のもとで、二〇〇一年頃、新たな医療保険制度と呼ばれる「新型農村合作保険制度」が試験的に取り組み始められた。具体的には、農民個人が保険金の一部を負担するが、中央政府と地方政府もそれぞれ負担するやり方である。山東省では農村人口の九〇パーセントが加入しているが、長期的に出稼ぎしている農民については統計上困難なため、把握できていないという。医療保険制度の整備とともに、農村では、郷・鎮レベルの衛生院（クリニック）、村レベルの「定点衛生所」（＝指定した拠点的クリニックのこと）の設置が目標となっている。⑥「学」は義務教育への支援を指す。農村部ではこれまで、学費などの負担が大きかった。小学生は年間五〇〇元（一元＝一三～一四円で換算すると、八、〇〇〇円前後）、中学生は一、〇〇〇元（一五、〇〇〇円前後）ほど、農家の支払いがあった。したがって、義務教育とはいえ、授業料などの支払いもあって、主に農家は個人負担していた。近年では、政策的には国が負担するという方向に転換されている。

以上の六つの改造、改善といった目標のほかに、県、郷・鎮レベルおよび基層政府（＝村の党支部、村民委員会）レベルの「村・鎮」建設および「合村併鎮」（いくつかの村を集中させて一つの村にすること。郷・鎮の合併）も進められている。また、公的サービスや社区（＝コミュニティ、農村部での「社区」は鎮のなかでのいくつかの村を範囲とするものが多い）の社会的サービスの提供も模索されている。具体的には、二平方キロメートルを範囲とする「社区服務中心」（＝コミュニティのサービスセンター）の整備のことである。公的サービスの内容としては、主に社会の治安、計画生育、婚姻届の登録手続きおよび農村スーパーマーケットの建設などである。(1)

以上のような「新農村建設」の取り組みにおいて、山東省では、「新都市主義型」、「都市農村の同等価値型」、「農村（集落）と企業の一体型」、「産業化牽引型」、「公的サービス延長型」、「株式合作型」など、六つの類型が形成されている。その具体的な内容については、第四章で整理されているので、参照されたい。

第一節　鄒平県の地域的特徴

一　鄒平県の概況と産業構造

鄒平県の経済状況

山東省の中北部に位置する鄒平県（図6-1を参照）は、総面積が一、二五二平方キロメートルで、八五八の行政村（うち自然村八七四）、七二万人（二〇〇七年時点）の人口を擁する。県の行政区画は一三の鎮、三つの街道事務所（区に相当）および省レベルの経済開発区を含む。

経済的に、山東省全体の一四三県（県級市を含む）のなかでは、財政総収入が第一位を、地方財政収入が第四位を占めている。また、全国では、県レベルにおいて経済的競争力のある百の強県、中小都市で総合実力のある百の強県、中小都市においてもっとも投資潜在力のある百の強県、そして民営経済においてもっとも活性化している県のなかで、それぞれ五二位、一六位、四位、四位の位置づけにある（二〇〇七年時点）。

地域全体の産業構造については、表6-1に示されたように、二〇〇七年時点では、国民総生産高が三、四四四、七二一万元となり、〇三年と比べ、たった五年間で、四倍も伸びている。そのうち第一次、第二次産業の比率はそれぞれ一六・三パーセントから五・五パーセントに、五五・四パーセントから七六・五パーセントに大幅に変化しており、第一次産業の縮小と第二次産業の拡大が極めて対照的である。このことから第二次産業が経済の中心的位置づけにあることが明らかである。急速な経済成長を支えたのは何といっても工業化である。とくに製造業が八七パーセン

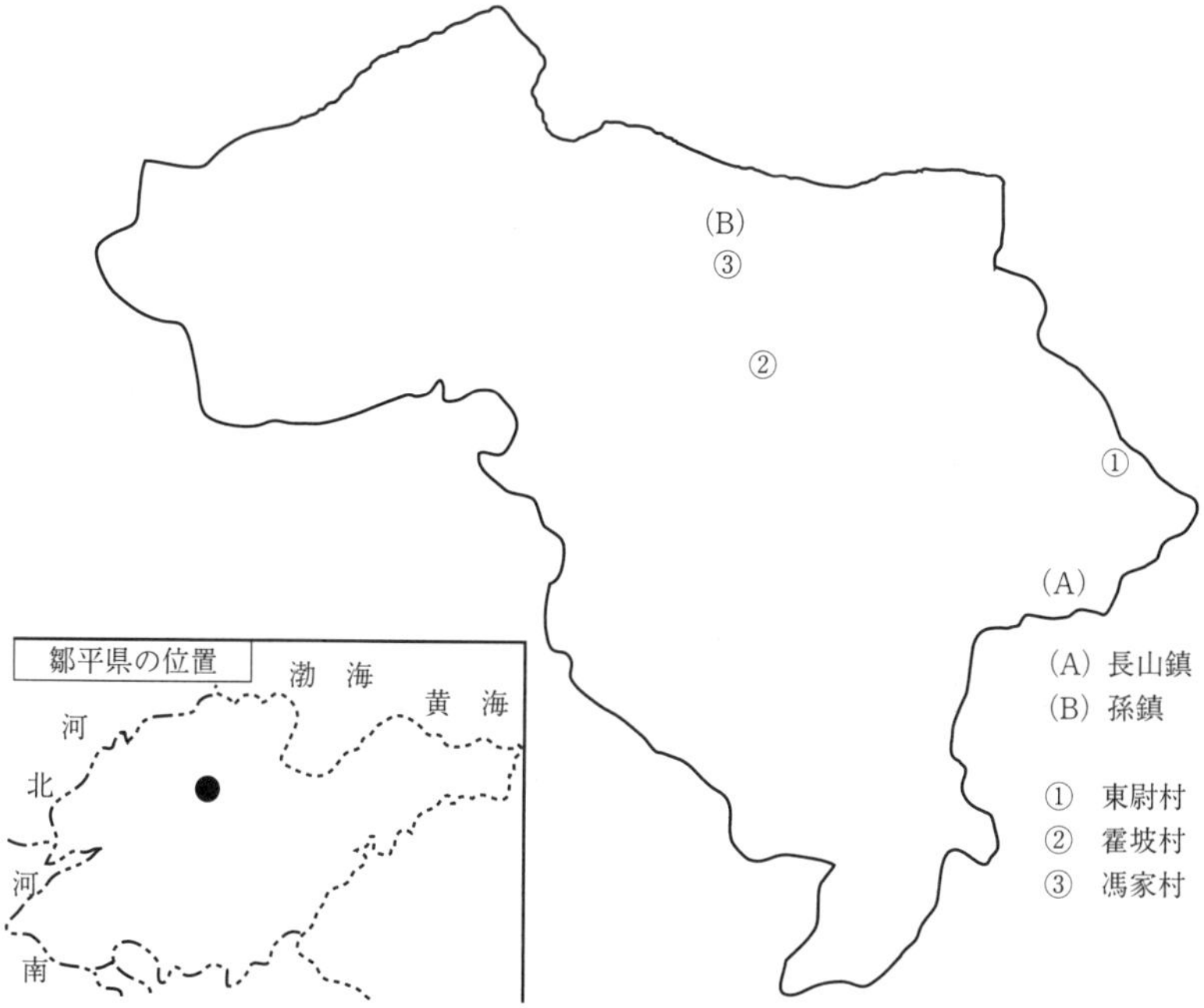

出典：筆者作成

図6－1　調査対象地の位置図

表6−1　鄒平県の産業構造

（単位：万元，％）

年次	第一次産業（比率）		第二次産業（比率）		第三次産業（比率）		国民総生産
2007	189,636	5.5%	2,629,205	76.5%	620,173	18.0%	3,444,721
2006	166,570	6.0%	2,113,198	76.0%	500,500	18.0%	2,785,314
2005	173,131	8.4%	1,518,115	73.3%	378,772	18.3%	2,074,298
2004	172,749	11.3%	1,047,263	68.4%	3,100,211	20.3%	1,534,503
2003	151,169	13.8%	661,577	60.1%	287,532	21.9%	1,104,169
2002	136,835	16.3%	466,200	55.4%	238,354	28.3%	844,926

出典：『鄒平県統計年鑑』2002～2007年より作成。

表6-2　鄒平県の農村人口および就業状況（2007時点）　（単位：戸，人）

	鄒平県	長山鎮	孫鎮
農家戸数	176,239	19,376	10,139
農村人口数	626,253	67,976	37,349
労働力資源	368,629	39,461	21,301
労働年齢内人口	335,534	37,275	20,223
労働年齢内就労人口	310,201	34,515	17,050
農業全体就労人口	122,374	13,845	11,028
農外就労人口	199,519	23,410	6,522
他地域への就労人口	23,283	19,800	947

出典：『鄒平県統計年鑑』2007年より作成。
注：(1) 農家戸数及び農村人口は都市戸籍の戸数と人口を含まない。
(2) 農業全体とは農業・林業・畜産業・漁業を含む。
(3) 農外就労は工業，建築業，交通運送，卸売り・小売，飲食業などへの就労を含む。
(4) 他地域への就労人口は「外出合同工・臨時工」と表現され，「長期雇用」・「臨時雇用」の両方を含む。「合同工」とは企業と労働契約を結んだ長期雇用。「臨時工」とは臨時的雇用である。

トのウェイトを占めている。主な産業は紡績、食品加工、医薬製造、電力、熱エネルギーの生産と供給、黒色金属の精錬と圧延加工などである。国有および年間売り上げが五〇〇万元以上の規模の非国有企業は、二〇〇三年の一六三社から〇七年時点の二七八社まで増えている。大きな柱になっているのは、管内にある「魏橋」「西王」「三星」という、三大集団と呼ばれるグループ企業の存在である。いずれも郷鎮企業から成長してきた大手民営グループである。

農業の概況

工業化との関連で、農村人口のうち、労働年齢人口の就業構造も工業や建築業、商業、サービス業に傾いている。表6-2に示されるように、県内では三六八、六二九人の労働力資源をもつ。労働年齢人口が三三五、五三四人で、そのうち三一〇、二〇一人が実際の労働人口である。就業構造としては、農業、林業、畜産業、漁業を含む農業全体への就労人口が一二二、三七四人で、工業、建築業、商業、サービス業を含む農外就農人口の一九九、五一九人を大幅に下回っていることがわかる。管内の工業の発達に

表6-3 鄒平県の耕地状況

（単位：ムー）

年次	年初耕地総面積	うち常用耕地	年内減少面積		
			小計	国の基本建設	郷村部の土地転用
2007	943,969	940,499	2,298	157	324
2006	950,096	945,766	11,387	300	300
2005	950,384	946,118	5,797	1,009	331
2004	952,187	947,683	6,728	1,918	1,760
2003	1,009,271	976,659	不明	不明	不明

出典：『鄒平県統計年鑑』2003～2007年より作成。
注：(1) 常用耕地のうちほぼ全面積が畑地で，また100%に近い耕地が灌漑可能な耕地である。
(2) 総耕地のうち，臨時耕地や25度以上の傾斜地があり，「常用耕地」に含まない。

よって、他地域への就労人口が二三、二八三人で、比較的少ないといえる。この数字は単なる「出稼ぎ者」とはとらえられない。「合同工」とは企業との間に長期契約を結んだ雇用であり、一般的に呼ばれる「農民工」とは異なる。「臨時工」はどちらかといえば、「農民工」的な存在としてとらえられよう。ここでは、統計数字が「合同工・臨時工」となっているため、具体的な内訳については不明のままである。

県の耕地状況については、全体的には二〇〇三年の一、〇〇九、二七一ムーから〇七年末の九四三、九六九ムーに変化し、五年間で統計上六五、三〇二ムーの減少がみられる（表6-3を参照）。荒地の開発や、果樹園から耕地への転換などで、耕地の増加も若干見られるが、毎年減少した面積のほうが上回っているのは明らかである。減少した耕地は国の基本建設や、郷・鎮および村への土地転用、「退耕還林・草」の部分が多い。このような変化の結果、管内の農業人口の一人当たりの耕地面積が一・三〇ムーになっている（〇七年時点）。

小麦とトウモロコシを中心とする食糧生産の作付面積が一三七・六五万ムーであり、前年度より五・九パーセント増加した。また綿花の栽培面積が一九・五万ムーであった。表6-4に示されたように、全体の農産物作付面積だけではなく、小麦・トウモロコシを中心とする食糧生産の面積も含めて、二〇〇三～〇七年までの五年間で、増加の傾向にある。これは、食糧生産への国の直接

（単位：ムー）

穀物	豆類	油料作物	綿花	蔬菜	瓜類（果物）	その他の農作物
トウモロコシ	大豆	落花生				飼料・牧草
660,593	2,844	5,374	195,035	131,142	30,837	9,860（1,000-60）
616,412	3,544	1,022	211,974	129,953	32,548	8,736（1,641-95）
618,821	2,730	3,873	220,328	142,549	28,977	7,485（1,500-65）
493,355	7,646	5,202	323,967	178,713	31,462	10,238（1639-不明）
483,974	10,070	4,907	276,991	272,594	40,084	12,320（1,650-不明）

れている。豆類には大豆のほかに緑豆も若干栽培されている。イモ類の統計数字もあり，わずかである
る。

表 6-5　鄒平県の果樹栽培

（単位：ムー）

年次	果樹園	うち				桑園
		リンゴ園	梨園	葡萄園	桃園	
2007	20,708	6,422	585	980	4,195	11,930
2006	19,260	6,291	489	594	4,641	12,054
2005	32,019	10,586	664	1,751	7,662	9,355
2004	34,734	13,545	714	1,806	10,658	12,598
2003	46,489	13,578	771	1,522	18,171	14,724

出典：『鄒平県統計年鑑』2003～2007 年より作成。
注：ほかに杏，棗，柿，サンザシも栽培されている。

支払い制度という農業政策的背景にかかわっていると読み取れよう。

油料作物の中心である落花生の生産が不安定な状況にありながら、基本的に五、〇〇〇ムー前後の変動範囲にある。野菜栽培は横ばいにあるが、飼料作物の生産は意外と伸びていない。後述のように、畜産が増加の傾向にあり、飼料の消費が増えていると思われがちであるが、地域内での飼料作物と牧草の栽培面積が逆に減少していることは、別の要因を検討すべきであろう。

さらに、大豆と綿花の栽培面積が大幅に減少していることを指摘しておきたい。WTO加盟後、国際価格のなかで、一番大きな影響を受けた品目であり、鄒平県にも端的に現れている。実質上、この二品目に限定して言えば、

表 6-4 鄒平県の農作物の作付状況

年次	農産物総作付面積	食糧作付面積	夏作農産物		秋作農産物
				穀物（小麦）	
2007	1,748,837	1,376,529	692,586	692,257	683,943
2006	1,687,967	1,299,800	650,617	650,402	649,183
2005	1,676,064	1,272,770	619,079	619,079	653,691
2004	1,605,756	1,055,963	520,101	520,101	535,862
2003	1,654,663	1,089,466	545,986	545,427	543,480

出典：『鄒平県統計年鑑』2003〜2007 年より作成。
注：(1) 夏に収穫する農産物の穀物類は小麦が主で，わずかながら，その他の穀物の生産もなされてい
(2) 秋に収穫する農産物には穀物のうち，トウモロコシのほかに粟や高粱などの栽培も一部行なわが，サツマイモが主である。
(3) 油料作物は落花生がメインで，ほかに胡麻も若干栽培されている。
(4) 瓜類には西瓜・マクワウリのほかにイチゴも含まれている。
(5) その他の農産物の作付面積は飼料作物と牧草を中心に整理した。

表 6-6 鄒平県の畜産業 （単位：万頭・万羽）

年次	牛		養豚	羊	家畜	
		うち乳牛				うち養鶏
2007	8.64	2.44	33.46	8.45	984.69	872.90
2006	8.11	2.21	33.27	10.23	759.27	664.10
2005	14.91	2.22	31.77	10.39	825.61	728.40
2004	14.56	2.02	29.42	13.57	872.88	784.22
2003	12.21	1.50	27.18	12.04	700.94	651.51

出典：『鄒平県統計年鑑』2003〜2007 年より作成。
注：ほかに，馬やロバ，兎，アヒル，ガチョウなどの飼育もみられる。

全国的にも同じような傾向にあると指摘されている。

果樹栽培については、表6-5からわかるように、二〇〇三年時点の四六、四八九ムーから〇七年末の二〇、七〇八ムーに減少しており、主な栽培品目のリンゴ・梨・葡萄・桃もそれぞれ減ってきている。果樹園扱いされず、別項に取り上げられているのは桑園の状況であり、これも同様にここ五年間減少する一方である。

畜産関係において、表6-6から読み取れるように、羊の飼育頭数が減少している以外は、乳牛、養豚、養鶏などいずれも増加している。農業機械化が進み、労役用の黄牛の飼育が減少していること

表6−7　鄒平県の農村人口の所得　（単位：元／1人当たり）

年次	県全体	長山鎮		孫鎮		
			東尉村		霍坡村	馮家村
2007	6,038	不明	8,992	不明	5,340	5,530
2006	5,226	不明	6,315	不明	5,033	4,902
2005	4,465	不明	5,719	不明	4,533	4,402
2004	4,149	4,629	5,423	3,880	4,010	4,250
2003	不明	4,300	4,650	3,450	3,410	3,760

出典：『鄒平県統計年鑑』2003〜2007年より作成。

から、牛全体の飼育が量的に減少しているように見えるが、実質上、乳牛などの分野では着実に伸びてきている。これはもちろん、近年の国民の食生活の変化、特に牛肉、牛乳、乳製品への消費の増加が大きくかかわっているといえよう。

農業の機械化については、コンバインの台数が二〇〇三年の一八一台から〇七年末の一、九八七台にまで増えている。さらに農業用トラクターが七、三四四台、農業用トラックが四、三二二台の所有状況にある（〇七年時点）。

農業の産業化において、重点的「龍頭企業」が五八社、そのうち省レベルの企業が八社と数えられる。山芋、香椿とピーマンが全国で有数の産地になっている。無公害と緑色農産物の称号を与えられたのが一八品目、さらに農民専業合作組織が県全体で八三に上っている（〇七年時点）。

農家所得の変化については、農村住民の一人当たりの所得が二〇〇四年の四、一四九元から〇七年の六、〇三八元と着実に伸びてきている（表6−7）。

二　鄒平県の「新農村建設」の概要

「新農村建設」への支援

県の「新農村建設」への「支農」（＝農業支援）、「恵農」（＝農家に恩恵を与える）政策がさまざまに講じられている。「三農」への支援、義務教育への支援である「両免一補」（＝学費・雑費の免除、教科書費の免除、寄宿生への生活補助）、インフラ整備、農業構造の調整、農業産業化の実践、農村の第二次・第三次産業の発展などである。

財政投入として、二〇〇七年度に限って言えば、「三農」への支援額が二・二億元となり、前年度より一〇パーセント増えている。また、食糧生産に対する農家への直接支払い補助金、優良品質の種子および農機具購入への補助金が合計三、九二二万元、農業の総合開発への投入が九八八万元であった。新型農村合作医療制度の改革に対して、県財政からの補助金が二、二六二万元に達しており、県全体の医療保険の加入率が〇四年時点の八二パーセントから九三・五パーセントにまで展開されている。

農村の義務教育への支援金は、主に「両免一補」に具現されている。二、二七一万元の投入により、管内三二〇名の小中学生が寄宿生活費の補助、八八六、三三一名の小中学生が学費や教材費の免除を受けることができたとされる。県全体の九年間の義務教育の達成率は一〇〇パーセントであり、全国で最初に指定された「九年義務教育普及県」の看板を安定的に維持している県でもある。さらに中学校から高校への進学率が七七・九パーセントとなっている（〇七年末時点）。

農村のインフラ整備においては、七、〇〇〇万元の投資によって、長さ一八〇キロメートルにおよぶ農村の自動車道路の改造が行なわれた。また、バスが通じる村の数が八四八村になり、全体の九八・八パーセントにも達している。さらに、農業用水と生活用水の確保のため、四八〇万元が投資され、一六ヶ所の水害防止の補修工事や、二・五億立方メートルの黄河水の引き入れ工事も実施された。それに関連して、二〇〇四年からの三年間で、七、五一二万元の資金を集積し、供水センター九ヶ所の造成や、二四八村、一六・二万人の飲料水の問題が解決されている。水道水を使用できる村が七七〇村にまで増え、県全体の八九・七パーセントを占めている。これは〇一年末の六二七村の七三・一パーセントの普及率と比べ、大きく改善できたとされる。

農業構造の調整においては、「高効農業」つまり効率の高い農業を発展させ、全国一の山芋、ピーマン、香椿の産地が形成された。また、農村の第二次、第三次産業を発展させることによって、年間平均三万人の農業労働力が他産業への転換を実現しているとして、県行政の成果が評価されている。

村鎮建設においては、村ごとの経済的社会的発展状況に基づき、管内の八五八村を県重点モデル村三〇村、鎮重点建設村七〇村および一般村といった三つのレベルに分類し、タイプごとに指導し、段階的に発展していく計画が立てられている。農村発展の青写真として、二〇七村が将来的にレベルの高い「村庄」（＝集落）建設を目指そうとしており、そのうち八〇村は新築や移転によって新村に生まれ変わる目標をもっている。(2)

第二節　長山鎮の地域的特色

一　長山鎮の概況

産業の育成

長山鎮はおよそ七三、〇〇〇人（〇七年時点）の人口を擁する。「責任区」とよばれる区画が一〇あり、管内の一一〇行政村を管轄している。

鎮内の労働人口は三四、五一五人であり、そのうち、工業（一一、四六四人）と建築業（五、一六二）の従事者総数（一六、六二六人）が、林業・畜産業・漁業を含めた農業全体の従事者（一三、八四五人、うち農業一一、四一八人）数を上回っている。財政収入は一・八億元、うち鎮が使える税収の部分は五、七七二万元であり、財政状況が極めて恵まれた地域であるといわれる。鎮全体一人当たりの所得が六、一〇〇元であり、県内で二～三位の位置づけにある（〇七年時点）。これは、鎮全体の工業化が進んでおり、とくに郷鎮企業が発達していることに大きくかかわっていると考えられる。

鎮が、特に力を入れているのは、工業分野の支柱である産業や企業の育成である。柱となる企業が、鎮財政に対する貢献度が高いからである。長山鎮において、生産性のある固定資産投入は二〇・七億元に達しており、「規模的企業」（年間五〇〇万元以上の売り上げの企業を指す）は五三社も数えられる（〇七年時点）。最近特に注目されているのが鎮内の大手企業の一つ「長星企業」の子会社「群星製紙」である。高級新聞紙や装飾用紙を生産する会社で、急速に成長し、二〇〇七年に香港の株式市場に上場している。製紙業とはいえ、環境を悪化するようなパルプの加工などをせず、完成した原料としてのパルプを購入し、精密加工を行なう会社であると説明されている。この会社は、鎮内での投資にとどまらず、株で得た資金を内モンゴルに投資し、一二万ムーの土地を購入後、風力発電事業を開始して現地に電気の供給と販売を行なっている。さらに、四四〇億元を投資し、県内の紡績会社である魏橋集団に電気を提供する発電所も二〇〇八年五月に稼動する予定である。このように、環境保全に配慮した発電技術を導入しているという。

二　長山鎮の「新農村建設」の特徴

小城鎮建設

「新農村建設」事業への取り組みがさまざまな分野において行なわれているが、農業については、専業合作社を増やしていく目標をもっている。具体的には山芋、養豚、酪農、乳牛、養羊といった五つの分野ごとに合作社の創設を目指していく。

教育については、県と鎮が四、九〇〇万元を共同投資し、二〇〇七年に「範公小学校」を建設した。これは九ヶ所ある小学校のうちの五校を統合再編したもので、残りの四ヶ所をもう一ヶ所に統合する予定である。各村に分居している子どもたちは有料スクールバスを利用して通学する。

医療施設としては鎮営の病院が二ヶ所設置され、規模の大きい村にはクリニックが設置されている。

この鎮はスポーツがさかんであり、スポーツを主題とする活動も豊富に行なわれている。これまでの活躍に対して、「農民健身先進鎮」、山東省の「精神文明モデル鎮」の称号を与えられている。近年では、五ヶ所のゲートボール場と、二ヶ所のカルチャー広場が作られた。ここでは、一、〇〇〇人くらい運動できる。また、太極拳、太極剣、健身舞、卓球、バスケットなどグループごとの活動が繰り広げられている。さらに、三月八日の国際婦人デー、五月一日のメイデー、七月一日の共産党記念日、十月一日の国慶節などの記念日には、大きなイベントが開催され、一万人ほどの参加者が集まる。

長山鎮のもう一つの特徴は「小城鎮建設」のモデル鎮とされていることである。「新農村建設」においては、とくに「社区」（コミュニティ）の形成を目標にしている。そのために、村同士の合併を進め、五～一〇年間をかけて、かつてあった一〇の「責任区」を五つの中心的「社区」に再編する計画をもつ。そのうち三つの中心的「社区」の建設プランがすでに出来上がっている。具体的には、村を移転し、いくつかの村を一ヶ所に集中し、住宅団地を形成する。集住することによって、地域住民の住居環境を改善し、また節約した宅地面積を企業用地に転用できる。これにより、行政的範囲は超えないが、多くの村は移転によって消滅する。また、都市化については、「城鎮一体化」によって、農村部と都市部とのバランスのとれた発展を図る。それを目標に、企業を発展させ、豊かになった農家を土地から「解放」する。農業発展については、「規模農業」（大規模経営の農業）、「規模飼育」（大規模経営の飼育業）を目標にしている。(3)

第三節　東尉村の工業化と「中心村」建設

一　東尉村の概況

農業の概況

東尉村は、鄒平県東部長山鎮の管轄内にある、農家一八〇戸、人口六九〇人、耕地面積一、〇三〇ムー（一人当たり約一・五ムー）の村である。二〇〇六年の工業生産高が三・五億元で、村集団の財政収入が六〇〇万元であった。この時、農家一人当たりの所得が一三、〇〇〇元（〇九年時点）にまで伸びており、県内では上位である。

村には一般的にみられる下部組織の村民小組が存在しているが、農業生産とは関係なく、日常生活上の互助組織になっている。生産の請負責任制度を実施し、土地を各農家に振り分けているが、食糧生産においては、耕起から播種、施肥、収穫まですべての作業が共同で統一的に行なわれており、管理だけ個別農家にまかせている。この形式は一九八二年から継続してきている。農業は食糧生産が中心で、ほかの畑作はほとんど行なわれておらず、家畜の飼育農家は規模が小さい。

二〇〇三年時点では、東尉村には個人経営の企業が一九社、そのうち工業企業が八社、金属廃材の回収企業が六社、飲食業五社が存在した。〇八年時点では工業企業の数が大小あわせて二四社にまで増え、ほかに運送業者が五〇社も

写真6-1　農地の転用（植木の部分）

ある。〇七年度では、村内企業の工業総生産高が四・五億元、四、〇〇〇万元の税金を上納したという。村には、機械の製造業、ステンレス製造、ビニール編み、アルミ製造、交通運送業、飲食サービス業、商品の流通業など、個別経営者としての個人経営戸が七八戸に達し、総勢三〇〇人に及んでいる。そのうち東尉集団（企業グループ）が最大規模の企業である。また、村の総書記が会社の取締役でもある。村内二四社の企業では合計一、〇〇〇人ほどの従業員が働いており、うち村内からは三〇〇人ほど、残りの七割未満が周辺の村からきている。わずかであるが四川省や温州あたりからの出稼ぎ者もいる。すべての企業に宿舎がついており、近い人は家に帰るが、遠い人は宿舎に泊まり住む。

村の労働力の九割は工業や第三次産業に従事し、三分の二ほどの農家はすでに離農している。現地では「土地から解放されている」という言い方がされる。残りの三分の一ほどの農家は農業を続けているが、兼業農家としての存在であり、農業だけの専業農家は村にはないという。村には農地面積が一、〇〇〇ムーほどあるが、実際の食糧の作付面積が四〇〇ムーのみで、残り約六〇〇ムーのうち、三〇〇ムーが工業団地の建設に、ほかの三〇〇ムーが苗木栽培に転用されている（写真6-1を参照）。栽培者は村内の農家ではなく、専業的に大規模な苗木の栽培に取り組む村外の農家三戸に請け負われている(4)。

二　農地制度と農業生産構造の変化

制度改革

土地改革の時期に、東尉村はまだ鄒平県に併合されず、長山県の管轄下にあった。『東尉村社会基本状況』の記載によると、当時村には農家が七六戸あり、人口は四五〇人であった。村全体の土地面積の一、一一五ムー中、宅地などの面積を除き、実際の耕地面積が九五〇ムーあることから、一人あたり二・一ムーという規模であった。五〇年代中後期に、農業生産合作社組織の成立に伴って、村内の耕地に対して、分散された畑地の集約が実施されたが、小規模なものであった。その後七〇年代に、「農業を大寨に学ぶ」運動のもとで、村の耕地は水利関係も含め、大規模な基盤整備が行なわれた。村の南側および北側のほとりにあった三ヶ所の墓地および溝や堰などが全部平地にされ、耕地に再整理されたのである。それによって村全体の耕地面積が六〇ムーあまり増えたことになる。

一九八二年に土地の請負責任制の実施によって、土地の大半が各農家に配分され、五八ムーの果樹園と五〇ムーの蔬菜菜園、および六七ムーの自留地に対しても、請負制度にしたがって、個別農家に請け負わせた。さらに、村集団所有の五五頭の家畜も戸あたり三分の一頭の計算で農家に配分された。八四年に、人民公社体制の解体にともない、土地の請負制度を徹底し、村民委員会が農家との間に正式に土地の請負契約書を交わした。契約書には、農業税と国に売り渡す食糧の数量、さらに村集団への積立金などについても書かれていた。三年に一回の土地微調整についても記載され、家族メンバーの人数の増減にしたがって、耕地面積の調整が行なわれてきた。

農業生産の変化

食糧生産においては、小麦、トウモロコシ、粟、高粱、大豆、サツマイモなどの栽培が行われたが、農家の食生活の変化に伴い、八〇年代以降、高粱、大豆、サツマイモの栽培がなくなった。また、二〇〇三年以降、粟の栽培も消滅し、小麦とトウモロコシのローテーションといったモノカルチャー的単一栽培に変化している。経済作物とされる綿花、タバコ、油料作物の落花生、ゴマの栽培もされていたが、タバコが早くも七〇年代に、油料作物が八〇年代に、綿花が九〇年代に相次いで栽培されなくなった。

一九九三年に、村集団所有の果樹園が解体し、その面積を個別農家に入札の形で請け負わせた。二〇〇〇年になって、この部分の果樹園は樹齢が高いため、病虫害に悩まされた末に、県にある日清会社と契約を結び、果樹栽培から有機蔬菜栽培に切り替えられたのである。これによって、村の果樹生産もなくなった。

蔬菜栽培については、次の取り組みも見られる。一九九八年に長山鎮政府の投資で、村の西側に、敷地面積二二ムーの耕地に、九八棟のビニールハウスが建設され、村の個別農家に野菜栽培として請け負わせた。二〇〇二年になって、村はビニールハウスの一部（一三五ムー相当）を他村（杏村）の農家（一戸）に年間ムー当たり二六一元の請負賃貸料で、一〇年間の期間を条件に請負わせた。この部分の耕地は経済林（用材林）の栽培に転換されたのである。さらに、同じ年に淄博市周村の農家との間にビニールハウスの用地八七ムーを三〇年間の請負契約で結んだ。ムー当たりの賃貸料が年間三〇〇元であった。この部分は主にポプラが栽培されている。二〇〇三年末、村には経済林（用材林）が六、〇〇〇本に達した。

二〇〇三年時点では、村の土地の総面積が一、一七二・五二ムーであった。道路用（三路線の大きな道路の面積がそれぞれ二一・八ムー、三九・七ムー、五・八ムー）および宅地などの面積を除き、実際の耕地面積は九四〇・二二ムー、一人当たりの耕地面積は約一・四ムー（村の人口が六九四人）に変化している。

一九九四年以降、村は、農家の経済的所得を高めていくために、工業発展に力を入れる方針を定めた。それに伴って、村の北側の六八ムーの土地を工業団地に開発し、農家の起業を奨励したのである。二〇〇三年末に、すでに一〇何軒の企業が工業団地に入り、ムー当たり年間二、五〇〇元の賃貸料を村に支払っていた。このように民営企業の経営が盛んになり、村の農業中心の産業構造に大きな変化が起きた。

二〇〇三年以降、村内の耕地面積には変化がないが、耕地の所有権は依然として村の集団所有のままであり、耕地の経営方式および用途が大きく変化した。

二〇〇三～〇七年の間、県外および村外の三人にそれぞれ一二八ムー・八四ムー・一二九ムー合計三四一ムーの耕地を請け負わせ、請負の期間は異なるが、一〇年から三〇年の契約を結ばせた。この耕地は主に林木材と花卉栽培に使われている。さらに工業化の発展で、〇七年末時点では、村の企業用地が二四六・六ムーにまで増えてきている(5)。

三　東尉村の工業化の展開過程

工業化の始まり

歴史的には、この村の工業は農業の合作社の時期にすでに細々と始まっていた。一九五六年に、村が新しく誕生した高級合作社のために、綿繰り機を三台、綿打ち機一台を購入し、集団の形態で綿繰り、綿打ちの工場を経営することになった。この年に、さらに集団で六〇ムーのタバコを栽培した。これが農業の合作社以降、村集団で作った最初の工業副業である。一九五八年以降、「全民鉄鋼の生産に大いに力を入れよ」との国の呼びかけのもとで、東尉村も「村々に火がつき、家々から煙が立つ」といった奮闘のムードに包まれ、鉄鋼の製造に動員された。その後、文化大革命の時期にはいり、工業副業への取り組みはもちろんのこと、農家の家畜の飼育さえも資本主義とみなされた時代になった。そのような背景のもとで、東尉村の集団による工業副業の発展が挫折し、個人の手工業も絶滅に近い状態にあった。

しかし、一九七〇年には、全国北方地区農業工作会議が開かれた。「農業をめぐって工業を起こす、工業を振興して農業を促進する」との国の指示にしたがい、東尉村（当時は東尉大隊）は農業と第二次農業産品（つまり農産物の加工品）の加工を中心とする「社隊工副業」に取り組みはじめた。春雨の製造工房、豆腐工房、綿繰り綿打ちなどの加工業のほかに、馬車による運送業、家畜の飼育農場も立ち上げられた。さらに同年の七月に、五人による農機具の修理および部品の取替えと補修のチームも作られた。これが農産物加工を中心とする副業以外の東尉大隊の最初の工業関係の取り組みであった。また、その後の東尉工業設備工場の前身でもある。

「農業を大寨に学ぶ」運動のなかで、東尉大隊では一九七四年に燐酸肥料工場、一九七六年に抜糸工場とセメントパイプ工場が創設された。

改革開放政策の展開

一九七八年になって、第一一回三中全会の開催に伴い、「社隊企業を大いに発展する」と国の呼びかけがあった。さらに翌年国務院による「社隊企業を発展する若干の問題の規定」といった文書も公布された。以上のような政策的背景のもとで、「社隊企業」がさかんになり、村にあった農機具修理および部品の取替えと補充のチームも東尉大隊農機具製造修理工場の名称に変更され、スタッフが二〇人に増員された。

一九八四年以降、農業生産の請負責任制の実施にともない、村の社隊企業も請負制がとられ、集団所有・集団経営の工業農業副業から、集団所有と個人に請け負わせた個人経営の村営企業とに転換されたのである。しかし、多くの企業は、請負人の頻繁な交替により、経営状況がその後よくなかったという。

そのような状況を打開するために、一九八八年に、東尉村は村営の集団形態の東尉実業公司を創設し、個人に請け負わせた村営の農機具製造修理工場や、抜糸工場などを回収し、村が経営することになった。新しい経営形態のもとでも、農機具製造修理工場以外、ほかの企業はいずれも効率がそれほどよくないことがわかった。そこで、九二年に各企業が元の賃貸請負の形態に戻されたのである(6)。

一九九三年に村の党支部および村民委員会の人事交代で、ZH氏が村の党支部書記に選ばれた。多数の村営企業の重い負債の状況に対して、「工業振村」(工業によって村を振興させる)方針を固め、各企業の経営状況を調べたうえで、企業の改革を模索しはじめた。

一九九六年に、鄒平県の「工業興県」(工業によって県を振興する)の戦略のもとで、村に工業団地を建設し、また、八八年に創設した東尉実業公司を中心に、村内の五社を母体に、さらに七社との連携のもとで、東尉集団(企業グループ)を創設させたのである。東尉集団の構成会社同士は、それぞれ独立した法人格をもつ。集団公司には理事会を設けており、ZH氏が第一回理事長に選ばれた。各企業の経理(社長)および工場長は招聘制のもとで任命される。集団公司の下に総経理事務室、生産企画部、経営部、技術開発部、人事部および監査部など八つの部門が設置されている。

さらに、工業を効率よく発展させるために、二〇〇四年に企業の株式制度を導入した。その意思決定においては、

「中共東尉村党総支部、東尉村村民委員会の鄒平県東尉工業設備工場の株式化に関する決定」が制定され、村党員会議を経て、村民代表大会で決議されたとされる。この決定に基づき、企業の株式化によって、村集団の株が全資本の三〇パーセントを占めた。村の株の配当部分が二〇パーセントに、招聘した技術者や経営能力に優れた経理（社長）などの人材への配当が一〇パーセントを占める。また、この会社の七〇パーセントの株が個人所有になり、そのうち、ZH氏の株が資本全体の五一パーセント、企業の管理層の株は全体の一九パーセントを占めている。企業の管理層は村幹部ではなく、従業員のなかから選抜される。このような形式による運営は、村内のほかの企業でもほぼ同じである。

二〇〇六年に東尉集団は村の龍頭企業として染色工場を買い取った。また、〇七年に上海の株式市場に上場している、あるステンレス有限公司と共同で出資し、県内の好生鎮で特殊金属材料を製造する有限公司を発足させた。イタリアとも合資企業を作り、ステンレス管の生産を行なっている。さらに〇八年二月に事業を拡大し、不動産業の経営も手がけている。

村の工業化のなかで、村民の大半が農業から工業に転業し、個人経営か企業で働くようになった。経営者を除き、企業の生産ラインで働く賃金労働者の年収が一〇、〇〇〇元前後である。これが「共同富裕」の道だと村では自負している。

四　東尉村の「新農村建設」

村庄建設

東尉村は明の初期にできた「尉家庄」と呼ばれた村落であった。民国以降東尉村に改称され、現在に至っている。

村の規模はできた頃の何戸かの家から建国頃の七六戸、人口四五〇人になっていた。民家のスタイルはおおよそ「四合院」の構造で、北側の部屋が母屋、東西側には離れがついていた。

一九五〇年代前半も上記のような構造で民家が建てられていた。農業合作社の成立後、土地が村集団の所有になり、新しく家を建てる際に、村の審査と許可が必要とされた。六〇年代には、経済的に困難な時期でもあり、新築者や建て直しの家は少なかったが、七〇年代に入ってから、出産ピークを迎え、結婚適齢期になった若者から新築申請を出すものが急増し、村の空き地が不足したため、家屋の建設に耕地を転用することになった。その後、「六〇」条と呼ばれる農村人民公社の規定が定められ、建築に耕地を使用する場合、厳格な審査手続きが講じられるようになったのである。

村の住居環境の整備と呼ばれる旧村改造が、一九七〇年代から行なわれていた。文革の終了とともに、経済条件が改善され、村の企画と村民の住宅建設が村仕事の重要な内容の一つになってきた。七七年に、東尉大隊による「村庄建設に関する企画の決議」が打出され、村内の道路整備と耕地の節約や、環境衛生および緑化のための、街道の向きと幅の決定がなされた。このことから村民は、住宅の建て直しや新築する際に、与えられた敷地内で、家屋の高さと幅など、厳格かつ統一に定められた基準にしたがって工事をしなければならなかった。

一九七八年以降、改革政策の実施に伴って、新たな住宅の建築ブームが起こった。そのなかで、東尉村は八三年に新村建設の企画を立ち上げ、民家の新築の様式や高さ、幅、及び建築材料などについて、かつての制限条件を撤廃した。そのかわりに村の景観をより美しくするための企画が立てられた。八九年に、村ではじめての二階建ての民家が現れ、さらに九〇年代に入ると、屋根つき通路式のベランダの家屋も増えてきた。しかし、急速な住宅の建設により、土地の転用、耕地の減少が進んだだけではなく、核家族化が進み、三世帯家族の住居も減少していった(7)。

一九九六年に、東尉村は鄒平県の「小康村」グループの一つとして選ばれたことを受け、それまでに実施してきた宅地審査制度を中止するとともに、「小康村」建設を目標に、九、六〇〇万元を投入し、二〇一〇年をめどに完成する七棟の近代化住宅団地の建設案を打出した。この「新村（七〇年代以降の旧村改造に対して「新々村」とも呼ばれる）」建設により、住宅は四階建ての建物方式をとるため、住宅用地が元の四一・九二ヘクタールから一一・二七ヘクタールに大幅に減少した。また、建物と建物との間を公園化し、緑を増やすことで、緑化率四五・六パーセントを目標として設定されているため、村民公園も整備された。老人たちがゲートボールなどの運動をする場所になるばかりではなく、村民の憩いの場にもなっている。

「新々村」の建設と同時に、村内の環境と景観をよくするために、古い宅地の跡地の整理も行われ、道路・街道のアスファルト化、道路の舗装、清潔化、溝や水道の浄化と呼ばれる「四化」を基準に取り組んできている。例えば、ごみ・沖積した泥および土砂・道路上の障害物の「三清」と呼ばれる三つの整理整頓や、「三改」と呼ばれる水道・トイレ・台所の改造が行なわれた。二〇〇五年前後には、五路線のアスファルトの道路を新たに舗装し、道端にプラタナス（スズカケノキ）を植樹して街灯が取り付けられた。

さらに、村民住宅への通信設備の整備も進められてきている。固定電話が増設され、九五パーセントの家庭には電話が取り付けられ、県内で固定電話の普及率が第一位になっている。さらに、インターネットのケーブルも完備され、二〇〇七年時点では、すでに二八パーセントの家にはインターネットがつながっている。また、ケーブルテレビも一〇〇パーセント普及している。

二〇〇七年時点では、すでに四棟の住宅ビルが完成している（写真6-2・3・4を参照）。一戸あたりの広さは一四〇～一七〇平方メートル程度、五〇数戸がすでに入居している。費用の負担は、村が戸あたり三万元を補助する。

写真 6-2 改造前の民家

写真 6-3 建設中の住宅団地

写真6-4　完成した住宅団地

移転した跡地は「東尉社区」建設用地に充てる予定である。「社区」（＝コミュニティ）については、都市部では、日本の町内会に相当する「街道委員会」について、近年「社区」と呼称するところが多い。農村部では、いわゆる村の併合にともなって、併合した区域および行政的存在として「社区」と呼ばれる傾向がある。その概念規定については、決して明確なものではない点に留意されたい。

「東尉社区」の形成については、東尉村を中心に他の八～一〇村を併合し、人口八、〇〇〇人の規模の「中心村」にまとめることが企画されている。

老人ホームの建設

二〇〇五年に村の「老年公寓」（老人ホーム）の建設が着工された。敷地面積は一・五ヘクタールであり、村の公園に隣接し、優れた環境に恵まれた場所にある。〇六年四月に完成し、入居が始まった（写真6-5・6・7を参照）。老人ホームの建設には三七〇万元の投資が

写真 6-5 老人ホーム

写真 6-6 老人ホームの内部

写真6-7 老人ホームの２人部屋

あり、その大半が村の総書記のＺＨ氏の企業グループの利益からである。残りは村集団の長年の公共積立金および一部の寄付金である。

施設には南北の両脇にホテル並みの部屋が作られ、三〇室のスタンダードの部屋のほかに、一〇室のスイートルームも配置されている。部屋にはバスルーム、浴槽、セントラル空調施設、家具、電話、インターネットシステムが完備されており、夏にはソーラーエネルギーのシャワーの施設も付設されている。建物は吹き抜けの構造になっており、一階には広々とした運動や集会ができる場所がある（写真6-6を参照）。床には滑り止めの漆が塗られている。村は二〇〇四年以降、毎年約四五万元の予算で村民の文化活動を支援しているため、将棋やトランプ、マージャンなどをするテーブルのほかに、五〇点以上のスポーツ用品も準備されている。例えば、三〇人ほどの村民（女性）がヤンカ（秧歌）チームを組み、定期的に練習する場として活用されている。また、西側の一階には台所、制作室および倉庫がついている。二階には図書室、閲覧室、保健室などがある。図書室には三万冊もの図書が備えられており、閲覧室にはソファーや茶卓も付いている。

老人ホームは村営の福祉施設として、村の党支部と村民委員会に直属すると同時に、村集団の所有と経営下におかれている。老人ホームの管理には、管理事務室が設置され、村の二つの組織がそれを管轄する。事務室の主任は村の婦人委員会の主任X氏（女性）が担当する。副主任は女性保健医のZH（E）氏が兼ねている。他には、調理師一名と服務員（施設の老人の世話をする）が四名いる。入居の規定によると、村内満六五歳の老人すべてが入居の資格をもち、入居に際しては本人の申請が必要である。登録手続きの後に、施設、老人本人、老人の子女との三者間の協議書の協定が結ばれる。夫婦のうち、一人が入居条件を満たす場合、両者とも入居可能になるが、六五歳未満のほうの食事費は個人負担になる。

費用として、入居者の子どもから月六〇元を徴収するが、そのうち三〇元を小遣いとして老人本人に渡す。実際の毎日の食費は二〇元を基準にしている。

入居していない六〇歳以上の年配者については、年に二回ほどの国内旅行を実施しており、これまでは北京、青島、南京などに行っている。その際、旅費などはすべて村が負担する。

これらの事業は、老人たちに安心して老後の生活を送ってもらうためである。また若者たちは心配せずに企業での仕事に専念できることがねらいであると、村民委員会の主任は説明している。

さらに、入居していない六〇歳以上の高齢者に対しては、一九九七年以降養老金（＝年金補助金）を配布している。一九九七年には一人当たり月一〇元だったのが、二〇〇七年時点には三〇元に引き上げられ、六一名に配布されたという。

年金制度については、企業で働いている村民の九〇パーセントが「社会養老保険」（＝年金保険に相当）に加入している。企業で働いていなくても将来年金をもらえるメリットがあるため、この制度を村全体に広げようと村は考えている。この制度は、個人負担と村の負担の両方によって成り立っており、村外からの従業員にも適用させる計画である。

村集団の村民全体に対する福祉事業は次のような内容が含まれる。①生活用水の水道料金の負担②各農家に年間五キログラムの食油の配布③小学生の教科書の費用負担④大学や短大への合格者にそれぞれ二、〇〇〇元と一、〇〇〇元の奨励金を給付⑤住宅団地に移転した村民に暖房費の半額補助⑥新型農村合作医療保険の個人負担を軽減、などである。以上のような事業のもとで、一人っ子家庭に対して、政策実施当初は年に三〇元、現在三〇〇元を補助している。この村の計画出産制度の実施はスムーズに行なわれており、第二子出産の許可（第一子が女子の場合）を得た家庭の八割がそのチャンスを放棄する、と村はその放棄率の高さを自負している。

村の医療施設と医療保険制度の整備

新型農村合作医療保険が中国の農村部では急速に整備されている。新型といった言い方には、かつてあった農村合作医療制度を新たにする意味合いが込められている。

一九三〇年代において、村には医者がおらず、薬局もなかった。私塾の教師の一人が『本草綱目』を独学し、村民に漢方の処方をした記載がある。建国後、医療状況が改善され、郷・鎮および村々に医療機構が設置されるようになったが、東尉村は村の規模が小さく、資金も不足したため、一九七〇年まで村にクリニックはなかった。一九六八年に毛沢東の「医療衛生の工作の重点を農村におく」という指示によって、一九七一年頃から、県内の農村はクリニッ

写真6-8　「社区」の医療センター

ク（保健室）の設置および農村合作医療制度の整備に取り掛かるようになり、村にいた一人の保健員もその後「赤脚医生」（裸足の医者）に名称変更された。また保健室も設置され、裸足の医者が三人にまで増えた。しかし、生産請負制度の実施とともに、村集団所有のクリニックも個人に請け負わせ、さらに、二〇〇三年からは村集団所有から個人経営のクリニック体制に切り替えられたのである。

医療保険制度の歴史的変化については、次のように概括できる。前述したように、一九七一年に村にはじめてクリニックができた頃に、農村合作医療制度もはじめられた。当初の医療費負担は、人民公社の社員個人の負担と、生産大隊の公益金の負担で構成され、医療費はクリニックによって管理された。七五年になって、「社」と「隊」という二つのレベルの農村合作医療制度に改められ、社員個人は毎年人民公社に少量の医療費を納め、人民公社所有の病院は合作医療の帳簿を独自に設けて管理するようになった。八二年に生産請負制度の実施にとも

なって、村のクリニックも個人に請負わせることになり、農村合作医療制度が廃止されたのである。(8)

新型農村合作医療保険制度は二〇〇四年からのスタートである。手続きをスムーズに進めるために、長山鎮は二〇〇六年に「長山中心衛生院東尉社区サービスセンター」(社区＝コミュニティ)を設置した。「東尉社区」とは東尉、郭家、前尉、後尉の四村を含めた医療連合体であり、新型農村合作医療の指定クリニックとしての位置づけでもある。将来的に「社区医院」(＝コミュニティ医院)に拡大していく計画をもつ。医療保険金として、鎮からは三元、県および県以上の地方政府からは計四二元の、合計四五元が支払われるため、会員個人は年間一五元を支払うことになっている。東尉村の場合、村民全員が加入しており、一人当たり一五元の医療保険金を村が一括して支払っている。大きな病気にかかった場合、制度上個人が負担すべき部分も村が負担している。この点に関しては、他の村とは異なっており、村独自の村民への社会福祉事業の一部として理解してよい(写真6-8を参照)。

五　農家の事例分析

現地調査では、個別農家に対して聞き取り調査を実施することができた。ここでは、三つの事例を取り上げることにしたい。対象者はそれぞれ、離農した元企業の経営者(事例1)、離農した現役の企業の経営者(事例2)と老人ホームに入居した農家(事例3)である。(9)

《事例1》　離農した元企業経営者の事例

調査対象者は家の世帯主(六四歳)で、妻(六五歳)との間に三人の息子がいる(長男四六歳＋次男四二歳＋三男三八歳)。本人は一九九三年に友人や親戚から一〇万元ほどの資金を集め、銅材関係の企業を創設した。二〇〇六年に本人が引退した頃、従業員が一六名、売り上げが五、〇〇〇万元の民有企業に成長していた。ほかの企業にいた三男を後継者に呼び戻して、引き継いでもらっている。次男もその脇役として経営者の一人である。三男の妻は企業の会計を担当する。次男の妻は、村内の別の工場で働いている。長男は、一〇年ほど前から同じ銅材関係の会社を別個で経営している。長男の長男（本人の孫息子）もその企業で手伝っている。

農業については、一人当たり一・四ムーの耕地を村から配分され、家族の構成員が最大一〇人いた頃には一四ムーの請負耕地面積もあった。二〇〇〇年に農業経営をやめて、その耕地を村に返上した。

本人夫婦はまだ旧村に住んでいるが、まもなくアパート型の住宅団地の三男の居室に引っ越す予定である。一六五平方メートルの広さで、一〇万元のうち、個人の負担額が七万元ほどであった。次男も同じようなスタイルの建物に入居している。長男は将来鄒平県城（＝県政府所在地）に住宅を購入する予定である。

経営した企業は個人所有であったため、年金はないが、貯金がある。しかし、現在の生活では貯金を崩して使うことはない。現在三男と共同生活をしており、生活費は三男が出す。祭日のときは、長男や次男も小遣いをくれる。「彼らは豊かな生活をしているので、いくらとは決まっていない」という。

老人ホームへの入居については、「喜んで入る。自由だし、食事の面倒も見てもらえるから簡単でいい。食費の負担もない。妻と同じくらいの年だから一緒に入れる。子どもたちと一緒にいるよりは、老人ホームのほうが便利だ」と、夫婦そろって言う。

「村幹部が代々しっかりしており、がんばってくれたので、先進的なところだ」と、村の組織を評価している。

《事例2》　離農した現役の企業経営者

村の元副書記、生産隊時代の隊長も務めていた村の老幹部である。調査時点（二〇〇八年）では本人七〇歳、妻五五歳。黒色金属（＝非鉄金属ともいう。現地で「有色金属」と言い、紫銅、黄銅、鉛、アルミなどの非鉄金属のことを指す）の回収と販売のリサイクル業の会社を経営している。息子が総経理（＝社長）、本人がその副経理（＝副社長）を務める。

七～八年間、小規模の銅業の回収センターを運営したのち、二〇〇二年に会社形式に切り替えた。現時点では、従業員一二名を雇用している。従業員のうち勤務年数が長い人は三年も働いている。会社は乗用車四台、トラック一台を所有する。

農業生産と経営をやめたのが一九八五年頃で、村では一番早くやめた二戸のうちの一戸であり、人民公社が解体して間もない頃であったという。

「文革期の階級闘争が終わり、鄧小平時代に入ると、経済をやれ、やれ、といわれ」、本人が商売を始めた。最初の頃は、農業信用社から五万元の融資を受けて、人を雇って山西省から石炭の運送業をしていた。その頃は手元に二～三万の個人資金があった。運送業を三～四年間やったあと、非鉄金属の回収業をはじめた。倒産した工場や廃棄した機械から金属類を集め、分類して加工せずにほかに配送する。基本的に銅は天津や青島へ、アルミや黄銅などは地元で買い取られる。本人の担当分野は集めてきた金属材料を識別して、回収価格を決めることである。会社で働いている親戚（甥）が一名おり、現金管理および車の運転を担当する。他の従業員は村外から来ている。家計は息子夫婦と一緒になっている。

朝の運動は散歩である。老人ホームに入っていないのは、会社で必要とされているからだという。住居は村の新築のアパートにあるが、普段は会社のビルの一階で生活しており、息子夫婦が同じ建物の二階で生活している。

本人は小学校で六年間、中学校で二年間勉強した。本人にとって、「今はいい生活、満足している。商売もよい」。「階級闘争時代は農民の暮らしが大変だった。社隊企業にもいたが、クーポンがなければ食糧や衣類も買えなかった」と昔のことを述懐している。

《事例3》　老人ホームに入居した農家

本人夫婦（世帯主七二歳、妻六九歳）と次男（三九歳）夫婦および孫娘との六人家族の生活であるが、本人夫婦は実際には老人ホームの入居者である。聞き取り調査の場所は次男との共同生活の場であった。長男家族（夫婦＋息子一人）は鄒平県の県城に住んでいる。

次男夫婦は村内の「東尉集団」で普通の社員として働いている。年収は二～三万元程度である。

農業の経営面積が五・七ムー、小麦とトウモロコシの食糧生産のみである。次男が兼業的に従事し、本人は補助作業を行う。種子は村から配分され、買う必要はない。農業機械を賃借している。農産物の販売については、小麦は一人あたり一五〇キログラムを自家用に残して、あとは販売する。トウモロコシは全量販売する。

村の土地調整は三年に一回行なわれる。この農家はまだ六人分の土地がある。老夫婦が老人ホームに入居しているので、来年（二〇〇九年）は四人分となる。長男は高校の教師で都市戸籍なので配分されていない。

本人は村の設備工場で一六年働いていたが、二〇〇六年七〇歳のときにやめた。臨時雇いなので年金はない。老人ホームができてから、夫婦そろって入居し、二年になる。施設に入ってはいるが、家が近いので、よく家に帰ってくる。お湯を沸かしたり、食事を作ったりして、子どもたちの家事の手伝いをする。

今の生活について「とてもいい、問題ない」という。長男から年間二、〇〇〇元くらいの小遣をもらえる。老人ホームからさらに月三〇元の小遣いをもらう。趣味は老人ホームで麻雀をすることと、テレビを見ることである。北京、南京を旅行していた。村の負担で村幹部の案内で行った。老人ホームの生活は「快適だ。食後に皿洗いの必要もない」という。

本人は学歴がない。若いときは四年間軍隊に行って、一九五八年に村に戻り、以来村外に出かけていない。六三年から七六年までの間、村の書記を、その後九〇年頃まで副書記を務めていた。その頃は農業生産を中心に取り組んでいたが、最近は経済発展を中心としている。そこが昔と違うところと見ている。しかし、「農業が基本だから、なくしてはならない」と本人は考える。

現実として、村では自分で耕作している農家が三分の一程度である。五〇~六〇ムーのまとまった土地があれば農業をやろうと、次男と話し合いをしている。「そのくらいなら食糧生産だけでも、所得が間に合う」。ところが、「嫁の意思で、この家の農業もとっくにやめた」という。「若い人たちはお金で計算する」。土地を村に返上するとムー当たり八〇〇元の補償金が出る。

アパート型の集合住宅（住宅団地）への移住時期については、自分たちは老人ホームにいるので、「子どもたちの意思による」という。

六　村の成功の要因と今後の展望

「共同富裕」の牽引力

村が二つの共産党支部を持っているのも特徴的である。村の共産党支部があり、村民委員会主任のN氏が、書記と主任の両方を兼ねている。「東尉集団」にも多くの村民が働いていることから、共産党の支部が設立され、企業の取締役のZH氏がその支部書記を務めている。村全体を総括していることから、総書記と呼ばれている。

村内には二〇〇七年時点では三六名の共産党員がいた。東尉村の経済発展の成功には、二つの牽引力によるものが大きいと評価されている。一つは村のリーダーの個人の牽引力であり、もう一つは村の共産党組織の牽引力である、と考えられよう。

ZH氏は、村の一九九三年以来の書記で、その前は党支部の委員、人民公社時代に生産隊長、共産主義青年団の書記を務めていた。会社経営も同じく一九九三年からのスタートである。それまでは村の経済構造は農業中心であった。「豊かになるためには農業では遅い。早く工業に取り組むのが豊かになる道」と総書記本人は考えていた。

『東尉村志』（二〇〇八）によると、一九九九年以降、村では党の支部と村民委員会の定期的な選挙による交代として、民主選挙制度が確立されている。また、村民会議、党員および村民代表議事会を中心とする民主的決議制度も形成されている。さらに、政務・村務および財務の公開開示制度、ならびに民主的に村幹部を評価する民主的監督制度なども設けられている。そのほかに「村民自治規約」、「村の規約および民約」、「村民の身上調書」など、村民の自己管理制度も設置されている。

「工業興村」による「共同富裕」の目標を実現するために、党の建設が重要であると村が認識している。村の総書記は「(村）幹部になるのはお金のためではない」、「(村）幹部になるのは公僕のため」というスローガンを掲げた。そして、共産党員のイメージ作りに、党員および村の幹部らに次のことを呼びかけた。「専門知識を学び、一つか二つ実用性のある技術を身につけよう。」、「専門知識および実用技術を以って、自ら豊かになる。民営企業の経営主のような「能人」（＝能力があって、経営センスの優れた人のこと）になろう」。

また、党の支部は、党員が民衆との連携制度をつくり、党員一人につき、五人の一般村民と連携させ、農業生産や日常生活の困難の手助けをするよう、制度上決められている。このように、村全体は経済発展、社会安定、党群関係（共産党と一般群衆、村民との関係）が良好であることを評価され、村づくりに成功している。その成功に対して、「山東省社会主義新農村建設示範村」（＝モデル村）、「山東省基層党建工作示範点」（＝基層共産党組織の建設工作のモデル的拠点）、「民主法制示範村」（＝民主的で法律を守るモデル村）などの名誉的称号を三〇項目以上与えられている。

将来の展望と問題点

企業経営に関して、村内の多くの企業はまだ粗放的な加工業レベルに止まっている。今後の課題として「技術を高めようとするが、技術力が不足。優秀な技術をもつ人材が不足している」ことが挙げられる。県政府に大卒者の派遣を二年連続で要望したが、うまくいかなかった。その後「人材市場」に直接求人を求めた結果、二〇〇七年には、「東尉集団」は一〇数名の大卒者を採用することができた。「科学技術の発展のために力を蓄えていく」と村の主任は考えている。

農業については、食糧生産の三〇〇ムーの農地に関して、「農家の意識の転換を待っている」という。生態農業を発展させるとの考えを村は持っている。具体的には苗木の栽培に切り替えることである。(10) そうなると食糧生産がなくなる。土地を転用する場合、農家にムー当たり八〇〇元の補助金を与えており、これは同じ土地で同じ利益を得られる考えに基づく計算である。今年もさらに耕作をやめる農家が出てくるとみている。やめたい農家に面積を登録してもらい、野菜農家が土地をほしいときに鎮が斡旋するようになっている。

第四節　孫鎮の農村開発と兼業化

一　孫鎮の地域的特徴

経済の概況

孫鎮は、県の北部に位置する。管内には人口三六、八〇〇人（〇七年時点）、四一の行政村がある。村々の規模はばらつきが大きい。人口の大きい村は三、五〇〇人あまり、小さい村は二八〇人ほどである。県全体の一三鎮、三区のなかで、国民総生産高の順位が後から五番目であり、経済的に遅れている地域といえる。それは農業中心としての開発戦略にもかかわっていると考えられよう。

鎮全体の土地面積が約九万ムー、うち耕地面積が八万ムーほどである。県全体からみれば、この鎮は農業を中心とする位置づけにある。一人当たりの請負耕地面積が二・五ムーであり、平均より大きい。小麦・トウモロコシの耕種農業以外に、ビニールハウスの蔬菜（主な品目はキュウリ、トマト、セロリ、春菊など）が二、〇〇〇ムーほど栽培されている。乳牛（八、〇〇〇頭）、養豚（四〇、〇〇〇頭）などの畜産業も発達している。農業関係では、種子、乳牛、養兎、野菜関係の農業合作経済組織が七つ設立されている。

農業と工業の両方を重要視してきているが、最近は工業の発展を重視している。鎮内に油加工、紡績、食品加工、機械製造業などの企業が四八社ある。工業の基盤が弱かったが、最近急速に発展し、総生産高のうち、工業部門の比率は九〇パーセントを占めるようになっている。

管内のおよそ一七、〇五〇人の労働人口のうち、林業・畜産業・漁業を含めた農業総体の従事者（一一、二〇八人、うち農業一〇、六二八人）数が工業（三、九五五人）および建築業（一、一一〇人）の総数五、〇六五人を上回っており、上述の長山鎮とは対照的である。また、約七〇パーセントの労働力は県内（鎮内、近隣の韓店鎮、県城）の通勤兼業、通い型の農外就業に従事する。臨時雇用のほかに、企業と契約を結んだ長期雇用の賃金労働者が増えている。

生活関連設備の状況

教育の施設については、鎮内には中学校一ヶ所、小学校二ヶ所、幼稚園二ヶ所、いずれも鎮経営の機関がある。各村に小学校があったが、二〇〇〇年以降、鎮小学校の統合によりなくなった。また、鎮内に高校が設置されていないことから、高校の受験に合格した生徒は、県の高校（四ヶ所ある）に通うことになる。

鎮経営の敬老院が一ヶ所あり、村にはない。新型農村合作医療保険制度は二〇〇三年頃から実施され始め、鎮内住民の九〇パーセントほどが加入している。医療保険の積立金には、一人当たり年間一五元を負担するほかに、鎮が七元、さらに県、省、国、各レベルの補助もある。医療条件としては、鎮内には国営の病院もあるが、各村に設置された、村医一人で経営されているクリニックの方が身近な存在である。

二　孫鎮の「新農村建設」の概要

社会保障整備の取り組み

「新農村建設」においては、五村が鎮のモデル村に、一村は市のモデル村に選ばれている。鎮の主な取り組みは、①環境整備②バイオマスシステムの整備③トイレの改造④文明建設⑤文化広場の建設⑥政治参加日の設定⑦新型農村合作医療保険制度の整備、などである。

農村の環境整備としては、主に衛生状況の改善や街道の整備などがある。

バイオマスシステムとは、家畜の糞を集めて造成した池に投入し、その発酵過程に発生するガスを新エネルギーとして利用するシステムのことである。発生したエネルギーは料理や湯沸し、電燈などに利用される。バイオマスの事業は大型池と小型池の建設とに分かれている。大型池は村全体が取り組むケースである。鎮内の霍坡村、小陳村、前劉村の三村では、大型バイオマスの池の建設が進められている。小型の池は農家各自によって整備されるものであり、建設費が二、〇〇〇元前後で、そのうち山東省政府から一、〇〇〇元の補助金を支給され、残りは各農家の個人負担となる。

文明建設と呼ばれる活動の一つとしては、「よい嫁」「よい姑」を選ぶキャンペーンがある。「文化広場」（カルチャープラザ）の造成については、村の空き地やごみ場を改造し、バスケットや卓球などのスポーツ設備を設置するケースが多い。村の財政条件によって、広場の建設の規模や器材の充実度も異なる。建設費については、鎮と村との共同出資で賄われ、村が建設費を投資し、鎮の補助金で器材の購入に充てるのが一般的なパターンである。

政治参加日の設定については、多くの村は毎月の五日を「参政日」（政治参加の日）として設定している。その日に党員と農民代表が集まって、村の大きなできごと、財政支出の適正さ、などについて議論をする。議論の結果を村の宣伝欄に掲示し村民の意見を求める。

新型農村合作医療保険制度の整備については、現地では「普恵工程」（＝農民に恩恵を普及するプロジェクト）と呼ばれ、医療保険制度もこの「普恵工程」の一部として位置づけられる。孫鎮では、世帯ごとのカルテを作成している。その作業は鎮内の六つの「社区」（＝コミュニティ）に配置された六〇名の「村医」によって担当される。一つの「社区」は大抵三~四村をカバーする。「社区」ごとに衛生室（＝クリニック）が設置され、村医がそこの仕事を担当する。「村医」は、これまでの「赤脚医者」と異なり、試験をうけて資格を取得した存在である。「村医」の認定制度は二〇〇八年から実施されはじめ、県の指導のもとで鎮が行っている。鎮内三・六万人のうち、九〇パーセントが合作医療保険に加入している。鎮に居住し、農地を持っていない人口は上記の保険の対象外となっている。二〇〇八年以降「城鎮医療保険」の設立が見込まれ、農地を持っていない住民も該保険制度によってカバーされるだろうと見られている。この業務を担当する部門は鎮の労働保障局である。現実には、戸籍制度にあわせて行なう必要があり、他地域からの移入者に関しては、鎮の戸籍以外のものは対象外となる。

社会保障整備として、新型農村合作医療保険制度の他に、養老保険（＝年金保険）がある。これについて、企業で働いている人は、企業の年金に入る。農村部に居て企業で働いていない人は、個人の判断で各家庭の事情に合わせて加入することになる。(11)

三　孫鎮霍坡村の選択

（一）霍坡村の概況

農業の概況

農家三七〇戸、人口一、五二〇人、耕地面積三、七五〇ムー（一人当たり二・五ムー）の村である。村の農業は小麦とトウモロコシの食糧生産が中心である。ほかにネギ・ニンジン・サトイモ・サツマイモなどを品目とする露地蔬菜が三〇〇ムーあり、一〇数戸の農家が取り組んでいる。綿花の栽培面積が一、〇〇〇ムーほどである。しかし、農外就労で手間のかかる綿花の栽培面積は年々減少している。

村は使われていない荒地や溝、谷などの土地を一四〇～一五〇戸の農家に請け負わせて、樹木の栽培に活かしている。請け負った農家は、土地の大きさによって村に三～五年に一回請負料金を支払う。促成のポプラの苗木と材木が植えられており、両方とも販売用で、五～六年に一回販売できる。専業的に取り組む農家はいないが、多い所では何万本も植えているという。

村の組織

村の党支部および村民委員会の構成状況として、党支部書記（X氏）は、村民委員会の主任を兼ねている。副書記と主任は設けていない。そのほかの委員はそれぞれ計画生育担当（五〇代の女性と四〇代の男性）、治安担当（五〇代の男性）、土地の賃貸と工業団地の土地使用担当（五〇代男性）である。会計は村外から雇われた者で、工業団地の管理および新村の企画を担当する。ほかに民兵連、民事調整、治安、老人協会、共産主義青年団（一二～二八歳までの若者の組織）、婦人連合会、紅白理事会、民主理財小組、村民調整委員会（村民代表による構成）、体育協会（文芸活動が中心）、少年ゲートボールなどの村組織もある。

生活関連の整備

二〇〇五年に鎮に新しい幼稚園ができて、村にあったのは廃止された。四～六歳の幼児が入園可能で、利用時間は朝の六時半から夕方の五時まで、朝食と昼食の二食が出る。幼稚園の送迎バスがあるため、村の利用者にとっては不便ではないという。〇八年から六歳から小学校に入学できるようになった（それまでは七歳からであった）。二〇〇〇年までは、村には小学校があったが、鎮の小学校の拡大で、合併されてなくなった（現在、どの村にも小学校はないという）。したがって、村の子どもたちは鎮小学校に通っている。鎮には、二～三、〇〇〇人規模のものと五～六〇〇人規模の小学校が二ヶ所ある。一～二年生までは小学校のスクールバスが村を回って送迎するが、三年生から自分で通うことになる。鎮に中学校が一ヶ所あるが、高校は、県城に行かなければならない。

計画生育制度に関しては、第一子が女子の場合、七歳になってから、かつ母親が三〇歳以上という条件で、第二子を許可される。第一子が男子ならば第二子の妊娠出産が許可されないことになる。昔と比べ、子どもはあまりほしがらなくなっていると村の幹部は言う。この村では、ここ数十年、計画外出産のケースは一つも出ていないという。その理由は次の三つがある。①農村経済の発展が早く、子どもが増えると農外就労に影響が出る。②教育費が高い。③計画生育が依然として厳しい。

（二）村の兼業化と工業団地の形成

工業団地の建設

孫鎮の工業団地は二〇〇五年にこの村に設置され、四〇〇ムーの農地を転用して造成したものである。団地の建設にあわせて、企業誘致のために道路整備が必要とされた。八年間をかけて道路を整備し、一〇〇ムー以上の土地を工業団地に転用したのである。この部分の土地を集めるには各農家の協力を得なければならなかった。それについて、村が重ねて議論し、村民の賛成を得たうえでの土地収用を実現したという。

二〇〇八年の調査時点では、団地に二七社の企業が入っており、村内の企業が七社含まれていた。農外就業で村外に働きに出かけている村民に「村に戻って投資を」と村が働きかけた効果もあったという。村内の農家の一部は団地で労働者として働いている。企業の大半は鄒平県内のもので、県外からは少数である。工業団地に転用された耕地は、ムーあたり年間一、二〇〇元の補償金で徴用したもので、一、〇〇〇元を農家に支払い、二〇〇元は村が管理費として運営している。農家の貯金額は平均して六～七万元で、早く商売に出た人は貯金何百万元もあり、村内には格差が出ているという。

村集団の財政収入は、年間五〇～六〇万元程度で（二〇〇九年時点。〇七年時点では三〇～五〇万元であった）、おおまかにいえば、工業団地に入っている企業の団地使用料、農家の溝、谷などへの請負料、農地を徴用した一部の管理費などから構成される。

兼業化の現状

村では、農業と工業とのバランスについて検討している。全体的に工業化だが、どこまで工業化するのかについては、結論が出ない状況にあるという。鎮のなかでの位置づけを考えれば農業中心になるが、この村はすでに工業を中心に発展している。工業化によって所得が上がっていること、若い人たちは学校を卒業してからは村に残っていないこと、農業は基本的に老人たちによって担われていることからも将来的には工業中心の村になるのではないかと、村の書記は見ている。

農家のタイプは大きく分けて、農外就労中心の兼業農家、運送業、専業農家、食糧生産だけの農家がある。村民の大半が農外就労（周村に行く農家もある）もしくは運送業に従事する。県内の魏橋、三星、西王の三大企業集団への雇用がその大半である。全国から鄒平県に「打工」（出稼ぎ、臨時雇）にやってくるほどなので、村から県外へ出て行く必要はない。さらに移住も少し進んでいる。家も土地も戸籍もそのまま村内にあるが、県城でアパートを購入し

写真6-9　普通の民家

移り住む農家は十数戸に上っている。「打工」と通俗的に呼ばれるが、実際には、長期雇用の正規社員、またすでに企業の管理職の幹部になり、年収二〇数万元を得ているのもいる。ただし、普通の雇い労働者は月に一、五〇〇～二、〇〇〇元の給料で、アパートを購入できるほどの所得になっていないという。

運送業や企業の経営、商売をする人も多いが、村人が経営する企業は村内だけではなく村外にもある。運送業は大型（七～八トンのトラック、雇用もする）、中型（四～五トン）、小型（農用三輪車）をあわせて一〇数戸にのぼる。

（三）霍坡村の「新農村建設」

「新農村建設」の状況

村の「新農村建設」は二〇〇六年から取り組み始めている。主な内容は次の通りである。①農民別荘の建設（写真6-9・10を参照）。農家には高層ビルが合わないことを考え、庭付きの二階建ての様式を選択した（洋風

写真6-10 建設中の農家別荘

に作られたことから、現地では「別荘」と呼んでいる）。これは、月に一回開かれる村民代表会議で繰り返し議論されたものであるという。具体的には、敷地面積三六〇平方メートル、床面積一八〇平方メートルの別荘式住居を企画し、三〇七戸が入居の予定である。販売価格は平方メートル当たり七〇〇元で、村が基礎工事費の部分を負担する。現時点（〇七年）では一〇戸が試験的に建てられ（写真6-11）、一〇年以内に村全体の住居建設を完成する計画である。農民別荘の建設用地は、荒地を利用している。旧村は耕作のできる良い土地であるため、将来的に農地に戻す予定である。②道路整備。アスファルト道路を一〇路線整備してきており、村内での移動が便利になっている。道路の管理においては、多少の手当が出るが、五人の老人が毎日、清掃を担当している。③文化広場の建設（写真6-12・13）。二〇〇五年に村が五〇万元を投資して二五ムーの敷地に遊楽園の造成を始め、二〇〇七年の春に完成した。遊楽園には室外卓球場、健身用器材、老人用運動施設、噴水池などがあり、中高年

写真6-11　完成した農民別荘

の女性がほぼ毎晩八～一〇時太極拳、太極剣、伝統楽器や踊りを練習する。老人用のゲートボール場の利用率も高い。両方とも村外の参加者がみられる。また、園内には村の図書室も付設し、三、〇〇〇冊の図書や雑誌がそろっている。④農村スーパーマーケットの建設（写真6-14）。農家の余暇生活を豊富にし、生活用品の購入を便利にするために、村の文化広場の近くに〇八年から着工された。土地の提供は村、投資先は県の供銷社（＝かつての農産物の共同販売、生産資材の共同購入の国営機関であった）である。鄒平県内に四つの支店があり、この村にあるのは二〇〇九年五月に開業した二番目にできたものである。四人の村民がこのスーパーで働いている。村としては、停電、断水のないように保証している。安全の面でも村委員会がその責任者となる。村がスーパー建設を誘致できた要因として、村の人口規模が大きいことがあげられる。また、娯楽の場があるため、公園に来る人が多いことや、鎮の工業団地がこの村にある、などの点も指摘できる。⑤トイレの改造。トイレを水流しせ

写真 6-12　文化広場の一角

写真 6-13　文化広場内のスポーツ施設

写真6-14　完成した農村スーパー

ずに、風化構造を入れて、乾燥させることによって、臭いを取り除く改造工事である。二〇〇八年春から取り組みはじめ、三〇〇戸は実施済みとなっている。改造により、臭いがなくなり、ハエも少なくなった。バイオマスを試験的にやってみたが、この村では飼育農家がないため、動物の糞を集めるのが困難であることから続かなかった。また、トイレの改造は風化構造にしたため、バイオマスのシステムに合わないのも理由である。⑥村民委員会の責任制。村民委員会の委員および党員に各自責任を持たせるといった、持ち場責任制を実施している。村の一〇項目の主な実施事業（一〇の「崗」＝持ち場と呼ばれる）から党員各自が選び、何をしていたか、どこに力を入れたか、について毎月五日に党員代表会議で報告する。そのねらいは、党員全員に積極的に役割を果たしてもらうことである。党員が牽引役になり、村民を引っ張っていく構図である。豊かになるためには、村幹部だけではなく、一般党員も、一般村民にも取り組んでもらう、という考えに基づくものである。六〇歳以上は任意の参加であるが、若い党員は必ず参加することになっている。村幹部でない普通の党員に何かをやってもらうのがこの村の新しい取り組みである。一〇項目の持ち場（主な事業）の具体的な内容は次の通りである。①致富帯頭崗（＝率先して豊かになる）②扶貧済困崗（＝貧困農家を応援する）③村営管理崗（＝村営事業への管理）④公益事務崗（＝公益事業への取り組み）⑤民衆管理崗（＝村民生活の管理と世話役）⑥文明和諧崗（＝村の気風をよくするための取り組み）⑦村規守法崗（＝村の規定と法律を守ってもらうための取り組み）⑧平安建設崗（＝治安維持への取り組み）⑨誠実守信崗（＝誠実で信用のある村民になるためのキャンペーン活動への取り組み）⑩学習教育崗（＝村民研修教育への取り組み）[12]。

（四）個別農家の事例

村の経済構造と「新農村建設」への取り組みは農家の生活にどのように反映されているのか、現役の専業農家（事例4）と村内工業団地の企業経営者（事例5）、村で最大経営規模をもつ農家（事例6）への聞き取り[13]から得た知見について示すことにしたい。

《事例4》　現役の専業農家

九人家族（本人五五歳＋妻五三歳＋本人の父八〇歳＋長男三三歳＋長男の嫁三一歳＋長男の長女七歳＋次男三〇歳＋次男の嫁二九歳＋次男の長男五歳）の共同生活であるが、子供夫婦とは生計が別々になっており、本人夫婦が専業農家である。本人はずっと農業をしてきた。村幹部になったことはないが、今は村民代表として三年になる。

父が二年前から脳卒中で寝たきりである。山東省の省都済南市で以前に働いていたので、月に一、〇〇〇元の年金があり、医療費も面倒を見てもらえるので、心配はないという。本人の兄弟姉妹（次男、三男、姉）は父の見舞いに来るが、主に本人が介護している。

農業については、二〇ムーの耕地を請け負っているが受託はない。小麦とトウモロコシを中心に一～二ムーの綿花も栽培する。蔬菜は栽培していない。農業収入の二万元程度で家族の生活費として間に合っている。以前は二〇ムーを受託して、経営面積が四〇ムー、半分は穀物、半分は綿花の作付けであったが、七～八年前にやめた。やめた理由は、綿花の栽培は農薬の散布などで手間がかかるということと、父と孫の世話で大変だ、という二点である。

小麦は自家食用以外には製粉工場へ販売する。トウモロコシは県内の「西王集団」に全量販売する。トウモロコシの販売については「価格もよく、悩みはない」という。しかし、「肥料が高い」という問題がある。肥料の値上がりは「去年（二〇〇七年）からで、倍になっている。その分、農産物の販売価格が三分の一しか上がっていない。」と不安を隠さない。

長男と嫁はともに県内の「三星集団」に長期雇用として働く。長男は最近、済南の事務所に派遣され、単身赴任になっている。次男は広州までの長距離運送業をしており、県内の「三星集団」「魏橋集団」の製品の配送を行なっている。

長男は、中卒後何年間か農業を手伝っていたが、その後契約社員になった。次男も何年間か農業を手伝った後「三星集団」の運転手をしていたが、給料が安いということで、三年前に投資して、一人を雇って二人交代でトラックによる運送業の経営をしている。

長男と次男の嫁はそれぞれ村外と村内の工場で働いている。両方とも本人夫婦と一緒に食事をするが、同じ屋敷に住んでいない。また、それぞれ別の「家計」をもっている。結婚した時点で、親がそれぞれに家を建ててあげたが、いわゆる「竈わけ」という意味での「分家」はしていないという。

長男は鄒平県城にアパートを購入しており、将来は移り住む予定である。村の「農民別荘」について「次男が先で、本人たちがその後だろう」という。農民別荘の個人負担額は一四万元程度で「たいしたことはない」と見ている。

農業については、「親が元気なうちはやっていいが、その後は委託する。子供たちは、農業をやらない」といっている。

長男の第一子はいま、韓店鎮の小学校に入っているが、三時半には授業が終わるが、親が仕事で迎えに行けないので、本人が毎日電動自転車で送迎している。長男は「第二子も考えている。一〇年以内は親の介護、孫の世話が中心である」という。

老後の生活については、「生活に不安はない。農業をやらなくなったら、子どもたちが生活費をくれる。面倒を見てくれるだろう。今まで家族でそうしてきたから」という。

《事例5》　村内工業団地の企業経営者

本人（三八歳＋妻＝同年齢＋長男＝一〇歳で小学校五年生）は、四人兄弟の三番目で、兄、姉と妹がいる。一九九七年に周村に住居は移っているが、出身地であるこの村にも家を持っていて、両方にまたがった生活をしている。周村に移った理由は、九五年から飲食業をはじめ、周村でレストランの経営をしているからで、現在も続いている。レストランの経営を続けながら、自己資金で周村に白酒（＝中国北方の伝統的な蒸留酒）の醸造工場を創設し、現在も経営を継続している。レストランは山東料理のチェーン店として大きく成長している。二〇〇二年に、村に現在の会社を一〇〇万ドルの自己資金で建設した。

村で請け負った耕地は六ムーで、労働者を雇って農業経営している。現在村での会社は「集団」（企業グループ）になり、いくつか異なる業種の会社を持つ。一つはバイオディーゼルなどのエネルギー開発会社である。トウモロコシや豆を使って食用油を作り、その油粕を加工して、さらにディーゼル油をとる。もう一つは、二〇〇七年に投資した、包装用のカラー印刷会社である。三つ目は会社の敷地内にある、緑色食品（＝有機や減農薬などの食品）を扱うレストランである（〇八年に開業）。村に会社を創設する背景には、周村での商売が順調に進展したことが挙げられる。ほかには、〇八年から有機蔬菜の栽培も手がけ、〇九年からさらに魚の養殖を取り入れるプランももっている。村内および工業団地内において経営規模の一番大きい企業になっている。

いくつかの会社のなかで、バイオエネルギー分野は一番効率がよく、これが一つの方向だと本人は見ている。村でのレストランを開業以来、毎日満員で、半分近くの客は村内の村民であり、周辺では消費の高いレストランになっている。村民も所得の向上につれて、外食の機会が増えているし、緑色食品への関心も高まっている。

会社への鎮の支援は、行政の「工場用地が必要な手続きなど早く対応してくれる」、「国が緑化を重視している」ところからヒントを得た。「工業団地から一〇〇ムーの土地を購入し、余った部分に来年から苗木を二〇ムー植えたい」、企業グループのスタッフは三〇〇人ほどで、技術者や企業管理の人材を外から雇用している。労働者は地元の村から雇用しており、一〇〇人を超えている。そのうち四割は家族内のメンバーである。親戚も管理職になっている。エネルギー会社の総経理（＝社長）は兄（長男）で、姉の夫がカラー印刷の総経理（＝社長）である。妹は周村でほかの商売をしていて、本人の商売には入っていない。

母親は死去、父は再婚している。年を取ったら「われわれ兄弟が面倒を見る」という。妻と息子は周村に住んでいる。周村というが農村地域ではなく「市」である。家族三人とも農村戸籍のままでいる。「自分の村での農地をこれからも続ける」、「子供には大学だけでなく、将来は海外の大学院に行ってもらいたい」と言っている。

本人は村では役職をもっていない。村については、「今は発展中で、老人、子どものために何かサポートできることをしたい」という希望をもっている。

《事例6》　村の最大経営規模の農家

三人家族（本人四〇歳＋妻四〇歳＋長男一八歳）である。長男は、済南市の職業大学に入学する予定である。

本人は姉二人、兄一人、弟一人の五人兄弟である。姉二人は結婚して他村へ、三兄弟はこの村に残っている。両親は二人だけで生活している。父は七〇歳を超えているが、まだ健康で、毎日ゲートボールに出ている。両親の土地は三兄弟が分担して耕作している。親の医療費も兄弟で平等に負担している。

本人は、中卒後農業を継続している。一九九〇年に村内結婚した。一人あたりの請負面積が二・五ムーだが、この家の経営面積が六〇ムーで、村で最大規模である。ほかに四〇ムーくらいの農家が何戸かある。農地を放棄した農家は村に返上し、村から請負って、少しずつ増やしてきて、三～四年前から今の面積になっている。

小麦とトウモロコシの作付けだけで、蔬菜は栽培していない。ポプラの苗木を四〇〇本植えている。農産物の販売については、トウモロコシは「西王集団」に売る。小麦は庭先に来る小売業者か、もしくは製粉工場に販売する。四〇〇本の苗木については、毎年平均して一本あたり二〇元の収入がある。

今後規模拡大の希望があり、「作らない人がでたら請け負いたい」と希望している。三人兄弟は八万元で五〇馬力のトラクターを七～八年前に共同購入した。このトラクターは農業用でアタッチメントをつける。防除はまだ機械化されていない。トウモロコシは摘果が機械化されたが、皮むきはまだ手作業にとどまる。コストが一番高いのは肥料であるという。

八〇パーセントの時間は農閑期なので、本人は農業以外に運送業もしている。小型トラクターを自分で運転し、建材を運搬する。鄒平県内の運搬を一日で終る範囲で行っている。最近、石油価格の値上がりで運送業もコストが高くなっている。農業が忙しいときはやらないが、それにしても年間二万元の所得になる。農業所得が年間五~六万元になる。農業の経営規模をさらに拡大しても、運送業をやめるつもりはない。人を雇わないで夫婦二人で二〇〇ムーまで拡大できるという。

農業経営に「満足している」。小麦の種子に対してムー当たり八〇元の補助金が出る。トウモロコシの種子に対しては一キログラム＝五元（市場価格一キログラム＝一〇元）の補助がある。ほかに燃料、肥料に対してはムー当たり三二元の補助金が出る。

村では幹部をしていない。バイオマスはまだやっていない。「農民別荘」への移転については、何年か後に購入するつもりである。七~八万元の所得で、日常生活は年間二万元くらいの支出なので、二~三年の貯金くらいで新村への移住に対応できる、と負担に感じていない様子である。

長男は鉄鋼鋳造関係の三年制短大に入る予定で、将来は「戻りたければ戻ってもいいが、息子は都市部で仕事をしたいだろう」と見ている。

（五）今後の方向性

老人ホームの建設

村の政治的な安定さ、経済の発展度、村民の資質の高さなどを基準に、霍坡村の「新農村建設」の取り組みが評価され、県三〇ケ村のモデル村および鄒平県が所属する濱州市レベルのモデル村に選定されている。それを受けて、今後の目標は、二階建ての老人ホームの建設である。二〇一二年春の入居をめざし、一五〇万元を投入し、農民別荘の近くに敷地面積一二ムーほどの花園式（集合マンション）の施設建設の計画が立てられている。村には六〇歳以上の老人が八〇人前後で、企画の規模だと、六〇～七〇人が入れる。入居が自由で、家賃は無料である。食事については、月一〇〇元を徴収する。施設の水道・電気料金などは村が負担する。従業員は村幹部にあてさせる予定で、人件費に相当する賃金については、とくに多く出すことを考えていないという。施設建設用地については、二〇〇八年に村民の土地を調整した部分と、村集団所有の「機動地」から確保できたという。建設費については、分割払いの計画だが、村の財政収入が年間六〇～七〇万元に上っており、村集体の財政だけで何とか賄えそうだと、書記は自信を示していた（〇九年調査時点）。

四　孫鎮馮家村の農業戦略

（一）馮家村の社会経済状況

この村は、華北農村の多くの集落と同様に、村の共産党支部と村民委員会のほかに紅白理事会と調節委員会があり、いずれも村民委員会が兼ねている。また、民事調停を行なう組織、民兵連、計画生育委員会、共産主義青年団などの村組織が設置されている。

耕地面積が二、三四九ムー、人口一、一七二人、農家二九七戸の村である。一人当たりの請負耕地面積が二ムーほどであり、比較的大きく、中レベルといわれる。小麦とトウモロコシの食糧生産が農業の中心であるが、少量ながら綿花も一〇〇～二〇〇ムーほど栽培されている。野菜や果樹の栽培は行なわれていないが、畜産が村の農業産業のもう一つの柱となっている。

小麦の種子生産と合作社の創設

農業においては、良質小麦の種子生産がこの村の目玉である。村の畑に全量小麦栽培を行い、年間一五〇万キログラムの生産量をあげている（〇七年時点）。種子生産は一九七〇年から取り組まれ、当時の村書記ＦＹＸ氏が種子生産権の獲得に大きな役割を果したという。種子生産の形態は村ぐるみの共同化が特徴的である。具体的には種子供給・播種作業・技術指導・灌漑施肥・大型機械による収穫作業、の五つの「統一」で総括される。

このような共同による種子生産は、普通の小麦の生産より三分の一ほどの収量増が得られ、周辺の村より収益が高く、農業のモデル村としての存在である。村の理念である「集体致富」（集団をもって共同で豊かの道を）の看板を支えるのも、この小麦の種子生産といってよい。

農村改革が行われた頃、周辺の村が農業生産の請負責任制を相次いで実施するようになったにもかかわらず、この村は濱州市地区全体では最後となり、一九八六年までに農地配分を実施しなかった。村民からの配分への反対も強かったという。これは、村集団の力が相当強力であったことと、小麦の種子生産の共同化が村民に大きな恩恵を与えたこととの両方を反映しているといえよう。

小麦の種子の研究および購入販売を進めるために、村は一九九七年に「魯北小麦研究所」、二〇〇一年に「魯北種業有限公司」を創設した。この二つの組織のもとで、三種類の種子が開発され、山東省の試験育成種子に選ばれた。種子の育成と生産の成功を受けて、さらに、〇六年に「馮家小麦良種専業合作社」を設立し、それまでの有限会社と入れ替えた。合作社に切り替えたのは、上部組織の指示もあった、と村の書記が証言している。合作社はほぼ全戸参加である。村組織とは別だが、村幹部が合作社の理事会に入っている。理事会は五人構成で、理事長は村民委員会の主任、会計は村民委員会の会計と重なる。

合作社の役割は種子、播種、施肥、脱穀など統一的に行なうことである。販売ルートについては、収穫物の四割は包装・価格の統一で共同販売を行なうが、残りは個人販売にまかせる。

この村の農業生産の成功には合作社の役割が不可欠である。また、優れた種子、土壌、灌漑条件と技術者の指導も重要な要因である。

村には一二名の技術者が一般農家から選出され、農家の技術指導を担当する。村の農業技術者は、一九七〇年代から種子栽培を始めたころにできた制度である。学歴をもって、特別に訓練を受けた者ではなく、独自に技術を模索し、経験豊富なベテランに成長した地域に土着した存在である。その後、村外にも指導するようになっている。

小麦の種子生産の成功は、村のまとまりがよいことにも大きくかかわっている。種子生産権の獲得には、アメリカの研究グループによる先行研究（Kipnis, 1997）から、一九九六年まで村の書記を務めていたFYX氏の強力的かつ上部組織との強い絆が読み取れよう。その後は人事交替で、九六～九八年までのZH氏が過渡期的な役割を果たし、それまでのやり方が継承されたのも重要であろう。九八年から現在にいたって、村の書記を務めるFYL氏は、一二年以上も村の中心的な存在である。氏は、七〇～八四年の間生産小隊の隊長（当時は村には三つの生産小隊が存在した）を務め、その後九七年までの間は、村民委員会の副主任を務めていた。本人への聞き取りからわかるように、「集体致富」（＝集団の力で豊かの道を）の方針を堅持しつつ、小麦の種子生産を継続しながら、優良な種子生産を合作社の組織に結集させたのが、任期中の村の大きな変化である。ほかには、畜産業にも力を入れてきた。

畜産関係

村はずれに五つの飼育団地が区画されている。三七戸の農家が養豚（一、五〇〇頭）、養鶏（二〇、〇〇〇羽）、肉牛（五〇〇頭）、乳牛（一〇〇頭）の飼育に取り組んでいる。最大規模の飼育農家は、豚が一〇〇頭、乳牛が一〇頭、養鶏が五、〇〇〇羽の規模であるが、村には専業的な飼育農家はない状況にある。養豚専業合作社も二〇〇七年に設立された。村内の三七戸（〇九年時点では、四〇戸にまで増加）だけではなく、鎮の範囲で他村からの加入もあり、計五〇戸になっている。鎮の合作社ではなく、この村の組織に他の村の農家が加わってくる形態である。飼料の共同購入、販売・購入価格および病気の情報交換が主な活動である。

村営企業

一九七〇年代から八〇年代までの間、村が村集団所有の財政的蓄積を投資し、いくつかの企業を立ち上げた。トウモロコシの片栗粉製造工場、綿の種や落花生を原料に食用油の製造を行なう搾油工場、製粉工場、布織工場（紡績）などである。いずれも規模の小さい村営企業であった。一九八六年に土地の請負制度を実施したと同時に、村営企業の経営権を個人に請け負わせた。片栗粉工場はそのまま生き残れたが、布織（紡績）工場は、その後農機具の修理工場に変身した。搾油と製粉工場を合併して、レンガ造り工場に切り替えた。コンクリートや石炭のかすなどの廃材をいかしたいわゆる土を使わないレンガ造りのため、環境汚染がないという。外国人研究者の農村研究のために建てられた「外賓楼」は、その後個人に請け負わせ、レストランの経営になっている。このように、村営企業があったが、その後個人経営にまかせ、規模の大きい目玉になるような企業は村内に存在していない。

農外就労

村に工業が発達していないため、村外への農外就労に頼る農家が多く、七割の農家が兼業農家である。県外への出稼ぎは三戸（広東省）しかいない。そのほかは県内にある企業への通勤による農外就労である。年齢階層によって出稼ぎのスタイルが異なる。二〇～三〇代は長期雇用が多いが、四〇代は季節的な臨時雇用が多い。五〇代になると村からはあまり出ないという。

高卒者は平均して三～四人の割合で大学に進学する。進学できないものは大体県内の工場で働くことになる。村民一人当たりの所得は五、〇〇〇元あまり（〇七年時点）で、鎮内では中のやや下のレベルにある。各農家は一〇万元の貯金をしており、平均的で、村内にはあまり格差がないという。種子生産で統一され、農業から得た所得にはそれほどの差がないことにもかかわっている。現金収入の差は農外就労するか否かによって出てくる。農外就労せず、飼育で補おうといった選択をする農家もある。少数であるが、農業生産＋畜産＋農外就労を組み合わせた農家もみられる。二〇年ほど前と比べ、農外収入が増えたと村の書記が語った。

（二）「新農村建設」への取り組み

旧村改造から新村構想

この村は、かつてのモデル村ということもあり、早くも一九七六～八二年の間に旧村の改造を行なった。村は統一的な規格で、家の高さも一律に設定した。旧村の改造は、次の原則に基づいて行なわれた。三世代を基準に設計した民家で、三世代目が満一八歳後、もう一ヶ所の宅地を申請によって与えることになった。村民委員会は各家の古い建物の価格を見積もって、新しく建てられた建物の価格と比較する。差額の部分は個人が負担する。旧村の改造が完成

写真6−15　村の様相

した後、何回か小さい補充工事もあった。例えば一九八七年に現地で「前廈」（＝屋根つきのベランダ。通路にもなる）と呼ばれる増設工事が統一的に行なわれた。

一九八七年までに村は統一した規格で民家が作られ、どの家も同じ大きさである。三間から七間まで家族の人口に合わせての規格である。このような旧村の改造は、当時の農村では、非常に早い取り組みだった（写真6−15）。

バイオマスの利用事業

この村では、省エネ、環境にやさしいといわれるバイオマスの導入にも取り組んでいる（写真6−16・17）。すでに三〇戸がバイオマスのシステムを取り入れている。一〇立方メートルの大きさのバイオマスの池の建設では、一基あたり、二、二〇〇〜二、三〇〇元がかかる。費用については、中央、省、地方政府のそれぞれの負担が中心で、個人の負担額は半分以下に抑えられている。発生したガスは照明にも使えるし、台所の燃料、炊事にも使

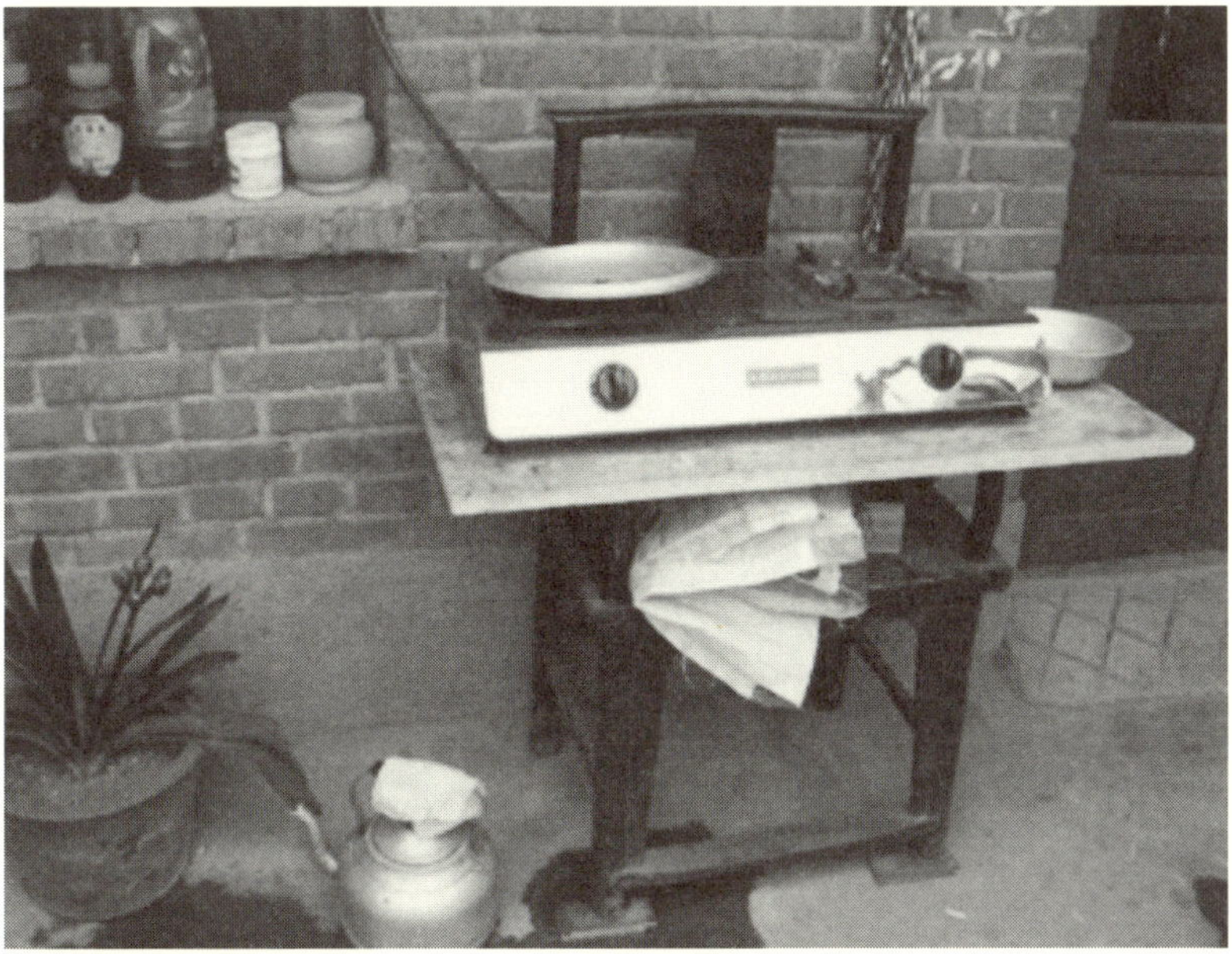

写真 6-16　バイオマスを取り入れた農家

写真 6-17　トイレの改造

写真6-18　医療センター

われている。この池の建設にあわせて、トイレの改造もできている。トイレだけでは材料が足りないため、牛や豚の糞、また、穀物の茎や藁の部分も購入し混合して使用する。二・八平方メートルくらいの大きさがなければできないので、改造条件を備えていない農家もある。また、耕種農業と畜産業との連携が必要なため、畜産のない村では、この事業の取り組みは困難である。

社会環境整備

村の投資で、六〇万元を投入し、道路の舗装整備を行なってきた。また、鎮内には六つの「社区」（＝コミュニティ）があり、この村は「馮家村衛生服務区」（クリニックを指す）の所在地で、クリニックの拠点の一つになっており、周辺の村からも利用できるような中心的な存在である（写真6-18）。

村の「衛生室」（＝クリニック）の前に、「文化広場」と呼ばれるカルチャープラザが作られている。そこで村民が集まって娯楽をする。特に組織もなく、自由参加と自由利用の形式である。組織のようなものとしては「老年協会」がある。退職した元村の副書記が中心になって、五人でやっている。将棋、トランプの交流が多い。女性も組織に参加できる(14)。

（三）馮家村の農家事例

この村で戸別訪問によって行なわれた聞き取り調査から、二戸の事例を通して、村の農業経済および農家の生産と生活の状況を垣間見ることにしたい。食糧生産＋畜産農家（事例7）と食糧生産のみの農家（事例8）である(15)。

《事例7》　食糧生産＋畜産の専業農家

この家は本人（三九歳）＋妻（四〇歳）＋長女（一六歳、高校一年生）、長男（九歳、小学生）、父（七〇歳）、母（六五歳）の三世代六人の同居家族である。本人は三人兄弟の三男で、中学二年で中退したあと、村で農業に従事した。妹は他村に嫁ぎ、長男は叔母の養子になった。妻は他村から嫁に来た。

家の役割分担については、家事と育児は両親が担当する。小学校は村にあったが、いまは合併して鎮の小学校に入っている。二キロメートルも離れているため、子どもは一人で行けないので、本人夫婦が電動自転車で送迎する。

農業経営については、請負面積が一二ムー、受託面積が四ムー、合計一六ムーを経営している。小麦とトウモロコシが中心だが、少し大豆も栽培している。小麦は種子の生産で、全量販売する。〇八年には一キログラム＝二・二元で販売でき、普通の小麦の販売価格との〇・六元の差が大きい。農機具は一八馬力のトラクターを一台所有している。収穫作業は委託している。食糧生産以外に七～八年前から養豚（八〇～一〇〇頭）もしている。トウモロコシは餌として使用する。年間二・五～四万キログラムの収量をあげているが、自家飼育用としては足りない量である。市場が不安定で、豚の販売価格が上下する。屠殺しないでそのままの販売価格は一キログラム一二元である。食糧生産および養豚からあげられる純収入が一・五～二万元程度である。

出稼ぎは好きではないので、家で何かやろうと養豚を始めた。養豚の前に農業収入が足りなかったが、はじめてから収入が足りる感じになった。食糧を作って餌にまわし、糞を畑に戻すという、いい循環ができているという。

農業をやりながら畜産をやり、畜産だけでは不安定なら出稼ぎ、というのがこの村のパターンであるが、妻も養豚に取り組み、出稼ぎをしていない。

小麦種子関係の合作社の会員で、監事会の委員も務めている。月に一回の会議に参加し、栽培技術の管理の議題が中心である。理事会の規定通りに事業を進めているか否か、の点検も行なう。

バイオマスの設備は入れていない。父親は病気が治って退院したばかりである。農村にとって医療費が大きな問題だが、医療保険で少しでもカバーできるようになっているという。親に対して、病気の時に医療費は全部本人夫婦が負担する。介護は兄弟もするが、基本的に本人夫婦が中心になって両親の面倒を見ていく。

子供の教育費もかかっている。長女は鄒平県城の高校生で、寮に入っていて、週に一回戻ってくる。授業料や教科書代とは別に、食費を含めて月三〇〇元くらいかかる。それでも「もちろん大学にはいってくれればいい」と期待している。

《事例8》　食糧生産のみの農家

本人（五二歳）、妻（五一歳）と父親（九三歳）の生活に、二〇〇八年から、娘夫婦が家に戻り、同居している。外孫が八ヶ月。息子が二三歳で、四川省のある大学で勉強している。娘は大卒して済南市に勤めていたが、結婚して、出産をきっかけに仕事をやめて、村に戻っている。子育てのための長期帰省とみてよい。

この家では六ムーの耕地を経営している。小麦とトウモロコシの生産だけで、小麦は種子生産である。夫婦二人は農業生産と父の介護である。娘夫婦の収入は個別で管理されている。

父は鎮小学校の教師だったので、県政府から給料をもらった。現在年金だけで三、七〇〇元支払われ、地域では相当高い年金になる。母は四年前になくなり、八六歳だった。

本人は鎮中学校卒で、その後は農業に従事してきている。六ムーの農地は、夫婦と息子の分である。父と母は非農業戸籍だったため、農地は配分されなかった。

食糧生産の補助金は、ムー当たり八七・五元になる。小麦、トウモロコシと綿花にそれぞれ支払われている。災害保険は、ムー当たり農家の負担金が一・六元で、省政府の負担金の六・四元と合わせて八元の保険金になる。自然災害が発生した場合、ムー当たり五〇〇元を超えない程度の補償金を支払う制度である。地域によって、また品目によっては保険金と補償金も異なる。ほかには食糧生産の種子購入に関する補助金も支給されている。小麦の種子には、ムー当たり一〇元くらい支給される。結果として、個人負担が半分以下で、地方政府が半分以上補助している。

食糧生産の総売り上げがおよそ一万元であり、約三〇パーセントのコストを差し引いて七、〇〇〇元の収益となる。今後の農業経営規模拡大については、「とくに考えはない」、「父の介護と孫の世話で精一杯」という。

本人は村営企業であった片栗粉工場の経営には一五年もかかわっていた。その後請け負って、村内の二人の仲間と三人で共同経営していたが、二〇〇七年にやめた。一人の請負人が亡くなったこともあるが、やめたというより、会社が倒産したということである。多いとき、収益が年間一〇万元もあった。

二〇〇八年にバイオマスの設備を取りいれて、「とても使いやすい。電気代を支払う必要もなくなった」という。

コストは年間一〇〇元あれば間に合う。一、〇五〇元の投資で、一五〜二〇年も使えるこのシステムに満足している様子である。

今後の生活については、医療保険に入っている。一〜二年で年金保険にも入るだろうと、希望をもっている。二〇〇九年時点では、個人の負担率が五〇パーセントになっているという。老後については、「社会養老（＝養老は老後の介護の意味）と家庭養老（介護）になるだろう」と答えた。

（四）今後の新々村構想

新住居の建設

村は、一〇年間をかけて新新村へ移住する構想をもっている。南北一八メートル、東西一五メートルの規格の「新村」改造プロジェクトである。規格された建設用地が二〇ムーほどで、基本的に一戸建ての平屋だが、ごく一部の面積に二階建ての住宅を建てる予定もある。敷地面積は二三〇平方メートルで、個人負担分は八〜一〇万元程度見込まれる。この負担額だと、「一般の家庭でも負担するのは大丈夫」との見方を村書記は示していた。個人の希望と支払う能力のある農家から順番に移住することになるため、もとの近隣関係は新しい住居への移住により、変わることになる。残った古い村は、状況に合わせて改造する。整然とした村の景観づくりがねらいである。

さらに、県内には村営の「老人ホーム」がいくつか点在しているが、それについては、村は「構想があるが、経済的条件によるので、当面はない」とのことであった。

第五節 「新農村建設」と華北農村社会の再構築

鄒平県の典型性

調査対象地である鄒平県は、かつて梁漱溟による「郷村建設」の実践地でもあった。一九三〇年代に鄒平県を選定して「郷村建設」の実験を行なった理由には、鄒平県の農村地域としての平均的な特徴をもつ点があった。華北農村においては、伝統的文化の特色、農業経済的な発展レベル、農村社会の基本的な状況など、いずれも代表性のある地域として判断されたからであろう。

そのような代表性が評価され、一九八〇年代に、アメリカ政府に中国農村研究の調査拠点を開放するよう依頼された際も、鄒平県が再び選定された経緯がある。

一九八〇年代後半にアメリカ調査チームによって実施された調査研究にもあるように、鄒平県は開発が先に進んだ南東部中国の地域と比べ、大きな格差がありながらも、改革開放政策の実施で、急速に経済発展を遂げた。そのなかで、地方政府が経済開発の推進役として重要な役割を果たしてきている。当時の発展ぶりは、ほぼ同じ時期か、やや遅れて取り組み始めた河北省辛集市での調査チームによってまとめられた著書からも、垣間見ることができる。したがって、鄒平県での八〇年代後半から九〇年代初頭までの農村社会の経済的社会的変化は華北農村において、共通した部分が多い。その意味では、鄒平県はけっして特殊な地域ではなく、また単なる外国人に見せるための調査拠点でもないように考えられる。

そのように外国人の目によって観察されてきた地域とはいえ、平均的な華北農村地域の特徴をも併せ持つ鄒平県において、われわれの日本研究チームは山東省社会科学院の協力のもとで、二つの研究プロジェクトを連続して調査対象にしてきた経緯がある。二〇〇三年以降の七年間は、この地域の社会的変化を追跡してきている。今回の調査研究で、焦点をあててきた鄒平県の「新農村建設」の実践については、次のような特質を指摘することができよう。

一　県域における工業化と都市化

企業グループ

華北のほかの農村地域もそうであるが、鄒平県を観察して、非常に印象深いのがこの地域の工業化と都市化の進展の速さである。鄒平県は農業中心の地域であったが、一九九〇年代以降急速に工業化している。前述したように、この県の域内の「県域」工業化の牽引役が、「魏橋」「西王」「三星」といった三大企業グループの存在である。この三つの企業グループの地域への税収上の貢献が極めて大きく、県の財政収入の大半を支えるほどである。鄒平県の、国や省内、上部行政機構である濱州市での経済的な位置づけおよび百の強県などでの順位にも大きく影響している。また地域内の労働力を多数吸収しており、城鎮化（＝都市化）いわば「離農不離県」の受け皿にもなっているといえよう。

「西王集団」は、主にトウモロコシを原料に葡萄糖の加工などを行なう企業グループである。多くの農外就業の農民もこの企業で働いている。「臨時工（臨時雇用・季節雇用）」は別であるが、企業と長期的な契約を結んだ農民は、賃労働者になり、企業の所在鎮の鄒平県の県城つまり県内の都市部でアパートを購入し、村から移住する若者も多い。その意味では、トウモロコシの販売先である、地域内での農外就業先を提供されたこと、企業での賃労働から都市住民になったこと、少なくとも、村から県城に移り住むことができたことは、地元の農家にとって、メリットを感じているように思われる。

もう一つの企業グループ「魏橋集団」は主に紡績業を中心に発展してきた地元の大手民営企業である。この地域の綿花生産がさかんで、原料が調達しやすいことから始まったようである。現在にいたって、地域内の生産がはるかに及ばなくなって、原材料の多くは新疆ウイグルなど国内の大きな綿花産地からだけではなく、アメリカなど海外からも大量に輸入している。急速な発展で、アジア最大の紡績会社に成長し、ここでの綿糸の価格が世界の市場を左右するほどの影響力をもっているという。また、魏橋鎮の龍頭企業として、鎮全体の経済発展を牽引しており、鎮内の多くの労働力を吸収したばかりではなく、県全体の地域内兼業農家の農外就労に働き口を提供している。

社区化

県域内の工業化、城鎮化の展開状況は、調査対象地の鎮と村にも端的に現れている。東部に位置する長山鎮は、県のなかで工業開発の地域に含まれる。鎮全体の戦略も工業化と「中心鎮」的小城鎮化である。鎮内の東尉村は、まさに工業化によって豊かになったモデル村であり、農家を集住させる「合村併鎮」の動きなど、社区化（＝市街化）をめざす中心村的存在でもある。

村の生活環境、景観形成および文化活動施設の整備、水道電気をはじめ食品など村民の日常生活費への補助、子供の教育費への援助、新型医療合作保険制度への経済的支援など、長山鎮東尉村の社会福祉事業は、実に多面的総合的である。そのなかで、「新農村建設」における村の旧村改造と老人ホームの建設が特徴的である。これはやはり村の工業化の成功と高い関連性をもつ。鎮のなかで「中心村」的な位置づけを可能にしたのも工業化によって手にした強い経済力であろう。

社区の建設が進められ、この村が「東尉社区」の拠点として、周辺の村を統合し、集中させていく将来像も描かれている。住宅団地が農家の住居というより、完全に都市住民と同じようなスタイルの構造になっており、都市化していくのも疑いのないイメージづくりが出来上がっている。農村戸籍という壁はこの村にとってはさほど壁のように感じられない。「中心鎮」および「中心村」という小城鎮の方向性がこのような形で城鎮化（都市化）の実現につながっている。都市化は単なる都市への移動としての都市化ではなく、農村地域にとどまったままの実質の非農化、いわゆる新しい「離農不離鎮」「離農不離村」、小城鎮で表現される農村の「市街化」の段階にあると考えられよう。

全国の農村と同様に、ここでも農家の兼業化が進んでいる。山東省における兼業の形態は、通勤兼業つまり地域内での兼業が多い。第四章でも指摘されたように、「農民工」と呼ばれる省外への出稼ぎが一割程度で、九割が省内、さらにそのうちの七割は県城内にとどまっている。農村から都市部への人口の移転「就地就近転移」（地元で近所での人口・就業の移動）という方式も模索されている。

したがって、調査対象地の長山鎮や東尉村のような「中心鎮」および「中心村」のような現実的な取り組みは、「離農不離郷・鎮」「離農不離村」という形態での非農化、「市街化」（「社区化」）の過程にあることと、また中国の都市化が従来の概念規定としての都市、城鎮にとどまらず、県域内、郷鎮域内、「中心村」域内といった、現実的に多元化した城鎮化の選択への方向転換にあることを示唆しているように思われる。

しかし、他方では、工業化によって農業生産が追い詰められるような局面が鄒平県においても現実になっている。WTO加盟後、綿花やトウモロコシなど価格競争に対抗しきれない品目がアメリカをはじめ海外から大量に輸入されるようになっている。一九三〇年代に梁漱溟の率いる「郷村建設」の実践の一つとして、農家の所得を向上させるために、綿花の有利販売を図り、農民を組織し「美棉」と呼ばれる協同組合まで創設させた。また、一九八〇年代まで、綿花の生産は国の貴重な農業資源として、都市部の紡績、軽工業の発展の原料として華北農村の地域で生産され続け、重要な役割を果たしてきた歴史がある。しかし、伝統的な綿花産地として自負してきた鄒平県においても、その生産が減少している事実を、われわれの調査で考察することができた。このようなかたちで、中国の農村部も世界経済のグローバル化に巻き込まれていることが現実的になっているともいえる。だが、現地の人々はそこまで気付かずにいるようで、農業生産からの「解放感」を味わっているように思われるほどである。工業化の光と影がこのような形で工業と農業の間で錯綜しているといえよう。

二　「新農村建設」における農村間の格差

三村の特徴

長山鎮の東尉村は、工業化によって豊かになったモデル村であり、住宅団地化などの取り組みがある。とくに「老人ホーム」によって、「新農村建設」を具現している。だが、すべての村が、東尉村のように、「村養老」（村集団が高齢者のケアをする）のモデルのような「養老」のスタイルをとることは困難だろう。村と村との経済的格差がこれから社会保障、とくに高齢者へのケアの側面においても現れてくると考えられるからである。

孫鎮の霍坡村は、農業生産を維持させながら、工業団地の誘致に成功しており、「新農村建設」において、「農民別荘」の建設で農村の魅力を引き出そうとしている。しかし、将来の開発の方向性については工業と農業の間で揺れ動いている。

同じく孫鎮の馮家村は元モデル村で、小麦種子生産を中心とする農業プラス県域内農外就労といった形態で農業経営を維持させており、工業化が進まずに立ち遅れている状況にある。したがって、「新農村建設」においても、道路の整備やバイオマスの導入によるトイレの改造などが一部行なわれているものの、目玉となるような住宅整備および老人ホームなど社会福祉的な取り組みはまだ行なわれていない。このことは、一九八〇年代、九〇年代初頭に見られた先進性がなくなったように思われる。

財政力の問題

このように、「新農村建設」の取り組みにおいては、地方政府の財政力が試されるとともに、村レベルになると、村集団の財政力の弱い村は、「新農村建設」への財政的投入が追いつかず、財政力の強い村に追い越されてしまう側面がある。村集団の財政力はさらなる村の工業化の発展程度に規定される部分が大きい。「新農村建設」のねらいが都市農村間の経済的社会的格差の縮小にあるとはいえ、現実には農村内部の村と村との間の差を生じさせる側面も指摘しなければならない。このように三つの村の工業化における発展の段階差が「新農村建設」の取り組みにおいて農村間の格差として現れているといえよう。

三　「村養老」モデルからの問題提起

老人問題と村の対応

三つの村のうち、二つの村が「村養老」のスタイルをとっているか、とろうとしている。東尉村を例に、このような「村養老」（村集団が高齢者のケアをする）のモデルについて、どのように捉えるべきだろうか。事例分析に基づきながら、以下のような視点を提起したい。

「三農」問題について、都市と農村間の経済的格差がよく指摘される。しかし、それ以上に都市と農村間の社会福祉分野での格差がより深刻であることを忘れてはならない。農村部での新型農村合作医療保険制度が整備されつつある過程にあるとはいえ、農村養老保険制度（農業生産者年金）の導入と普及も焦眉の課題としてまもなく浮上してくるだろう。国の様々な保険制度の整備を待つより、都市部ではコミュニティ、農村では村単位で解決策を探る動きが早くも二〇〇〇年前後、経済的に発達した地域で取り組まれていた。山東省では例えば煙台市周辺農村地域の「南山集団」の例がある。東尉村の取り組みは南山をモデルにしていると、村幹部から証言された。東尉村の老人ホームの実践はどこか人民公社時代の面影を思わせてくれる。ただし、人民公社時代は、平等に貧乏であるという結果をもたらした。それに対して、市場経済時代では、平等に豊かな暮らしを、ではなく、差がありながらの「先富論」、底上げして後、そこからさらにみんなで豊かな道の「共同富裕」が選択肢として提唱されている。

経済発展と社会福祉

これは、いわゆる地域の中での「先富論」、村の中での「先富論」でもあろう。先に豊かに、資産家になった有能な人材の牽引によって、村全体が引っ張られていく。したがって、人民公社時代と変わったのは、資本主義と同じような市場経済下の経済発展である。社会主義の公有制ではなく、民間人の企業の所有権と経営権を認めつつある資本主義的な私有制である。変わっていないのは、共産党の指導下の社会主義体制の維持である。そのような体制をとっている村が社会福祉的役割を果たそうとしている。社会主義的特色のある市場経済といった体制は、国家資本主義とも呼ばれる体制のことであり、中国の近代化はそのような特徴を持つものだとみなされている。近年、資本主義の新自由主義段階のさまざまな行き詰まりが指摘され、とくにアメリカを発端とする金融危機の発生後、中国のような国家資本主義的体制は、大きく脚光を浴びている。しかし、国家資本主義的な体制がどこまで機能できるかは、その限界性と今後の行方を見つめていく必要が十分にあるだろう。それにもかかわらず、中国において、特に農村社会において、市場経済下の社会主義体制が依然として機能しているその背景には、村民の「個」としての確立がまだ十分に進んでいないという大前提が指摘できよう。そのような前提条件があってこそ、「共同富裕」の道もありうる。また、このような要因は、村の高齢者の老後の介護において、村が面倒を見ることをも可能にしている。但し、共産党組織および村民委員会組織のまとまりが重要である。まとまりのある村、さらに経済力のあるリーダーの政治的指導力があってこそ、このような実践に政治的基盤を与えているように思われる。

経済大国になりつつある中国にとっては、政治改革、民主化の推進が今後の課題であり、農村地域での課題でもあろう。経済力と政治的指導力を兼ね備える人材、いわゆる能人が、これからの中国の政治社会を変えて行く可能性も示唆している。

計画出産政策の実施にともない、農村部でも子供の出産の許される範囲が限られてきたなかで、農村社会の高齢者問題、とくに老後の介護のありかたについて二〇年前も研究課題として追究されてきた。一方では、東尉村のような極めて社会主義的な「村養老」(村集団が高齢者のケアをする)の形態に、ある意味驚愕させられる面もある。他方では、新自由主義支配下の資本主義の限界が叫ばれる中で、資本主義の対峙体制としての社会主義制度の再認識の材料にもなる、そのような一面を示してくれた事例ではなかろうか。

四　離農と農家生活の「脱農」傾向

農業からの離脱

調査対象地では、農業の維持は志向されているものの、工業化がより優先されているといえよう。さらに、農民別荘や住宅団地など、県城移住の傾向といった「都市並み」の生活がめざされており、農業や伝統的農家生活からの「脱農」も着実に進んでいる。この点については、それぞれの村の運営戦略からもうかがうことができるし、また、実際、個別農家からもそれを垣間見ることができたと思われる。

今回の調査で、三つの村から八戸の個別農家の聞き取りを実施することができた。有意選択であったこと、いわば代表性というより典型的事例としての特徴を前提に、次のように農家事例から得た知見を述べたい。

とくに東尉村の場合、世帯主はいずれも六〇歳代であるが、村での企業経営者の経験者が三人のうち二人、これは偏りがあるといわねばならないが、しかし、これは同時に東尉村の特有の特徴でもあろう。村に二〇以上の企業もあることから、世代交替を含めて、現役および元の企業の経営者が多いのも当然のこととしてとらえられよう。

事例の特徴

さらに、農業においては、どの村も農業が維持されているが、工業化が進んでいる村こそ離農の傾向が強い、といった相関性についても観察できた。個別農家の調査から離農または子供世代の離農傾向が強く現れていることが個別農家の事例から読み取れる。

事例1と事例2は早くから農業をやめており、農地を村に返上している。事例3は農業を続けているものの、世帯主本人の継続志向が強く、息子と嫁は早くやめたいことが明らかになっている。

霍坡村の事例4、5、6から分るように、いずれも農業を続けているが、事例4は世帯主夫婦のみの農業経営になっており、子供たちがいずれも農業に従事していないし、現実には非農業部分の経営者か企業の長期雇用となっており、将来農業を主業として継続する意向は伺えない。事例5は特殊なケースで、農地持ちの雇用型の農業経営者になっている。

馮家村の事例7、8は、現時点では、二戸とも農業のみの農家である。事例7は食糧生産と養豚の経営規模を拡大し、将来さらに規模拡大の志向を持つ。事例8はかつて小規模の企業の共同経営者の経験をもつが、企業の経営がうまくいかず、農業経営だけに転換している事例としての特徴をもつ。二つの事例は馮家村の農業中心としての村の特徴をそのまま反映しているといえよう。

また、東尉村の事例にはより強く現れているが、実際、どの村の農家調査からも伺えるように、対象者の子供たち（とくに息子たち）は、企業の経営者か、企業の賃金労働者になっていることが共通している。さらに、調査対象者の子供（とくに息子）のうちの一人か二人が、県城でマンションを購入し、現実にあるいは将来、県城に移住する傾向が強くでていることも特徴的である。

三つの村の事例を比較すれば、馮家村はどこか農村らしさがまだ色濃く残されている。とはいえ、馮家村は県全体のなかでは、経済的にも中のやや下のレベルを維持しており、多くの平均以下の農村と比べて、依然としてモデル的な存在である。そのモデルとしての側面は共産党組織の強力さはもちろん、農業経済においての小麦の種子生産の高度な技術力がとくに評価されている。農業強国をめざす中国にとっては、このような村の存在も重要ではなかろうか。

五　「新農村建設」の今後の課題

「新農村建設」の主役は工業化、都市化であることが本章の分析から明らかにされてきた。しかし、さらなる工業化、都市化にとっては、土地の条件の制約、食糧生産の減少、農業生産および農業の生産性を高める担い手などの要因が新農村の「建設」の主体の問題にかかわってくる。

（一） 土地の制約要因

土地面積の不足

土地資源が限られている。都市化の進展は拡張を意味する。土地の転用も不可避である。全国的にいえば、一九九六年から〇七年の間で、耕地面積が一・二四億ムー減少し、毎年新たに増加する建設用地が四〇〇万ムーあまり、そのうち二七〇～二八〇万ムーの耕地が転用されている（陳他、二〇〇八）。調査現地でも農地の転用が進んでいる。「新農村建設」において、土地をできるだけ節約し、村民の住居を集中させた、ビルの建設などの集居化が進んでいるという背景には、土地不足の要因がある。

また、中国の農村においては、現実には村集団が村の民家の宅地を管理しており、宅地を与えるのも、宅地を回収するのも村の権限内にある。土地の村集団所有制だからこそ、このような形で急速に団地化でき、また村民が、簡単に住み慣れた家屋を離れ、そしてまだ元気なのに、喜んで共同生活の福祉施設に入るのである。しかし、今後の農村における個と集団の構造の変化、とくに農民の「個」の確立にともなって、村集団所有制度そのものの見直しも問題として浮上してくるだろう。

このように、土地の圧力は、今後の工業化、都市化にとっても大きな制約要因となっていくだろうと思われる。

（二） 農業の生産性を高める担い手の不在

食料生産の問題点

一方では、中国政府は食糧生産を重要視している。農業支援の多くの支援策が講じられ、農業生産への補助金も増額されつつあることは否めない。また、二〇〇四年以降連続六年の豊作という事実もある。

工業化や都市化による建設用地の転用によって、耕地面積や食糧生産面積の減少をもたらしている。それにともなって、全体的に食糧の生産量も減少している。食糧生産の減少は一〇年ほど前に食糧の過剰から産業構造調整へと政策的に転換したことも要因であるが、人口の増加、耕地の減少、また、畜産、酒造、工業用分野での食糧需要の増加などの原因が大きいであろう。食糧の価格が低いこともちろん無視できず、農家の食糧生産意欲に直接に影響を与えている。食糧生産大省と呼ばれる省が一一省も数えられたが、現時点では六つしか残っていない[16]。山東省もかつてその一つであったが、現時点では、そこから外されている。このように、食糧の供給が、過剰と呼ばれる「余裕」から「緊張」(すれすれのところ、不足気味)へと変化しつつあると指摘されている。

それにもかかわらず、「三八六一九九部隊」(=農村部に残っているのが、女性、子供、高齢者だけだということを指す)と揶揄されたような農村社会の空洞化、農業生産の担い手の「三ちゃん化」が進んでいる。農村社会の発展、農業生産および農業効率を高める担い手としては、若手労働者が必要とされるが、若手の農業生産者が不在という状況に陥りつつある。

以上、見てきたように、「新農村建設」において、中央政府の財政的支援が大きく、主導的な役割が発揮されつつあるなかで、農村社会、農民レベルの主体性がどこまで発揮されうるのかが、「新農村建設」の政策そのものにかかわる課題でもあろう[17]。

六　農村の近代化と「新農村建設」

「三農」問題の解決策

「三農」問題が中国社会のアキレス腱と呼ばれ、その解決が「小康」社会の実現の鍵となるほど重要視されている。「新農村建設」はまさに「三農」問題の解消をめざす総合農政的な指針として位置づけられている。しかし、「三農」問題は地域によって異なり、広大な中国を経済発展の格差から東部、中部、西部に画定して議論される場合が多い。一般的に、東部農村と比べ、中部と西部においては、都市農村間の格差および「三農」問題がより深刻に進行していると指摘されている。山東省鄒平県は中国の東部にある山東省の中部地域であり、経済的に発達している省のなかの中レベルの地域の事例として捉えるのが重要であろう。その意味では、多くの中部地域を抱える華北地域のなかでは代表性のある事例としての位置づけも与えられうる。したがって、本章にみられるようなケーススタディは、あくまでもそのような地理的経済的社会的条件のもとでの事例紹介と事例分析として理解されたい。その意味では、鄒平県の「新農村建設」の実践にみられた農村間の段階差と程度差は、全国的に見た場合、更なる大きな差が生じていることを想像することが容易であろう。工業化による経済開発と経済発展を社会発展の大前提にする限り、地域間の経済的社会的格差が解消するのは極めて難しいのではないかと懸念される。「三農」問題の解決過程における新たな格差、新たな「三農」問題を生み出すことも避けられないのではないかとさえ指摘できる。「小康」社会をめざすこと自体が社会全体の目標として大きな意義をもつ。しかし、都市化率や所得の金額数など数値としてだけではなく、一つの変数として、時期によって、また地域によって異なった、多元化多様化した、かつ柔軟性のある目標を定めるのも重要であろう。画一的で平準な社会、いわば「和諧社会」（＝調和の取れた社会）の構築は、国が大きいほどその実現が難しい。それは中国にとってではなく、どの国にとっても同じではなかろうか。

「新農村建設」と都市化

人口が多く、耕作できる土地が少ない。このようないわば「人地」間の緊張関係は建国後の中国に始まった事態ではない。農村の貧困といった根底的社会的事情は、長い歴史の中で蓄積されてきた課題である。ただし、時代によって異なる側面として現れた。土地の私有、集団所有制が繰り返されたなかでも、零細規模の農業経営や、そこから生じた農業効率の低い問題が依然として農業の根本的な問題として取り残されている。そのような農業の効率を高めるために、農業の産業化や規模拡大の促進などの多様な政策も講じられている。しかし、それにも限界があることが気づかれている。農業の強国をめざすには、農業そのものの発展だけではなく、それと同時に工業化、都市化（城鎮化も含め）が必要である。これにより、「新農村建設」の牽引役として、農村労働力を農業以外の産業に従事させ、農村地域から都市、小城鎮、中心鎮、中心村への移動と集中が促進している。これこそ現時点の中国農政の基本的姿勢とみなされる。

第二章でも論じたように、農業立国論、工業立国論をめぐる論争が一九三〇年代の中国においても繰り広げられた。一九三〇年代の「郷村建設」の実践では、梁漱溟氏の「農業が先、工業が後」が一つのモデルであった。農業と工業との関係、都市と農村との関係ないし都市住民と農村人口との関係において、試行錯誤を繰り返されてきた歴史についても自明の事実であろう。近年の中国の理論界において、また激しく議論されている。

日本を含め、多くの欧米先進諸国は、そのような近代化の道をたどってきていると、中国の当局および研究者の主流派によって認識されている。そこで、中国の近代化にとっても、工業化、都市化が必然な選択になっている。したがって、工業化、都市化への選択肢はある意味では、中国の近代化にとっても避けて通れない道である。農業収奪から農業支援への農政のパラダイムの転換をはかりながら、あくまでも工業化・都市化を主導的に位置づけている。「新農村建設」を総合農政としての方向性ないし近代化への道として、現実的しかもやむを得ない選択肢として理解し、見守っていくことが重要である。それとともに、荒廃した農村を再生し振興させるために、多くの地域や国によって模索されている農業・農村の再生を含めた、農村の「建設」の意味から見た場合、中国における現時点での「新農村建設」は、実質上、工業化と都市化に向かっていると思われることから、めざすべき農村の「建設」からは乖離していることを指摘しておかなければならない。

農村の近代化は中国社会全体の近代化にとっては不可欠である。独立した一戸一戸の農家、一人一人の農民として、まず「個」として確立する必要がある。しかし、農地の私有制が許されない限りでは、真の姿の「個」の確立もありえないであろう。市場経済、グローバリゼーションのなかでも、なお農家間の共同、農業経営における協同組織の形成と健全たる運営がますますその重要性を増す中で、個別所有の農地、個別で自由に支配できる農地の獲得がないかぎりでは、自立した農家間の結集として、いわば本当の意味での農業協同組合の形成もありえないであろう。したがって、農家農業生産者としての「個」の確立が農村の近代化の第一歩ではないかと思われる。さらに、そこから出発し、工業立国、都市化の論調が主導的地位にある今日、「新農村建設」政策と課題そのものを超越し、農村の近代化といった世紀の課題への取り組みの歴史的レビューと史的視点を通して、中国に必要とされる真の農村の近代化とは何か、を問わなければならない。そこではじめて中国の社会事情に見合う歩くべき近代化の道が見えてくるのではなかろうか。

注

(1) 二〇〇八年九月および二〇〇九年九月の二回にわたり、山東省社会科学院農村発展研究所との検討会および同研究所の前所長Q氏への聞き取りにより整理。

(2) 鄒平県の経済社会状況については、「鄒平県経済社会発展情況」、二〇〇七年、中共鄒平県委員会弁公室編を参照した。また、一部の内容は二〇〇七年二月農業局X局長、T副長への聞き取りからも整理されている。調査対象地の選定においては、後述の二鎮三村のほかに、二〇〇七年二月に県内の韓店鎮および同鎮の西王村、実戸村、また二〇〇七年八月の黛渓弁事処などの概況調査も行なった。

(3) 長山鎮の状況については、二〇〇七年八月、二〇〇八年三月の二回にわたり、鎮党委員会副書記ZH氏、鎮宣伝主任のM氏への聞き取りにより整理。

(4) 東尉村については、二〇〇七年八月、二〇〇八年三月および二〇〇九年九月の三回にわたり、村の書記ZH氏、村民委員会主任N氏への聞き取りにより整理。

(5) 東尉村の農地制度と農業生産構造の変化について『東尉村志』の五一～六四ページを参照されたい。

(6) 東尉村の工業化の発展の歴史について、『東尉村志』の二二九～二六四ページを参照されたい。

(7) 東尉村の村庄建設の歴史については、『東尉村志』の三七八～三九九ページを参照されたい。

(8) 東尉村の医療施設と医療保険制度の整備については、『東尉村志』の二六一～二八六ページを参照されたい。

(9) 東尉村での農家調査は二〇〇八年三月の戸別訪問により整理。

(10) 中国における「生態農業」の概念規定について、「「生態農業」における個と集団——中国河北省邢台市邢台県前南峪経済試験区の事例——」の一～三ページにおいて、整理されており、参照されたい(細谷他、二〇〇四)。

(11) 孫鎮の概況については、二〇〇七年八月、二〇〇九年の九月に鎮の人民代表大会の主席SH氏およびC副鎮長、L宣伝担当への聞き取りにより整理。

(12) 霍坡村については、二〇〇七年八月、二〇〇八年の九月と二〇〇九年の九月の三回にわたる、村の書記(X氏)を中心に村民委員会の委員に対する聞き取りにより整理。
(13) 事例④～事例⑥への個別訪問は二〇〇八年九月に行なわれた。
(14) 馮家村については、二〇〇七年八月、二〇〇八年三月、二〇〇八年九月および二〇〇九年九月にわたる村の書記を中心にした聞き取りにより整理。
(15) 事例⑦と事例⑧は二〇〇八年九月および二〇〇九年九月の個別訪問による聴き取りである。
(16) (1) と同一の聞き取りにより整理。
(17) 拙稿「農村の近代化と新農村建設――山東省鄒平県の事例を通して――」(劉、二〇一〇) の九四～一〇六ページを参照されたい。

参考文献

曲延慶『鄒平通史』、中華書局、一九九九年。

小林一穂・劉文静・秦慶武『中国農村の共同組織』、御茶の水書房、二〇〇七年。

秦慶武・蕎峰編『城市化与農村人口転移――来自山東省的報告』、中国城市出版社、二〇〇二年。

秦慶武・許錦英著『中国「三農」問題的困境与出路』、山東人民出版社、二〇〇四年。

鄒平県村誌文化書庫『東尉村誌』、中国文史出版社、二〇〇四年。

鄒平県村誌文化書庫『東尉村誌』、中国文史出版社、二〇〇八年。

政協文史資料委員会編『梁漱溟与山東郷村建設』、山東人民出版社、一九九一年。

孫子願「追憶我在鄒平参加美棉運銷合作社的運動」、山東省政協文史資料委員会、梁培寛『梁漱溟先生記念文集』、中国工人出版社、一九九三年。

陳錫文・趙陽・羅丹『中国農村改革三〇年回顧与展望』、人民出版社、二〇〇八年。

劉文静『農村の近代化と新農村建設――山東省鄒平県の事例を通して――』、岩手県立大学総合政策学会『総合政策』第一一巻第二号、二〇一〇年。
Andrew G. Walder, Harvard Contemporary China Series 11 "Zouping in Transition The Process of Reform in Rural North China" 1998, Harvaed University Press Cambridge, Massachusetts London, England.
Andrew B. Kipnis, "Producing Guanxi Sentiment Self and Subculture in a North China Village" 1997, Duke University Press, Durham and London.

第七章

「新農村建設」と「和諧社会」

小林 一穂

鄒平県長山鎮東尉村での収穫されたトウモロコシの皮むき作業。従来どおりの手作業と新築された村民住宅との対比が印象的である。(2009年9月11日撮影)

第一節　「新農村建設」政策の特徴

農村建設の経緯と課題

中国における農村建設は、これまで戦前から今日までの三つの段階を進んできたといわれている（劉、二〇〇六）。第一段階は、第二章でみたように、民国の時代に取り組まれていたものである。一九二〇〜三〇年代の農村建設運動がそれで、これは中国共産党の革命根拠地建設とは別の動きだが、農村の貧困状況の救済をめざす改良運動だった。二〇年代における晏陽初の河北省定県と梁漱溟の山東省鄒平県での実践運動の展開が代表的であり、それが全国へと広まった。しかしこの運動は、三〇年代後半に、日本の中国侵略が進み、国民党と共産党との対立が激化するなかで継続されることができなかった。

新中国においては、土地改革が徹底して遂行され、その後は互助組や合作社といった集団化が推進された。そのもとで人民公社が一九六〇年代に全土で成立した。人民公社の特徴である全面的な共同化と生産と生活の自己完結は、農村部と都市部とを切り離し、膨張する人口を農村部に押しとどめようとする機能もあった。農村から都市への人口圧力は、中国に独特な戸籍制度によっても抑制されていた。その意味では、農村そのものの発展を直接にめざすというよりも、都市における近代化を促進するための支持基盤として、農業や農村が位置づけられていた。人民公社方式は、しかし、さまざまな問題を抱えており、そこでの農業の発展や農村社会の安定は行き詰まりをみせた。この事態を克服したのが家族生産請負責任制であり、この家族請負制の進展が、戦前期に続く第二の農村建設といわれている。家族請負制は、一九七〇年代から開始された改革開放政策の下で飛躍的に発展し、現代中国における農業経営の基盤となった。家族請負制は、農業経営の単位を家族として、家族経営によって中国の農業を維持発展させようとするもので、人民公社時代と比べて、農業生産、農家経済、農家生活の各面でその水準が向上した。

改革開放政策は驚異的な高度経済成長をもたらし、その勢いはいまだに衰えていない。しかし、急激な経済成長は、当初は都市と農村との経済格差を縮小させたものの、しだいに逆転して、都市部と農村部との格差を拡大させるようになり、いわゆる「三農」問題が一九九〇年代から深刻になっていった。これを解決し、農村社会における「小康」社会の達成、さらに「和諧社会」の形成をめざして「新農村建設」が唱えられ、二〇〇〇年代から推進されている。これが近代中国における農村建設の第三段階である。この第三次の農村建設は、市場経済の導入によって生じた都市と農村との間における格差が、農民の不満や不公平感を増大させていること、そのことによって、戸籍制度や「小城鎮建設」にもかかわらず、都市への人口流入が止まらず、農民工がふくれあがって、各種の都市問題を引き起こしていること、したがって、農村社会そのものへの対応が、解決を急がなければならない焦眉の課題となっていること、などの理由で打ち出されたものである。これまでの、豊かな地域が遅れた地域を牽引するという「先富論」にもとづいて沿海部の発展を先行させ、そののちに内陸部の底上げを図るという政策の修正ともいえるだろう。いいかえれば、貧富の格差や各種の社会問題が、都市だけではなく農村内部にまで及んできているのである。

「新農村建設」による農村社会の再構築

農村建設の新たな方向は、二〇〇四年九月の中国共産党四中全会での「以工促農、以城帯郷」という方針で示された。農業や農村が工業化や都市の発展を支援するという位置づけから、逆に、工業や都市部が農業や農村を補助し、農村社会の発展を支援するというように変化した。これは、経済成長の結果として、都市部における発展が急速に進み、沿海部の大都市ではすでに先進国並みの都市生活を享受するほどになってきていることから、いよいよ農村部の発展を本格化させようとする動きととらえられるかもしれない。しかし、こうした変化の背景には、農村部の発展の遅れが目立ち、そのことによって、農村から都市への人口移動や、農村社会の生活水準の停滞などが社会問題化してきたことがある。

すでに第三章でみたように、中国華北農村の発展は、家族生産請負責任制の下で農業生産が上昇し、小城鎮における民営企業が工業化を推進するなかで、農民の生活水準が向上する状況となっている。しかし、都市部との収入格差はもとより、居住環境、商業サービス、教育環境、保健医療体制、社会保障などがいまだ都市部に比べて劣っており、その改善が急務の課題となっている。農民が望むものとしても、物質的な豊かさにとどまらず、教育熱や住居の快適さ、娯楽設備の充実などへと広がっている（白、二〇〇九）。農村社会におけるさまざまな課題は、都市とは異質な存在としての農村のあり方を前提として、農村社会を維持し発展させるという方向で解決を図るというよりも、農村においても「都市並み」の生活をおくることができるようにする形で農民の要望に応えていこうとする政策が求められているといえるだろう。そうでなければ、農村から都市への人口流出は歯止めがかからず、都市部の社会問題は悪化するばかりなのである。

二〇〇五年一〇月には、第八次五カ年計画で「新農村建設」が重視されて「社会主義新農村建設に関する決議」が出された。経済格差が広がるなかで、農村社会の総合的な発展、とくに住居の改善などの生活環境の整備に重点をおいたものになっている。また、文化的な活動のための基盤整備や、医療や福祉などの公的サービスの提供も中心的な課題となっている。「新農村建設」政策は、中国における都市―農村問題すなわち都市と農村との間によこたわる各種の格差、両者の間での人口移動がもたらす問題などの解決を、また農村社会において以前から持ち越されているさまざまな問題すなわち農業収入の低さ、生活水準の低さ、文化教育面の低さなどの解決を図ろうとしている。それを、農業収入の上昇をめざすということにとどまらず、農村社会の総合的な発展にもとづいて「都市並み」の生活を実現しようとしているといえるだろう。この政策は、農村を農村のままで発展させようとしているというよりも、農村社会の都市化によって、懸案となっている諸問題の解決を目指している。それは、「統籌城郷発展（＝統合的計画による都市と農村の発展）」といわれ、都市と農村という画然とした区別をしてきたこれまでの農村対策とは大きく方向転換するものである。「新農村建設」政策と併行して実施された農業税の廃止も、農民の負担軽減にとどまらず、「都市並み」の課税という意味をもつものといえるだろう。

こうして、現代中国の農村社会は新たな段階に入ってきている。農村建設の第三段階といわれているが、いわば農村社会と都市社会との垣根を取り除いて、農村社会の再構築を図るという新たな段階だといえるだろう。

山東省における「新農村建設」政策

第四章でみたように、山東省は、「農業大省」といわれるように、農業生産が全国的にトップレベルにあり、全国的な農業の改革においても、いわば先駆け的な位置を占めてきた。一九七〇年代末以降の家族生産請負責任制や双層経営体制、八〇年代以降の郷鎮企業の形成、九〇年代の農業産業化と構造調整、そして二〇〇〇年代に入ってからの「三農」問題への取り組みと「新農村建設」政策の実施という、中国農業の変化のなかで、山東省はその試行的あるいは実験的な取り組みを進め、それが中国全土に拡大するという展開を繰り返してきた。

「新農村建設」政策の実質的な内容は、農村部における都市化の推進といえるだろう。すでに九〇年代半ばに「小城鎮建設」が始まっており、それは、農村における市場、農業共同組織、龍頭企業や農産物加工の民営企業などを小規模の農村市街地に集約させ、農村の余剰労働力が大都市へ流出するのを防ぐとともに、農村における産業化を推進しようとするものである。二〇〇六年から「新農村建設」が推進され、〇九年からは「新型城鎮化」の促進が取り組まれている。つまり、農村部を都市化し、そのことによって「三農」問題を解決していこうということである。そこでのスローガンが「水、路、電、医、学」である。水道や道路、電気といった基本的な生活基盤整備を整えるとともに、医療や教育においても水準を上げていくという方針である。生活保障の最低基準の設定、村レベルでの診療所、新しい住居の建設、小中学校の校舎の改善、文化活動センターの建設、医療保険制度や年金制度の整備、などが具体的に取り組まれている。さらには、村民委員会の直接選挙や村務、財務の公開などの「自治管理」も進められている。

こうしたなかで、「新農村建設」政策のモデルがいくつか登場している。第四章では山東省における全部で六つのモデルが挙げられている。これらは、都市近郊農村の都市化、都市と同様に農村での就業、居住、生活を選択するという条件の整備、村落と企業の一体化、龍頭企業による産業化、農村の「社区化(=村落の合併による都市化)」、村落組織の株式化、といったモデルである。やはり工業化と都市化を推進するという政策において、その模範となる取り組みを示したものといえるだろう。さらに、地域農民の主体性が強調されていること、生活環境の整備に力点がおかれていること、などが注目に値する。農民が「新農村建設」政策の対象であるとともに、その事業の主体でもあるとされて、農村の積極的な参加を促進させようとしている。それは、さまざまな問題を人々の「運動」によって克服していこうとする新中国に特有のやり方の現れといえるが、ただし、たんなる「動員」として農民が義務的にしたがうというふうにもなりかねない点はありうる。また、「新農村建設」政策では、工業や商業の発展と併行して生活環境の整備が重視されている。これは「小城鎮建設」という局面から一歩進んだものといえるだろう。生活面における基盤整備を進めることによって農村部に人々を引き留めようとしており、経済的条件の改善にとどまらず、生活の全般にわたって「都市並み」の質の確保を目指すものである。

他方で、「新農村建設」政策の障害となる問題も指摘されている。とりわけ、財政的な裏付けが必要なこと、地域の末端からの建設運動となるべきことなどが強調されており、これは、逆にいえば、そうした点が不十分だということの表れだろう。教育や文化活動、社会保障や基礎施設の弱さも挙げられるが、それは「新農村建設」政策が解決すべき課題を示しているといえるだろう。

河北省における財政政策

第五章では、河北省における「新農村建設」をめぐる財政政策を分析している。二〇〇三年から始まった国家レベルでの農村にたいする減税措置や各種の補助制度による「統籌城郷発展」という政策を受けて、最終的には〇六年に農業税を全面的に廃止することとなり、農民の負担が大幅に軽減された。そして、それとともに、それまでの間接的な財政支援政策から、農業への直接的な補助政策が展開している。それは、糧食作物栽培農家への直接補助、農機具や優良品種を導入するための補助、なかでも畜産業への重点的な補助、さらには環境保全のための植林などへの補助である。こうした政策の実施は、「農業大省」として農業生産を重視する政策がとられていることを示している。

他方では、「新農村建設」政策も展開されており、生活基盤整備に重点がおかれて、村レベルでの公益事業建設のための資金調達への補助、また、農民の生活条件と生活の質を改善するための、家電製品の普及への補助やバイオマス利用設備への補助、新しい住居の建設への補助などが実施されている。

さらに、農村生活の向上が目指されて、教育文化事業、職業訓練、社会保障などへの財政支援政策が取り組まれている。そのなかでも「陽光プロジェクト」は、農民が農外就労できるようにするための職業訓練をおこなうもので、農村の余剰労働力が農業以外の産業へ、また都市部へと移動することを促進させるねらいがある。また、新型農村合作医療保険制度にたいする財政支援は、農民本人の納付金にあわせて、国、省、市、県の四レベルの公的補助が設定されている。

こうした政策を遂行するにあたって問題となるのは、道路、水利、土壌などの改善が進まないこと、公共サービスへの支援が不足していること、などである。農村での財政支援は、いまだ農業生産にかかわるものが多く、農業でのいわゆる「産前、産中、産後」における財政政策が全面的に整備されている。しかし、たとえば農村の公共サービスにたいする支援はそれほど進んでいない。道路の建設や補修、医療設備の整備、水道水の供給、文化施設の建設などは、その遅延あるいは停滞が目立っている。つまり、山東省と比べると基本的な生活基盤の整備が目下の課題となっているということである。そして、それには地方政府の財政基盤の脆弱性がかかわっているといえるだろう。山東省では、工業化を進めることで「新農村建設」の財政を確保しており、それは農村部における企業立地を企画し村集団や企業誘致によって、地方政府の税収入を増加させるものである。こうした施策が河北省においては、いまだ全省的な展開となっていないと思われる。さらに、「新農村建設」政策においては、農村生活の基盤整備に重点がおかれているが、そうした領域は、産業部門とは異なって、巨額の財政投入が必要であるにもかかわらず、その結果が早急に現れるものではない。地域経済への波及効果もそれほどはっきりしないことから、地方政府は、独自の財政支援を避けて、中央政府の政策執行を主とするにとどまる傾向がある。こうして、長期的な、あるいは実情に見合った財政支援政策をとりにくい面があるとはいえるだろう。

第二節　「新農村建設」の現状と課題

現地での事例調査の結果

第六章で詳細に述べられたように、鄒平県での事例調査は、三村を有意に選択して実施した。孫鎮馮家村、同じ孫鎮の霍坡村、長山鎮東尉村である。この三村は、「新農村建設」の進展の程度差、その多様性を典型的に示していると思われる。現地での主要なインフォーマントにたいするヒアリング、および個別農家にたいするインタビューによって、「新農村建設」の現状と課題が浮かび上がってきた。

その背景にあるのは、鄒平県の急速な工業化と都市化である。もともとは農業県だったこの県では、郷鎮企業が牽引役となって一九九〇年代以降に工業化が進んだ。そして、大規模な企業集団となった民営企業を中心とする税収入が県財政を潤すとともに、企業が余剰労働力を吸収することによって、労働力移動を県内にとどめている。こうして、人口が農村部から都市部へ移動するというよりも、農村部が都市化することによって近代化が推進される、というあり方が示されている。そしてそこに、企業が農村社会の変化を牽引するというよりも、農村生活のあり方そのものを改善することによって、農村の再構築を果たそうとする「新農村建設」政策が加わってきている。それは、工業化による農村の底上げという方向から、農村社会の生活水準を全般的に高めることによって「三農」問題といわれるような農村社会の困難を克服していこうとするものである。まさに、鄒平県は「新農村建設」の典型をみせているといえるだろう。

馮家村と霍坡村がある孫鎮は、同じ鄒平県内の長山鎮と比べると経済発展が遅れている地域である。農業が中心であり、耕種、蔬菜、畜産がいずれも盛んで、農業合作経済組織は七組織が設立されている。当然ながら工業の発展も重視されており、鎮内の総生産高の九割を工業部門が占めている。それでも就業人口では農業従事者数が工業や建設業への従事者数を上回っている。「新農村建設」においては、エネルギー問題の取り組みとしてバイオマスシステムの導入、生活環境面では、文化広場の建設、「普恵工程（＝農民に恩恵を普及するプロジェクト）」と呼ばれる新型農村合作医療保険制度の整備、「村医」の配置、などが主なものである。

孫鎮馮家村は元モデル村で、一九八〇年代から九〇年代初めにかけて、この地域のなかでは先進的な村だった。小麦の種子生産が特徴的で、それによってある程度の高収益を得ている。種子生産はすでに七〇年代から取り組まれ、「集体致富（＝集団によって富を得る）」という方針の下で、村全体で共同化していた。こうした経験が、村への家族請負制の導入を遅らせてしまうことになった。種子生産の共同化のメリットがあるので、個別経営化への転換を村民が躊躇したことが大きな原因である。結局、一九八六年に土地の配分は行われたが、種子生産は、専業合作社を設立して今日にまでいたっている。ほぼ全戸参加しており、理事長は村民委員会主任、会計も村民委員会会計が兼ねており、いわば「村ぐるみ」の形態をとっている。その他に養豚の専業合作社もあり、この村の農業生産は盛んだといえるだろう。他方で、工業化の導入に遅れてしまい、目立った企業が村内にないので、村民の収入源としては、農業と県域内での農外就労ということになる。この立ち後れが、「新農村建設」においては、基本的な生活基盤の整備という段階にとどまるものとなっている。バイオマスシステムの導入にともなうトイレ改造、「衛生服務区（＝村内の診療所）」の設置や文化施設の建設などが行われているが、鄒平県で現在広く取り組まれている住居建設や老人ホーム建設などにはいたっていない。モデル村だった七〇年代末から八〇年代半ばまでに旧村改造が行われて、統一した規格による住居が建設されたが、今回の「新農村建設」の下での新住居の建設は構想だけにとどまっている。モデル村となったときには、農業生産が村の発展をもたらすという構図のもとでのものだった。その先進性は、今となっては、農業生産以外には広がらずに、むしろ農業生産が停滞を招いてしまっている。兼業化は、工業化の推進というよりは、農業収入の補填というレベルにとどまっている。

馮家村と同じ孫鎮にある霍坡村は、糧食生産を中心とした農業生産を維持しつつも工業団地の誘致に成功している。農地を転用して団地を造成し、村内七社を含めて二七社が進出している。この用地の借地料や団地内の企業への就業で、村民の収入は高い水準にある。調査時点では農業と工業のバランスをどうするかが問題となっていたが、農業従事者の高齢化や村民の大半が農外就労していること、所得の農工間格差などから、工業化が進展していくものと予想されている。「新農村建設」の主要な柱の一つである住居環境の改善では、いわゆる「農民別荘」と称する新しい住居を建設している。これは集合住宅ではなく庭付き二階建てで、農家の生活を考慮したものである。それとともに、村内に「文化広場（＝スポーツ器具類を備えた公園）」を建設しておりゲートボール場なども備えている。またスーパーマーケットを開業させ、村民の生活環境整備を進めている。このように、収入の上昇が望めない畑地を宅地化して住宅団地を造成し、旧住宅の跡地に工業団地を造成して企業を誘致し、工業化を推進する。兼業化によって村民の収入をある程度の水準にまで引き上げつつ、村民の生活向上を図っている。

長山鎮東尉村は、工業化を推進することによって村民生活を豊かにしようとしている点で、まさに「新農村建設」を具現しているといえるだろう。長山鎮は鄒平県内の工業開発地域に位置しており、大規模な企業を育成することによって鎮財政の安定を図っている。また、「新農村建設」の取り組みでは、スポーツ活動の育成と社区化が特徴的である。前者については、ゲートボール場や文化広場の整備、各種スポーツの愛好グループの支援があり、後者では、村落の合併が取り組まれている。合併は、いくつかの村の住民を移転させて住宅団地に集住させることで、跡地の企業用地の確保、都市的な住居の建設、行政業務の効率化を一挙に進めることができる。さらに、「城郷一体化（＝都市と農村の調和的発展）」という目標を立てて、事実上の都市化を推進している。

なかでも東尉村は長山鎮の「中心村」的な存在である。村の農業生産は糧食作物を共同で行うにとどまり、その他の畑作や畜産はわずかである。農家は村の三分の二が離農してしまい、残り三分の一もすべて兼業農家であり、就業人口の九割が他産業に従事している。「土地から解放されている」という現地での表現があるが、農業から離脱して他産業へと向かう村民のあり方を、ある意味では的確に示している。この他産業だが、村内で郷鎮企業を発展させて「東尉集団」と呼ばれる企業集団を形成している。この企業集団の理事長は村内企業の党支部の書記でもある。当人の他に村党支部の書記でありかつ村民委員会の主任を兼ねる人物もいるが、理事長は総書記と呼ばれてこの村のトップリーダーとなっている。村民の四割以上がこの企業集団に雇用されており、他の村内企業数十社とともに「工業振村（＝工業によって村を振興させる）」の方針の下で、中心的存在になっているといえるだろう。また、農村生活の再構築という点では、四階建ての近代的な集合住宅を七棟建築して、新しい住居を村民に提供している。村民が移転した跡地は、「東尉社区」建設用地として近隣の一〇村ほどを合併して集住させることになっており、いわゆる「城鎮化」が典型的に進められている。それとともに高齢化社会への対応を図ろうとしており、最新の設備を整えた老人ホームが建設され運用されている。また年金制度も企業内だけではなく、村が財政支援して村全体に拡大しようとしている。さらに村内の診療所や医療保険制度の先駆的な導入など、社会福祉面での充実ぶりも顕著である。

「新農村建設」の段階差

調査対象地である鄒平県は、これまで述べられてきたように、一九三〇年代には梁漱溟による「農村建設運動」の実験県に選ばれ、八〇年代にはアメリカ合衆国の研究者による中国農村調査の対象地として選ばれている。鄒平県は、その時々において、中国華北農村の典型例を示しているものとして選ばれたのである。われわれが二〇〇〇年代後半に中国華北農村の調査対象地として鄒平県を選んだのもまた、この県が現在推進されている「新農村建設」政策の具体的な事例として適切だと思われたからである。改革開放政策以来の中国全体の急速な発展の中で深刻になってきた歪みをどのように克服したらよいのか、農村社会の再構築をどのように図るのか、という実践例を、鄒平県は示している。

「新農村建設」政策は、工業化による経済発展を推し進めるということが、都市部と農村部とを隔絶させて都市の発展を優先させるのではなく、その中間に地方都市を形成して農村部からの都市への人口流入の阻止や農村部の生活水準の引き上げを図るというのでもなく、農村部そのものの内部の発展を促すことによって都市と農村との格差を是正していくという戦略である。鄒平県においては、「魏橋」「西王」「三星」の三大企業集団をはじめとする県内の民営企業が牽引役となって、農村部をも含めた工業化が展開されている。それによって「離農不離村（＝離農するが村外に移出しない）」や「城鎮化」といわれる都市化が農村部でも進められている。だが、工業化による財政力がそうした動向の基盤となっているので、農村部における工業化の進展の度合いが、そこでの「新農村建設」の進展の度合いとなって現れざるをえない。

こうしたなかで、事例としてとりあげた鄒平県の三村をみてみると、「新農村建設」政策の進展度合いが典型的に段階的になっている。東尉村は「新農村建設」政策を先進的に取り入れて、村の企業集団の成功を背景にした豊富な財政力によって生活基盤整備を着々と進めており、省級のモデル村となっている。他方で馮家村は、農業生産から工業化への脱皮に遅れ、農業生産としては優位にある種子生産のメリットを生かしきれておらず、「新農村建設」もバイオマスのトイレ改造や文化施設の整備といった小規模なものにとどまっている。中間的な存在が霍坡村で、農業と工業とのバランスを重視しながらも、工業化に傾斜しつつある。ここでの「新農村建設」の重点は住居建設であり、また文化広場の整備、農村スーパーの開業などが展開しているが、福祉や医療関係の取り組みについては、これからの課題となっている。

第三節　農村社会の再構築と「和諧社会」の提唱

都市化政策としての「新農村建設」

山東省鄒平県における「新農村建設」の調査結果から浮かび上がってくるのは、「新農村建設」政策が、実際には、「都市並み」の生活を追求する生活環境整備が中心となっており、その政策が実施されるためには地方財政の基盤が確立していなければならず、そして財政の確立は農村部における工業化によって支えられている、ということである。つまり、「新農村建設」は、事実上、農村部の工業化にもとづいて農村部の都市化をめざすものとなっている、ということが現地調査からも明らかになったといえるだろう。「新農村建設」の実質は、農業の発展というよりは工業化、農村社会の充実というよりは都市社会化、ということにならざるをえないと思われる。この意味で、「新農村建設」は、それまでの改革開放政策の中で、都市と農村の相即的発展を目指すという基本的方向の転換を示しており、都市と農村との格差を農村内部の都市化によって克服しようとする農村社会の再構築を目指すものといえるだろう。

「新農村建設」政策は、「三農」問題の解決を図って打ち出されている。「新農村建設」をめぐっては、それが農民の生活水準を高めるという側面、農民の生活様式を改善するという側面、村民の福祉厚生と諸権利、村落社区の権限を強化するという側面が指摘されている（白、二〇〇九）。経済、社会、政治の各方面での農村社会の再構築が目指されているといえるだろう。注目すべきは、その内実に、農業や農村社会の維持発展というよりも、実際には農村社会内部の都市化を進める方向性が現れていることである。改革開放政策以来の中国の近代化は、先進地域が後進地域を牽引するという方針で取り組まれ、その成果を生みだしてきた。先進地域の工業化と都市化が中国の発展にとっては不可欠だった。沿海部を中心とする工業化と都市化の発展が農村部に先んじて、それを農村部が支えることで驚異的な経済成長が成し遂げられてきたのである。農村部がいわば置き去りにされたことが、農民工をはじめとする「三農」問題の噴出をもたらした。したがって、「新農村建設」は、遅れた農村社会を先発した都市部の水準にまで引き上げようとするものであり、しかも、前述したように、農業や農村そのものの発展に力を注ぐというよりも、農村自体を都市社会へと転換させようとするものである。

こうした農村社会の都市化という点では、「城鎮化」あるいは「農村城市化」や「農民城市化」という視点が示されているが、都市人口の増加を基礎とした都市的生活様式の拡大は指摘されるものの、人口の移動が分析の中心になっている（劉・孫、二〇〇九）。しかし、人口移動に対処するだけでは、農村部の停滞あるいは遅れを克服することに大きな効果が得られるとは考えにくい。農村部の住民の生活志向は、経済的な水準の向上すなわちより高い収入を獲得しようとする志向はもちろんだが、それだけにとどまらず、生活の利便性や快適性すなわち購買圏の充実、住居環境の整備、文化的生活や教育機会の均等などを望んでいる。しかし他方では、事例調査で明らかになったように、都市生活がもつ問題性すなわち物価高、自然環境の悪化、文化的生活環境の劣悪さなどから、必ずしも都市への移動を望んでいるとは限らない。それゆえ、農村部に居住したままで、より利便性や快適性の高い生活を享受できる、というのが今日の農民の生活志向であるように思われる。とするならば、農村社会における都市化を推進することが、当面の農村社会にとって必要であり、「新農村建設」政策はそのような現状に応えるものとなっているといえるだろう。

農村における都市化を推進するにあたっては、農村における工業化をその基礎として欠かすことができない。「小城鎮建設」や農村部の「城市化」政策によって、労働力が農村部から都市部へと移動することをくいとめて、都市部における人口爆発といった問題が生じるのを避けるとともに、農村部における過疎現象を防ぐということがめざされてきたが、現在では、そうした農村部からの人口流出を阻止するという機能にとどまらず、農村社会そのものの都市化を推進するための財政基盤として、農村内部における工業化が位置づけられている。農村社会における生活基盤を整備するには、地方政府にとって、そのための財政的対応が大きな負担となってくる。農村部にとどまる住民の「都市並み」の生活水準を確保するために、住居などの生活環境を整備するという財政措置は大きな問題だといえるだろう。いわゆる郷鎮企業の発展あるいは地元への企業誘致が成功すれば、そこに雇用される村民の収入が上がるとともに、地方政府の財政が豊かになり、さまざまな環境整備や社会保障がもたらされることになるが、そうした農村内での工業化が進まなければ、「新農村建設」は掛け声だけに終わってしまうことになりかねないだろう。これまでの叙述からも明らかなように、たとえば同じ山東省鄒平県でも調査対象となった三村のあいだで、「新農村建設」の速度と内実に格差が生じている。地域間での工業化の発展に差があり、それが都市化の速度の違いを生みだし、農村社会を再構築する進展の度合いに優劣が生じる恐れがある。

また、農村部が都市化することによって、農村社会のさまざまな社会関係が空洞化することも危惧される。たとえば新たな住居の建設により、農民の生活が快適なものとなるのは確かだが、移転の際は、そのための個人負担を用意できるかどうかで入居の順番が決まることが多く、そうなると、以前の近隣関係は新しい住居では持続されずに解消してしまう。もちろん、日本の村落社会とは異なるので、近隣関係が農村生活で大きな比重を占めるとはただちに断言できないが、それにしても長い期間にわたって培われた社会関係が解消されてしまうことは、農民にとって大きな損失だろう。都市化は、思った以上に農村の問題を表面化させる可能性もあり、都市化を進める政策はいわば両刃の剣となることがありうる。農村の都市化が都市問題を引き起こさずにすむかどうか、予断を許さないといえるだろう。

農村社会の再構築と「和諧社会」の展望

これまでみてきたように、「新農村建設」は、現代中国において農村社会の再構築を目指すものであり、そこでは農村社会の生活基盤の整備が中心となっていて、それを農村内部の都市化によって達成しようとしている。これを本書で再構築ととらえたのは、都市の発展を優先させて農村をそのための支持基盤とするそれまでの近代化政策を転換させて、農村社会そのものの改善を図ろうとしているからである。そしてこの「新農村建設」が「和諧社会」をめざす重要な一歩とされている。

二〇〇六年以来中国では「和諧社会」が唱えられ、社会の調和的発展を目指すことが強調されている。これは、急速な高度経済成長によって生じたさまざまな格差や自然環境の破壊などの歪みに対して、人間と人間との調和、人間と自然との調和を図ろうとするものだが、都市と農村との関係についても、この「和諧社会」という理念が掲げられている。たとえば、「城郷二元体制」を打破するものとして「統籌城郷発展」が唱えられ、「城郷一体化」がめざされているが、この農村社会の都市化は、「三農」問題を解決し、中国が唱える「和諧社会」へ至る主要な幹線道として位置づけられている。「新農村建設」が現在中国で将来的な展望として打ち出されている「和諧社会」の基礎を農村で築くものとされている（鄭、二〇一〇）。

本書では取りあげることができなかったが、われわれの調査グループは、二〇〇八年から河北省平山県での調査をおこなっており、そこでは「新農村建設」が山東省よりも進んでいる側面もみられる。河北省の山間地では、もともと降水量が少ないことや、農用地の拡大や工業用地の確保によって、森林地帯の伐採が進んでいる。そこで、緑地保護が大きな課題となっている。いわゆる「退耕環林」政策や「生態農業」の推進などが取り組まれているが、「新農村建設」政策とのかかわりで、環境保護と結びついた観光業が推進されている。いわば緑を生かした産業化というものである。農家レストランや農家民宿、緑地を保全したままでのリゾート開発などで、平山県では温泉開発が積極的に進められている。

また、山東省鄒平県と河北省平山県との両方で、村の併合が進んでいる。「自然村」とでもいうべき長年にわたって維持されてきた村落が再編されて、村落規模が大きくなっている。事例調査でみた鄒平県の長山鎮東尉村は、そうした村落合併の「中心村」であり、住宅団地や工業団地を造成し、また面積の大きな公園の建設などに取り組んでいる。総合病院や教育施設など、まさに「城鎮」にふさわしい地域の中核となりつつある。平山県温塘鎮北馬塚村でも、山間地に分散している村落を、ふもとの住宅団地に集約して、整った生活環境を提供しようとしている。

こうした農村部の新たな展開は、「新農村建設」が農村社会を再構築していく運動として、その積極面をみせているものといえるだろう。新しい住居の建設、文化的施設の整備、社会保障制度の充実などの「新農村建設」の内実は、農村社会の生活水準を、経済面だけにとどまらず、衣食住などの生活の質、文化や娯楽・スポーツ、教育や医療・年金に至るまで、全面的に引き上げようとする。これが、「小康」社会の実現を現実に手が届きつつある目標としつつも、その先に「和諧社会」を展望させるものとされている。

しかし、都市化という社会現象は、いうまでもなく、その積極面だけではなく否定的な側面をもあわせもっている。

現在推進されている「新農村建設」が、いわゆる都市問題を引き起こすことなく、農村社会の再構築に成功するかどうかは、「和諧社会」への展望という理念が、現実の農村社会にどのように浸透していくのかという点にかかっているともいえるだろう。

参考文献

白南生編『農民的需求与新農村建設・鳳陽調査』、社会科学文献出版社、二〇〇九年。

鄭志喜「統籌城郷発展、建設和諧社会」、『中国農村研究報告二〇〇九』、中国財政経済出版社、二〇一〇年。

劉奇『和諧社会与三農中国』、安徽人民出版社、二〇〇六年。

劉金海・孫小麗「農民進城的歴史視角」、『中国農村研究二〇〇八年巻上』、中国社会科学出版社、二〇〇九年。

あとがき

小林　一穂

済南市历城区西営鎮の農家レストランのあずまや。防虫網の中で食事する。宿泊施設もある。(2009年9月12日撮影)

本書は、小林一穂と劉文静が編集して、日中双方の執筆者の研究成果をまとめた。山東省社会科学院の秦慶武研究員、河北省社会科学院の彭建強研究員から玉稿を寄せていただいている。両研究員とも、これまで山東省および河北省の農村社会を共同で調査研究しており、本書の研究プロジェクトには加わっていなかったものの、両省の「新農村建設」の現状について詳細な論考を示していただくことができた。また、東北大学の徳川直人准教授にも、当初から執筆していただく段取りだったが、諸般の事情により断念せざるをえなかった。徳川准教授は、本書の第一章でも述べているように、山東省の現地調査に参加してともに研究を進めてきていただけに、誠に残念なことになった。

本書は、二〇〇〇年代後半の現地調査を中心にしてまとめたが、中国山東省の調査研究としては『中国農村の共同組織』（御茶の水書房、二〇〇七年）の継続という性格をもっている。前書とくらべて本書は完成までに苦労が多かった。というのも、そもそも対象地の選定が難しかった。対象地の選定に時間がかかるというのは事例研究のつねではあるが、補充調査を重ねたこともあって、企画から本書ができあがるまでに数年を費やさざるをえなかった。

その間に、山東省社会科学院の方々には、前書と同様に、本書でも大変お世話になったが、調査地を選定するまでのあいだ、辛抱強く各地を案内していただいたことは特筆しておくべきことである。山東省社会科学院の姚東方氏をはじめとする外事弁の方々や社会学研究所の李善峰研究員、韓振光氏をはじめとする鄒平県の外事弁の方々には、日程の調整や対象者との折衝など、本当にお世話になった。それに加えて、今回の調査研究では、限られた研究費を工面しなければならず、時間的、経費的な制約が大きかった。それにもかかわらず、山東省社会科学院は全面的に支持、援助してくださった。宋士昌前院長や張華現院長をはじめとして、韓民青、許金題の副院長、宋文光外事弁処長（当時）、姚東方外事弁副処長（当時）や、そのほかの方々の行き届いた配慮には、感謝しきれない思いである。また、調査対象地の県政府や鎮政府、村民委員会の方々、調査対象者として長時間にわたる、あるいは幾度にもおよぶインタビューに快く応じてくださった現地の農家の方々もいる。そうした数多くの中国の方々に深く感謝申し上げる。

われわれの調査研究は、まだまだ途半ばである。今後も山東省の農村社会の調査研究を進めていくことになるだろう。中国農村社会の問題の根は深い。急速な経済成長は生活水準の上昇をもたらし、都市的な生活様式が浸透拡大してきている。しかし、農村部では、都市へのあこがれは強まるものの、いまだに発展途上の状況がみられる。さらに、市場経済と農業とがどのように調和できるのかもまた大きな問題である。小経営の弾力性によって農業の継続が可能になる場合もあれば、安定した風土を前提とした大経営の生産性によって農業を推進する場合もある。中国では家族生産請負責任制のもとでの小経営が基本だが、農業収入の低さによる農工間格差は避けられない。都市化の波をかぶりながら、村落構造や農民の社会関係がどのように変化していくのか。商品経済が浸透し都市的な生活様式が広まる変化は、貧困脱出という今日的な課題の先に待ち受ける新たな課題を示している。経済成長や都市化が、人々に「和諧社会」といわれるような幸福をもたらすのか、それとも社会混乱や生活の不安定を招くのかを注視していく必要があるだろう。

前書で触れたように、これからは農村社会の総体的な変動が大きな課題となる。市場経済と都市化の洗礼を受けた農村社会はどのようにみずからを再構築していくのだろうか。その今後の動向が重要である。それを明らかにすることをめざして、われわれの調査はまだまだ続いていく。

最後になるが、本書を刊行するにあたって、またもや御茶の水書房の橋本盛作社長、小堺章夫氏には大変お世話になった。改めてお礼申し上げる。

なお本書は、平成二三年度日本学術振興会科学研究費補助金「研究成果公開促進費」（課題番号二三五二〇六）の交付を受けている。

二〇一一年六月

編者を代表して

小林　一穂

執筆者紹介

小林 一穂（こばやし かずほ） 一九五一年栃木県生まれ。一九七五年東北大学文学部卒業。一九八一年東北大学大学院文学研究科博士課程後期単位取得退学。博士（文学）。現在、東北大学大学院情報科学研究科教授。

主な著書・論文 「中国農村家族の変化と安定――山東省の事例調査から」首藤明和・落合恵美子・小林一穂共編著『日中社会学叢書第四巻 分岐する現代中国家族』明石書店、二〇〇八年。『中国農村の共同組織』（共著）御茶の水書房、二〇〇七年。『再訪・沸騰する中国農村』（共著）御茶の水書房、二〇〇五年。など

劉 文静（Wenjing Liu-Würz） 中国河北省生まれ。一九八七年河北大学外国語学部卒業。一九九九年東北大学大学院情報科学研究科博士後期課程修了。博士（情報科学）。現在、岩手県立大学共通教育センター准教授。

主な著書・論文 『中国農村の共同組織』（共著）御茶の水書房、二〇〇七年。『農産物販売組織の形成と展開――農家の結合と分離による市場への対応――』御茶の水書房、二〇〇六年。『再訪・沸騰する中国農村』（共著）御茶の水書房、二〇〇五年。など

秦 慶武（Qingwu Qin） 一九五六年中国山東省生まれ。一九八二年山東省曲阜師範大学政治学部卒業。現在、山東省社会科学院省情総合研究センター研究員、主任。

主な著書・論文 『金融危機背景下の地域発展』（共著）黒竜江人民出版社、二〇一〇年。『科学発展観――新農村建設論』（共著）山東人民出版社、二〇〇八年。『村民自治と農村合作経済組織』（主編）山東人民出版社、二〇〇六年。など

彭　建強（Jianjiang Peng）　一九六五年中国河北省生まれ。一九八五年河北農業大学植物保護専攻卒業。二〇〇一年中国社会科学院大学院農業経済管理専攻博士課程修了。管理学博士。現在、河北省社会科学院農業発展研究所研究員、所長。

主な著作・論文『河北省新農村建設発展報告二〇〇八』（共著）河北人民出版社、二〇〇八年。『制度の創新と市場の育成――中国農村の専業卸売市場の形成と発展』中国経済出版社、二〇〇四年。『二一世紀の中国農業と農村経済』河南人民出版社、二〇〇〇年。など

訳者紹介

何　淑珍（Shuzhen He）　中国内モンゴル自治区生まれ。二〇〇〇年内モンゴル師範大学モンゴル学部卒業。二〇一一年東北大学大学院情報科学研究科博士後期課程修了。博士（情報科学）。現在、東北大学大学院情報科学研究科博士研究員。

主な著作・論文「デューイにおける公衆概念と参加の倫理」『日本デューイ学会紀要』、第五一号、二〇一〇年。など

中国《ちゅうごく》華北《かほく》農村《のうそん》の再構築《さいこうちく》
――山東省《さんとうしょう》鄒平県《すうへいけん》における「新農村建設《しんのうそんけんせつ》」

発　行――2011年10月31日　第1版第1刷発行
編著者――小林　一穂
　　　　　劉　文　静

発行者――橋本　盛作
発行所――株式会社御茶の水書房
　　　　　〒113-0033　東京都文京区本郷5-30-20
　　　　　電話　03-5684-0751

印刷／製本――シナノ印刷㈱

ISBN 978-4-275-00946-3　C3036　　Printed in Japan

書名	著者	判型・頁数	価格
中国農村の共同組織	小林一穂・劉文静・秦慶武 著	A5判・三〇八頁	五四〇〇円
農産物販売組織の形成と展開	劉文静 著	A5判・二五〇頁	四七〇〇円
再訪・沸騰する中国農村	細谷昂・小林一穂他 著	A5判・四六〇頁	八二〇〇円
沸騰する中国農村	細谷昂・小林一穂他 著	A5判・四四〇頁	七四〇〇円
東アジア村落の基礎構造	柿崎京一他 編	B5判・四〇〇頁	八四〇〇円
中国内陸における農村変革と地域社会	三谷孝 編著	A5判・三七八頁	六六〇〇円
日本の中国農村調査と伝統社会	内山雅生 著	A5判・二九六頁	四六〇〇円
中国農村の権力構造	田原史起 著	A5判・三二〇頁	五〇〇〇円
中国東北における家族経営の再生と農村組織化	朴紅・坂下明彦 著	A5判・三四〇頁	六六〇〇円
農家家族契約の日・米・中比較	青柳涼子 著	A5判・二七〇頁	五六〇〇円
中国における社会結合と国家権力	祁建民 著	A5判・三九六頁	六六〇〇円
中国東北農村社会と朝鮮人の教育	金美花 著	A5判・四四〇頁	八〇〇〇円
現代中国の移住家事労働者	大橋史恵 著	A5判・三二二頁	七八〇〇円